杜东枝 著

审美自由论

中国社会科学出版社

图书在版编目（CIP）数据

审美自由论/杜东枝著. —北京：中国社会科学出版社，
2010.4
ISBN 978-7-5004-8576-6

Ⅰ.①审… Ⅱ.①杜… Ⅲ.①审美分析 Ⅳ.①B83- 0

中国版本图书馆 CIP 数据核字（2010）第 039162 号

责任编辑　李炳青
责任校对　刘　娟
封面设计　回归线视觉传达
技术编辑　张汉林

出版发行　**中国社会科学出版社**
社　　址　北京鼓楼西大街甲 158 号　　邮　编　100720
电　　话　010－84029450（邮购）
网　　址　http：//www.csspw.cn
经　　销　新华书店
印　　刷　北京新魏印刷厂　　　　　装　订　广增装订厂
版　　次　2010 年 4 月第 1 版　　　印　次　2010 年 4 月第 1 次印刷
开　　本　710×1000　1/16
印　　张　20.25
字　　数　360 千字
定　　价　37.00 元

序

　　本书主要是对美的自由本质特点的探讨（其中有两篇论著是与女儿杜宇芳合著的）。关于美学、美和审美的话题，是一个永恒的话题，也是一个众说纷纭的话题，在中国这个特殊环境中尤其如此。但本书除对美学上的基本问题加深了论证以外，同时对少有涉及的专题也提出了自己的看法。如对"美感与美在起源上的共时性"、"异化劳动与美的本质"、对"美学是什么"，以及对海德格尔的哲学美学的探讨，对李泽厚的解读等都是我在讲授研究生课程讲稿基础上整理成书的。本书除了必须"人云亦云"的话外，尚有独抒己见的异端，与坊间流行的一些美学书籍并非完全一个路数。此外本书下编论《浮士德》及意象美的文艺鉴赏批评的文字，也大都与审美自由相关。究竟论说得如何，恐怕缺点错误在所难免，因此，诚心欢迎广大读者和专家批评指正！尽管本人总想超越，总希望不仅人身和人心都能得到"全面发展"的"审美自由"，但现实性已经不多了，希望仍在于下几代的青少年……这已越出了理论的范围，而要靠道德规范和美育实践活动的广泛深入的落实与展开了，我对此满怀希望。

杜东枝

2009 年 8 月 12 日于云南大学中文系

目　录

下　编

上　编

美学是什么

一 美学的名称和地位

早在两千多年前，柏拉图就感叹道："美是难的"，而要说清研究美的学问，即什么是美学，自然也就不容易了。但既然要谈"美学"，连美学研究什么问题都没有一个大致的了解也显然说不过去。再说，每一门科学或学科，只有当它有其自身独特的研究对象时才能成为一门独立的科学，例如"历史学"、"物理学"、"经济学"，等等，它们都有其独立而明确的研究对象，因而无须特别费力地去探讨它们的研究对象究竟是什么的问题。但"美学"却不同了。究竟什么是美学，它的特定对象是什么？这是比诸如"什么是艺术"、"什么是哲学"之类的问题还要复杂的问题。例如，美学作为一门独立的学科，自 18 世纪诞生之日起，就有各种不同的说法，鲍姆加登从哲学角度认定美学是一门研究感性的完善即美的说法已显得较陈旧，但至今比较流行的一种看法与鲍氏并无根本不同，大都从新的角度认定它是研究美的科学。此说虽不无道理，但其主要缺点是过于宽泛，难以构成一种独特的学科界说。并且，这种方法多偏于哲学角度，方法单调；而现实生活中的美又是那样丰富多彩，简直可以套用车尔尼雪夫斯基的说法，美即生活（生命），应当如此的生活即美，哪里有生活哪里就有美。这种说法原则上虽不算错，但作为科学定义却很难成立，也就是说，它不能界定美学与其他学科的区别和界限，是一种"生活美学"或"实用美学"，从而与功利关系太近，成为一种"无边"的美学，事实上很难进行研究；这也就等于取消了美学。第二种较普遍的看法认为美学是研究艺术的科学或干脆称之为"艺术哲学"。这一说法使对美的研究有了具体的落实之处，并且抓住了艺术作为美之集中表现的重心。如果将其与上述研究美的说法结合起来，美学的研究对象问题就比较清晰而集中了。所以从黑格尔到丹纳，再到当代西方的许多美学家，以致我国的朱光潜先生都对此说持赞成态度。但是作为"美学"的定义总还觉得不够圆满。后经18 世纪以来夏夫斯伯里、伯克等为代表的英国经验主义美学家及费肖尔、立普斯、布洛以及克罗齐、弗洛伊德和格式塔派等为代表的心理学家们的大力发掘和提倡，才使美学中的心理学内容受到了充分的重视，这样"美学"这门学科就大大地增加了审美心理学的内容，并且日益成为美学研究重要的甚至是主要的内容。

综上所述，可知美学至少包含了美、艺术和审美心理学三个方面的内容。但有两个问题，一是这三者之间的关系如何？二是对这三者的研究在1750 年以前并未统一在"美学"的名下，也还没有"美学"这一名称。我们先来看第二个问题即"美学"这一名称的问题，它并非自古就有，而是诞生于 18 世纪鲍姆加登在 1750 年出版了一部名为 Äesthetik 即"美学"一书（即英语 Aesthetics，在他 1735 年的《诗的哲学默想录》中即已第一次出现）Aesthetics 原是一个古希腊词，原意是"感性学"，即研究感性的学问，而鲍氏第一次将其用来称呼"美学"，其实严格说来并不很恰当，但它已得到了自黑格尔以来的学术界的公认，所以也就成为了美学的专名，并使"美学"从此成为了一个独立的学科，中文将 Aesthetics 译作"美学"，是 20 世纪初从日本明治维新时期的启蒙思想家中江肇民的日文汉字"美学"直接移用引进的。①

那么，为什么作为"感性学"一词的意思的这个词可以被大家认可并翻译成"美学"呢？原来这是和美学所研究的对象以及人对这种对象的认识特性分不开的。美的事物如一个漂亮姑娘，一片青山绿水，一曲轻歌曼舞，或春花秋月，红日蓝天、诗情画意等等，都毫无例外地是只能用感官

---

① 另一说认为"美学"之译名最早见于德国传教士花子安（Ernst Fabar）在 1875 年所著《教化仪》一书（见《美学一词及西方美学在中国的最早传播》，载《文史知识》2000 年第 1 期）。

即眼耳鼻舌身所直接体验领悟，即被直观体验感受的，而不是靠抽象思考
和逻辑推理进行的。正是从这个意义上说，把美学说成是感性学是有道理
的，鲍姆加登因此被公认为"美学之父"也是有根据的。当然，鲍氏的整
个哲学理论乃至美学理论由于体系和内容仍相当陈旧，因而在欧洲哲学史
上并无地位。但鲍氏不仅是为美学命名，他在 1735 年出版的《诗的哲学
默想录》中还明确地提出了哲学的三元结构，即哲学在包括逻辑学与伦理
学这些理性学科之外，还包括作为感性学的美学。虽然古希腊自毕达哥拉
斯到柏拉图和亚里士多德的学说中已包含了美学的内容而只是没有美学的
名称，但的确没有把研究感性美提高到理论的高度，更从未提过"感性
学"（而西方人传统上一直把感性当作低级甚至下流的）。而鲍姆加登宣称
他的感性学就是"诗的哲学"，它所涉及的是"可感知的事物"而非"可
理解的事物"。这种"诗的艺术学""可定义为有关感性表象的完善表现的
科学"即美学，进而认为"美学作为自由艺术的理论、低级认识论、美的
思维的艺术和与理解相类似的思维艺术，是感性认识的科学"。① 尽管鲍
氏的上述说法颇为含混，但终于正式肯定了艺术和美作为一种完满的感性
的表现就是美学研究的对象，是有其不可抹杀的历史功绩和理论价值的，
尤其他明确地把作为感性学的美学正式纳入"知、情、意"的哲学三元结
构更是一个不容忽视的贡献。但真正完成上述理论建构体系的是康德，他
在他的三大批判中建立了真正科学系统的哲学三元结构。它们正好与人类
心理的三元结构相互对应。康德的体系如下图：

知（认识、知识）	逻辑学（认识论）	纯粹理性	真
情（情感、感性）	美学（感性学）	鉴赏判断（判断力）	美
意（意志、伦理）	伦理学（道德行为）	实践理性	善

　　在康德的上述三元结构中，审美（鉴赏判断力）的地位十分重要，因
为它是联结认识论（纯粹理性）和实践理性（道德本体）的桥梁。康德认
为，纯粹理性（知性、认识）只能认识自然界的现象而不能认知它的本质

---

① ［德］鲍姆加登：《美学》，简明、王旭晓译，文化艺术出版社 1987 年版，第 18 页。

（本体道德、物自体），而人本来就是按为所当为的"应该"指令行动的。也就是说，人应该是"从心所欲不逾矩"地"自由"行动的，但这"自由"的人及其所应该做的事只停留在不可完全企及的实践理性领域，而达不到受因果律（必然）支配的现象界。而作为纯粹理性所涉及的现象界更无法达到合目的性的"应该"的"自由"境界。于是人及其心理结构就分离为互不关联的两部分。康德也早就认识到这是不合理且不好的，于是在他晚年的最后一大批判《判断力批判》中终于通过美学和目的论的分析研究，阐释了鉴赏（审美）判断力的作用。它除了作为人生的一种重要本质能力及特点外，同时又是使纯粹理性（知、现象、必然）与实践理性（意、道德、自由）互相沟通的桥梁（情、审美）。而作为判断力的审美活动之所以有这种作用，是因为审美判断力非概念而具有普遍性实即暗含概念。这就与纯粹理性及其认知有相通性即带必然性，非功利而生愉快、非概念而又具有普遍必然性。其次，审美判断力又略带理性，即虽无目的性又合目的，即审美判断力虽无明显目的但又与实践理性的合目的性（自由）可以暗中相通。于是，审美判断力就将纯粹理性与实践理性这条鸿沟连接了起来，即通过感性（情）把知性与理性联系了起来。从而也就使人的心理最终成为一个整体。这实际上也就告诉我们，没有审美能力和爱好的无情的人是不完全的人，是枯燥的不自由的人，人既非认识机器（计算机）也非仅仅追求功利目的的经济动物，人的本质在审美中，在既有知识又有道德而又能自在地快乐的生活中。也只有这样的人才算是最终超越了动物界的人。顺便说一句，这也就是康德把西方哲学历来以自然为中心转变到以人及其自我意识为中心的伟大的"哥白尼式革命"。尽管它是离开实践的、唯心的。

现在我们再回到康德哲学的三元结构中来。由康德所完成的这种哲学上的革命性变革对现当代哲学及美学产生了极广泛而深远的影响。这是一个说不完的话题，但康德所揭示的真善美的结合到了当代却遭到了前所未有的质疑和挑战。例如究竟什么是真、善、美，这大概也是一个永恒的话题。随便举个例子，如培根的名言"知识就是力量"，果真如此吗？其实它不能说是绝对正确的，在海德格尔等存在主义哲学家看来，作为主客观相符的知识并不就是真理，仅靠知识并不能使人生活幸福。那么，真理又是什么呢？这就要求回答人在宇宙中的地位和人的存在的意义问题，而这只有哲学、艺术和审美才可能作出回答。又比如说，善又是什么？是否就是指的人类的利益。这人类的利益是否又仅仅等同于物质的丰裕和文化生活的多彩呢？恐怕这样说也还不够，因为人还是一个心理丰富并有高级精神需求的族类。此外，除了人以外，整个生物界是否有其自身合理的存在性呢？人不能只为自己的生存而毁灭其他物种的生存权。这就涉及生态美学和生态伦理学的问题了。真与善的问题尚且如此复杂（还远未从历史及现实的方面进行追问），美就更难言说了。至于说到真、善、美三者的关系，则正如"西方马克思主义"的代表人物哈贝马斯所言：自古以来，真、善、美这三者本来就是相互协调、相互结合的，但现代性的展开过程却是这三个领域不断分化的过程。现在看来，现代化的过程中的最大危险就是作为"知性"的科技压倒和替代了美与善，虽然它同时又创造着某种新的美与善；但其显著的负面影响确乎可能使人类在欲望的驱使下日渐丧失良知和精神家园，在这个意义上，我们同意陀思妥耶夫斯基的名言："只有美能拯救世界。"

现在，我们再来看看真、善、美这三种精神活动的思维方法和心理内容，显然，它们是并不完全相同的。例如，求"真"的思维方式，就其最低层次的"知识"而言，主要靠逻辑思维（即应用概念作推理判断的抽象思维）。其中，情感道德因素在这种思维活动中（例如数学演算和社科论文）是不起内在作用的。对善即伦理道德的论说和追求也与逻辑思维相关，但它是受伦理规范制约的一种实践理性和实用理性，因此有极强的社会功利性但又往往超越个人功利性。与"善"对应的要求是"应该"二字，即"有所不为"和"为所当为"。与上述求真求善的思维方式不同，审美心理既是形象的、直觉的和感性的，又是非功利的。这是因为美与艺术并不是要告诉你一个道理或某种知识，不像道德训诫那样要规范你的行为，而是以生动具体的感性形式、形象来拨动你的情感之弦，引起某种美感的共鸣，在使人感受精神愉悦的同时加深你对生活对人生的体验和感悟，从而提升你的人生境界。这也就是说，科学是一种抽象的和形而下的可操作的，而美和艺术则既是感性具体的又是通往形而上即某种哲思境界的。但艺术和美作为某种有意味的、表现自由的形式又并不是与理性和功利完全绝缘的。因为人的情感，不论是爱与恨或喜怒哀乐总不可能是无缘无故的，究其根底，它们总与人的生存发展相关，例如，听一曲贝多芬的《月光奏鸣曲》，看一幅齐白石画的虾，或读一首陶潜、李白、王维或苏轼的诗，我们的确并不一定能从中学到什么知识和"主义"，但却使我们在这种审美的过程中得到了心情的愉悦；如果这种审美活动较为经常，那就会起到陶冶情操的作用。如果说从对某些小品式的具体作品的欣赏中便可以得益不少的话，那么，从总体上看，整个人类艺术作品中，都潜在着、渗透着人类文化的深厚积淀，真、善、美是紧密结合在一起的。不论西方的荷马、但丁、莎士比亚和歌德、雨果、托尔斯泰和陀思妥耶夫斯基，也不论中国的屈原、陶渊明、李白、杜甫、苏轼、曹雪芹、鲁迅，他们的伟大作品都把巨大深厚的历史文化内容融入了极其崇高、优美或悲怆的大美之中。就是在一些短小的诗句当中，不但写出了生活之美，更对人对生存及其意义表现了深深的思，例如裴多菲的"生命诚可贵，爱情价更高，若为自由故，二者皆可抛"！又例如陈子昂的《登幽州台古歌》、李白的《静夜思》、王维的《鸟鸣涧》、张继的《枫桥夜泊》，特别是张若虚的《春江花月夜》（"江畔何人初见月，江月何时初照人……"）莫不写出了人对自由、对存在意义的探寻和感悟。

　　正因为艺术总是体现着人对心灵自由、对存在、对人生的某种体验以及对历史文化的某种形象的反思与感悟，作为读者的我们，就不仅需要有一定的艺术鉴赏知识，有一点哲理的悟性，更须对产生这些艺术品的历史文化状况有相当的了解。例如要很好地欣赏中国艺术品，当然少不了要懂一点中国历史，尤其要对构成中国古典文化的四大主干——儒道骚禅有较深的体认，否则是很难深刻领悟中国艺术的。同样要欣赏西方艺术，除了要具备相应的西方历史文化知识外，还要对西方文明的两大源头与核心希腊文化和希伯来文化有所了解，具体主要指希腊神话、史诗、悲剧等及《圣经》（新旧约全书），这就是所谓的"二希文明"。古希腊文化为西方文化提供了发展的动力，而希伯来文化则为西方文化提供了升力。人本主义是希腊文化的基本精神，它在努力征服自然的斗争中全面满足人的物质和文化生活，充满爱欲、乐观和理想主义精神，科学和艺术因此得到发扬。而希伯来——基督教的基本精神是"圣爱"和信仰上帝而获得"拯救"，它认为人的生理欲望，和人类妄图认知一切是一种"原罪"，而"赎罪"并从而获得"拯救"的基本途径除了敬畏上帝以外，就是节制欲望和辛勤的劳作（这与希腊精神既相反又相成，并且具有超越尘世和自我的精神）。这两种基本精神即"二希文明"后来通过文艺复兴和启蒙运动得到了新的综合，构成了现代西方文明基础：源于希腊和高于希腊的科学与民主、人道与信仰的精神。我们看西方近代文学艺术，一方面直感它的形式特征，更可深入领悟这形式中所包含的意味和深层哲理、寓意和象征。例如印象派以前的西方古典绘画，十分重视真实性，这实际上也就是以人为主的一种科学精神的反映，但它不止于形似，而是十分注重比拟或表达人的内在精神。例如达·芬奇的《蒙娜丽莎》并无时下美女画的"性感诱惑"，但她那难以言传的神秘微笑对几百年来的观众都产生了极大的魅力和说不尽的无穷意味，似乎与维纳斯一样显现了女性美的最高水准。又如凡·高的《向日葵》，那强烈的金黄色的花瓣仿佛喷薄欲出的日光，充满了强烈的刺激和生命的活力；而《加歇医生》则仿佛是担当人间苦难的耶稣基督，透露着一种深沉的悲情和爱心。再以哥特式教堂建筑为例，那高大坚挺、直指蓝天的形态，不但给人以一种挺拔的崇高感，而且体现了人的精神似乎也正向上飞升以接近上帝。西方音乐也发展到相当高级的水平。这又是与它的乐器（钢琴、提琴、各种管乐器……）的高度科学化的发展分不开的。乐曲所表现的思想情感、韵味，又总是深刻地抒发着某种人生体验和更高的精神追求以及对诗与梦幻境界的向往。例如贝多芬的《致爱丽丝》的诗情，第三、五、九交响曲的英雄主义与崇高境界和人道主义思想，都是感人至深的不朽乐章，尤其是《命运》和《合唱》的斗争精神和号召全人类亲密团结的伟大情怀，大概是古往今来最催人奋进的音乐了！听这样的音乐会觉得是正在经受一次灵魂的洗礼而消除了一切鄙吝之心——这就是美的力量！正是由于西方人勇于征服自然，又敢于直面人间的苦难，并不断探索更进一步完善人性的途径，所以在西方艺术中，崇高和悲剧美便得到了最高地位和很大的发展。古希腊的悲剧自不用说，文艺复兴时虽然带着青春和爱的气息，如薄伽丘与彼德拉克写爱情的欢乐，对教会的辛辣嘲讽，特别是文艺复兴盛期的意大利绘画，均极其生动地反映了西方人的觉醒。但从叙事作品尤其是 19 世纪的小说来看，却颇多以悲剧美为特质的作品，而 20 世纪现代派艺术作品，特别是荒诞派、存在主义、表现主义等文艺作品更是对 19 世纪文艺的新开拓。悲剧美、崇高、荒诞乃至丑的艺术在 20 世纪得到很大的发展，这是因为人们力图在异化了的资本社会找出一条反对人性异化的出路。那种叩问人生价值和存在意义的执著，真是让人感到震撼——总之，天人对立的世界观和科学型的文化心理结构促进着西方艺术家不断地在艺术中探求人的不幸的根源，并对它进行了深刻的揭露，从而引起了人们心理上的宣泄和对正常、美好生活的企盼，对更高的人生境界的升华，但其缺点也往往使人陷于悲观甚至抑郁绝望的境地最后走向宗教的迷狂（甚至邪教）。

与西方科学型与宗教型文化不同，中国文化是情感伦理型的。如果说，西方文艺常常在充分揭示矛盾冲突中往往使真与善处于某种分裂的状态，那么，中国传统文化则更强调美善合一，这主要是以孔子为代表的儒家精神所使然，这种文化的优点是强调家庭社会和谐，强调整体的和谐而不像西方那样重视个人的独立地位，这种以中庸、中和、和谐为主要特征的文化，其优点是极大地维护了中华民族的从未中断过的文化精神（这在世界上是唯一的奇迹），但其缺点则是严重忽视了对自然的征服（中国因此落后，科学不发达），也导致了对人的个体和个性的严重压抑，使作为个体的人，除魏晋、盛唐和晚明时期外几乎从未有过个性发展的要求，因而严重阻碍了个人的自由和创造发挥。幸好有与儒家唱反调的道家，他们虽然比儒家更彻底地反对征服自然（儒家主张人要有所作为，并不反对改造自然，这尤其突出地表现在"易传"和荀子思想中），而且要求无所作为地回归自然，过一种原始素朴的生活。这样就形成了儒家进取入世，而道家退避逃世，儒家讲人伦，道家讲自然，两家既相反又相成，形成了重要的"儒道互补"的中国一大文化特色。但在实用方面毕竟还是以儒家为主导。他们注重处理人际关系的实用理性给中国艺术带来了重大影响。其优点是强调"仁者爱人"，以理节情，温良敦厚，什么事情都不走极端，其缺点是过于中庸保守，"怨而不怒"、"文以载道"，文艺特别是小说、散文、戏剧乃至诗词都含有太多的政治教化色彩。幸好有了道家对儒家的及其鼓吹的封建礼教的严厉批评和对过分热衷于社会政治生活的情怀的鄙弃，大力提倡顺应自然（这点又与儒家有一致处）、热爱自然（孔子也很爱自然)、回归自然的人与自然和睦相处的思想以及对穷达富贵的淡漠心态,才补救了儒家过分注重社会功利的缺陷——这种儒道互补的格局对两千多年的中国文化和艺术审美产生了极大的影响,特别是对画、诗、乐产生的影响最大。如果没有道家,中国的艺术和审美将会大大逊色。当然,对中国文艺和审美心理产生了巨大影响的,还有精彩绝伦的浪漫主义和深沉的爱国主义的屈骚传统以及自唐代慧能以来的禅宗(中国化佛教)的直觉、感悟。

以上是从总体上、宏观上说明艺术作品和美的东西总包含着特定民族的时代的精神。包容着社会群体和人民群众的理想、幻想、情感和愿望。它不是像科学理论那样直露,而是以十分曲折而复杂细腻的情形表现出来。因此,欣赏文艺作品或进行审美活动,不但可以丰富我们的内心世界,而且也可以使我们更深刻地理解、体验人类的心灵历程,使我们变得更完满而深刻,并进一步按照美的规律塑造生活,进而促进人类逐渐走向真、善、美相互结合的最高境界。

以上算是一个绪论。主要是从宏观上探讨了美学及学习美学的意义。顺便也说了些学习方法。但学习艺术和美学都是要我们自己亲自参与审美活动,理论的作用只在于指出路向。下面我们就再回过头来真正地探讨美学的研究对象问题,从而为美学究竟研究什么的问题说出我们自己的一些看法以供参考。

二　美学的研究对象

对研究对象的不同看法源远流长。

前面讲了 Aeshetics 这个名称的来历,附带讲了学习美学的意义,也初步提出了美学的对象问题。现在我们就对此作展开式的探讨。作为一门独立的学科,美学的特定研究对象究竟是什么呢?我们知道,古代虽无美学之名,但谈美的言论却并不少见。中国的早于先秦孔老的史伯、伍举等就有不少关于美的言论,如史伯曰:"和实生物,同则不继"(《国语·郑语》);伍举则认为美与善同在。到孔子则提出"里仁为美",又强调"兴于《诗》，立于礼，成于乐"（《论语·泰伯》），孟子讲：充实（按：指内心有仁义）谓之美（《尽心章句下》），并指出了人间有共同美："口之于味也，有同耆焉；耳之于声也，有同听焉，目之于色，有同美焉"（《告子章句上》）。老子则对美持否定态度，认为"信言不美，美言不信"，但他的"有无相生"、"音声相和"（《老子·二章》），"大音希声"、"大象无形"（《老子·四十一章》），"大巧若拙"（《老子·四十五章》）等思想，充满辩证因素，对后来美学的发展也产生了深远的影响。庄子虽有否定美的言论，但他是我国第一位伟大的美学家，他极赞赏"天地有大美而不言"（《知北游》），强调美在无为。"夫虚静恬淡，寂寞无为者万物之本也……素朴而天下莫能与之争美"（《天道》）。他还特别赞赏通过刻苦实践而使"道进乎技"的技艺美乃至于自由自在乘物以游心的"逍遥"美（非功利性和绝对自由），最终达到"身与物化"（庄子梦蝶）的最高审美境界，对整个中国文学和美学产生了极其深刻的影响。当然，上述诸家都未谈及"美学"，对美的认识还处于较素朴的阶段。但在他们的言论中以及《〈乐记〉·毛诗序》和后来的《淮南鸿烈》、《文心雕龙》，顾恺之的《论画》、《以形写神》等早期论著中，中国古代艺术论和审美论的发展水平是相当高的。

与以古希腊为代表的西方文化相比较，西方常以科学和严密的逻辑系统地展开对艺术和美的研究，例如大家熟知的毕达哥拉斯之论音乐美在数的比例与和谐。亚里士多德的整体和谐论及现实主义的摹仿说，柏拉图提出的著名的美在"理式"（唯心的摹仿论），又特别提出了美和美的东西的原则区别，都是开后世西方美学之先河的经典论著。但美似乎就是美，艺术仍是艺术，尽管亚氏已开始把美和艺术联系起来，但二者仿佛各有自己的领地，并且也未提出"美学"这一名称。所以鲍姆加登才为美学起名。并把它规定为专门研究感性的学术问题，是一大历史功绩。但只说研究感性太笼统。只是经过康德的《判断力批判》的出版才使"美学"作为一门科学奠定了坚实的地位。但康德也来不及细谈美学的具体研究对象及其关系。于是问题就一直争论到今天，我们还不可能得到一个为所有人都认同的规范定义。下面我们当然也只好谈自己的"一家之言"了。

如果说中世纪的普洛丁是最早明确地把美与艺术紧密联系起来的人，

那么他的后继者如鲍姆加登、康德、黑格尔以及现当代的许多哲学家、美学家（包括国内的朱光潜先生）大都倾向于美学是研究艺术和审美经验（心理）的一门科学。康德的哲学美中就有大量的心理学内容，黑格尔则第一个将美学称之为"艺术哲学"。此外，还有不少人认为美学就是研究美本身的。北京大学的叶朗和复旦大学的朱立元则主张美学研究人的审美活动。综上所述，可知美学的研究对象主要都不外乎美、艺术、审美（活动），而审美（活动）事实上又包含审美经验（美感）与美育这两个方面，因此美学的内容可归纳为四个方面，但侧重点都有所不同。另有一种看法是包括蒋孔阳先生在内的一些人主张美学是研究人对现实的审美关系的科学。我们认为这是很有道理的。现在的问题是：是否可以将上述诸种看法与这一较好的概括结合起来，这是可以研究的。除上述说法外，我们还注意到著名美学家李泽厚对美学研究对象的主张：以审美心理学为中心，研究美和艺术的科学。这样就突出了重心，并且与他的人类学历史本体论讲"心理成本体"的体系一致，是值得重视的，但不知为什么，上述诸家都很少谈及席勒和蔡元培所十分重视的美育。其实，离开了美育论如何培养人的审美能力与兴趣，美学的归宿又在何处？是的，在心灵。但如果没有自觉的美育（包括他育，即父母、学校、社会所施之美育）和自育（对艺术美和自然美等的主动鉴赏修养）。美如何在心中生根而成为一种自觉乃至自发的心态与行为？更重要的问题是，单项研究（如艺术、审美、美……）难免以偏赅全，且缺乏内在联系。根据这些疑问，我们在综合上述各家之说的基础上，对美学研究的对象作大致归纳，它应包括：美、艺术、审美心理学（美感）、美育以及对现实的审美关系这五个方面。

　　在上述界定中，有一个明显的问题是艺术与审美心理很难分别，但这不是什么大问题（有时艺术和美及审美都可画等号）。如再要细抠，艺术和审美（心理）与哲学也往往是纠缠在一起的，但它们在美育（审美活动）中都能结合起来，融合为一体，是用不着过多担心的。倒是对现实的审美关系如何讲法？李泽厚批评这种说法是同语反复，我们的回答自然是否定的，因为人对现实的审美关系是不同于人与现实的其他关系，如认知关系、功利关系、政治关系、道德关系等的一种特殊的非功利关系的关系，亦即朱光潜先生所说的"无所为而为的活动"，康德的"无目的的合目的性的关系", 席勒的"自由游戏"的关系。在这种关系中, 世界对人"敞开"了它的"存在", 人在这种"敞开"中领悟了生命的最高愉悦和存在的意义。这就是人为什么从小到老都要唱歌、读诗、看戏和时时走进远离尘嚣的生趣盎然的大自然中去的原因。对奇妙的大自然的惊人的美的惊喜和在自然中突然悟到自己终有一天要离开这美丽的生活而死掉, 难道不会产生"悲天悯人"的感喟与思索吗? 这样人们似乎也就自然进入了美的哲学。再进一步就要问: 这追魂慑魄的美究竟是一种什么东西? 于是又从哲学进入了审美心理学, 开始研究起美和审美的心理过程与种种特征了, 从而也就从审美和美育进入了对美学的思索: 现实何以能给我们这么多的美? 我们对现实又是一种什么心态呢? 我们的心灵要处于一种什么样的状态才既能欣赏这美好的大千世界, 又能长期保持一种更加超越的状态而达到一个出神入化的"天地有大美而不言"的境界呢? 人如果走向这种境界, 也就最终走出了动物界而成为心灵自由的真正的人了——这一切, 便是审美活动和美学研究的最终目的和宗旨。这时, 当人作为一种精神和心灵的主体而与世界发生关系时, 世界便不再仅仅是欲望的对象和认识的对象, 而是一个审美的对象, 而世界作为审美的对象, 也就不再仅仅是对象, 而是主体化了的和人化了的对象, 即人的有机体之一部分, 它体现了人与世界的"共在"。因此, 人也就不再是与世界单纯对立的主体, 而是生活在世界之中, 并在其中领悟了人生的意义。正是在这种人与世界的审美关系中, 分裂的人性即人与自然、主体与客体、感性与理性、现象与本质达到了亲密无间的统一。用中国话说, 这就是"天人合一"的境界, 也就是海德格尔所追求的"澄明"境界。马克思在"巴黎手稿"中之所以激烈反对建立在商品生产基础上的旧私有制以及人对物的占有欲与物对人的控制从而异化为非人的现实, 正是为了建立一种全新的人与世界的关系。可惜的是, 从"手稿"到《资本论》都不乏乌托邦: 想用暴力剥夺私有财产的结果是人的自由全面丧失: 苏联的长期落后和"肃反"运动; 中国的"大跃进"和"文化大革命"大概可算作人类历史上空前绝后的暴力乌托邦实验。今天, 我们对上述事实好像已有了一些反思, 但恐怕还远远不够。以当前中国的巨大经济进步来看, 确实是了不起的成就, "以人为本"的思想路线彻底改变了过去的种种错误的根源, 但还有许多指标, 例如政治民主尚处于相对落后的状况。这对于我们学习研究美学而特别关注人的全面发展的人来说是难以完全回避的问题。人文科学本来就应该关注民生民权，关于人的哲学和美学不是与人的存在无关的社会"科学"。这也就是为什么西方当代以存在主义为代表的人本主义学派对资本主义文化，特别是被滥用的技术持严厉批判立场的原因。试想，如果经济发展再好，但却使人失去了精神家园，这样的技术和经济对人最终又有何意义？当然，人和世界的关系不可能始终只具有审美意义，如果这样，人首先就无法生存。我们这里只是想说明，在人对世界的关系中，除了实用功利的态度以外，再多有一点审美的态度与情怀。从当前中国和世界的总的发展趋势来看，这种审美的态度将会日益得到发展。而提供这种发展主要动力的，首先还是经济的发展，问题是如何发展才是"科学"加美学式的全面发展，而为我们所特殊关注的，自然是现实在与人的审美关系中得到的发展。下面我们就从四个方面具体地审视和探讨人如何与世界建立审美关系，亦即对美学的研究对象问题作出新的表述和概括。

1. 美的哲学

这是美学研究的基础，是关于美学的科学的哲理诗。从美学史看，美学本来就是哲学的一部分，而"诗学"也本来是它的研究重心，历来对文艺和审美产生最大影响的往往并不一定就是文艺学而反倒是关于美的哲学，因为它提出的问题往往都是根本性的问题，例如柏拉图对美和美的东西的区别就开启了美的本质和起源的思考之路。他的"理式"说对文艺的非真理性的贬损以及这种贬损中的某些道理。又如康德、黑格尔、马克思、海德格尔等大哲学家的哲学美学思想所提出的基本概念（美的无目的合目的性和人是目的；美是理念的感性显现，美是自然的人化以及人是按照美的规律进行生产；还有"存在"之光自行置入艺术作品而获得美，等等），并不一定能解决某些具体的审美上的问题或文艺学问题，但它却为理解艺术的本质、审美心理学的发展乃至审美教育等提供了明确的根本的路向。离开了美的哲学，美学就成为纯粹的技术科学（如众多的实用美学那样），不再具有真正意义上的美学的品格了。下面我们稍微具体地概述一下最主要的哲学美学观。

在哲学美学或曰从哲学角度对美学的研究中，西方长期以来是沿袭古希腊的"摹仿说"（Mimesis，迈米悉斯 Imitiation，Copy，亦即中国常说的 Reflection），这与古希腊的雕刻和叙事史诗的优先完美发展密切相关，因为雕刻人像必须如实写真，史诗叙事也必须有栩栩如生的细节描摹。发展到柏拉图、亚里士多德，"摹仿说"在艺术和美学上就变得更加理论化、系统化与哲理化了。但美与艺术这两者尚未统一，柏拉图谈美不涉及艺术，亚里士多德谈诗也很少涉及美，并且他们二人所主张的"摹仿论"是不相同的。柏拉图是一种客观唯心论的、神秘主义的和浪漫主义的。一方面他认为，从荷马起，一切诗人都只是摹仿者，无论是摹仿德行，或是摹仿他们所写的题材。另一方面，他又认为文艺摹仿的是"理式"的"影子的影子"。所谓"理式"（Idea）是一种永恒不变的最高真理，它是世上一切事物的原型。人世间的一切都由摹仿它而来。因此这最早被译为（Idea）"理念"，更准确的译法应是朱光潜和陈康讲的应译为"范型"、"理型"、"相"，或干脆译为"型式"或"母模"，它有点像巴门尼德的那永远不动的"一"，也有点仿佛老子的"道"（道生一、一生二、二生三、三生万物）。柏拉图所举的著名例子是画家所画的床由木匠所做之床而来，而木匠之床又来源于天外的床的"范型"或"理式"，因此艺术是"影子的影子，和真理隔着三层"。这看来十分荒谬，但认真追究起来，却是一个颇难说清的哲学问题：究竟是先有床还是先有关于床的"理念"？与先有鸡还是先有蛋的问题如出一辙，我国著名哲学家王若水也写过轰动一时的文章：桌子的哲学，先有桌子还是先有桌子的理念（概念）？其实"先"什么都没有，某一概念及其所指的实体都是在漫长的进化中和人的实践中逐渐发展、分化、结合形成的。柏拉图从他的那种论调出发，得出艺术不反映真理，艺术家应该被逐出他的"理想国"。但他在别的论著中又自相矛盾地说，艺术品因为在摹仿"理式"时多少分享到了一点真理的光辉，所以有一部分艺术家（主要是颂神的诗人等）可被允许入驻他的"理想国"。这位想让哲学家当统治者的哲学家未免太严厉了些，但他的"理式说"确是令人绞尽脑汁的。例如，$2+3=5$ 这个简单的算式，是具有永恒不变的性质的。如果一旦将其具体化，如 2 个苹果加 3 个苹果等于 5 个苹果，很快就会被人分而食之，永远消失了，但 $2+3=5$ 的理式却丝毫未变。又如人间的爱与悲似乎也不永恒，"每个时代都有春光明媚的爱情，也有迎风号泣的母亲"，它们作为具体人事在不断地改变，而作为一种情感模式却会常驻人间。所谓"爱与死是文艺的永恒主题"，不也与那永远不动的"理式"颇相似吗？以上所说似乎是一出出哲学"魔术"或辩证法"喜剧"，但这也并非完全是贬抑或笑谈。它可以启人思考，在这个意义上说，哲学确乎是"爱智之学"。但话说回来，那"摹仿"理式的艺术品毕竟不是依样画葫芦的东西。而是人类的一种创造。所以自 19 世纪以来，西方世界就把柏拉图的"摹仿"不再译成 Imitation 而是译作 Representation，即"再现"，这样柏拉图的"摹仿说"就变成了"再现论"，从而突出了艺术家的创造性。因为任何一种"再现"都是通过艺术家的独特心灵和视角对对象的再描述、再创造，不可能纯属"摹仿"。何况连柏拉图自己也不得不承认艺术摹仿了"理式"可显现一部分真理！

　　与柏拉图的神秘主义、浪漫主义相比较，亚里士多德的"摹仿说"是现实主义的"再现论"，即一种创造性的"反映论"，这一说法在欧洲雄霸了两千余年，直到 19 世纪才受到强调感情的浪漫主义的挑战。到 20 世纪又受到各种现代主义与后现代主义的挑战。但就文艺与生活、与心灵的关系而言，恐怕既是"镜子"又是"灯"吧？"镜子说"源远流长，柏拉图就说过画家和诗人就是拿镜子的人，后来莎士比亚、达·芬奇、司汤达都持"镜子说"。主张艺术表现情感的有著名的托尔斯泰。至于浪漫主义艺术家大都愿意把自己当作一盏灯，燃烧自己也烘暖别人。在笔者看来，何不把再现与表现统一起来更符合艺术创作的实际呢？至于说到中国古典文艺，因为抒情诗发达较早，所以其理论带有更多的表现论色彩，不论"诗言志"或"诗缘情"其实都强调表现"情志"。但中国文艺既非纯表现更非摹仿再现。它是一个与西方不同的独立自足的文化系统，是世界上唯一一个存在了五千年而从未中断过的伟大文明。它与西方主客观对立相反的"天人合一"和"乐感文化"，它的中庸之道，中和之美，以理节情的哲学和艺术，特别讲求比兴、气韵、意象和意境的文艺审美观，都是极富特色的，它们与西方文艺和美学在哪些方面有可比性，还是一个正在研究和值得研究的问题。

　　古希腊以后，近现代对美学研究有重大贡献的哲学家是康德、马克

思、英国经验主义哲学（如夏夫兹伯里的"内在感官说"及首次提出审美
无利害性的主张，休谟明确地将情感与认识作了区别，伯克对审美趣味及
对优美与崇高的区分……）和海德格尔（美是存在之光的显明）。康德我
们已作了重点介绍，黑格尔大家较熟悉，英国经验主义将在审美心理学中
简介。下面我们着重介绍一下马克思、弗洛伊德和海德格尔。

马克思的学说现在还最有生命力的是他的经济决定论，即人首先要解
决衣食住行的问题，然后才能从事文化、政治、宗教之类的活动。而解决
这个生存问题的唯一手段就是使用科技和工具征服外在世界的物质实践活
动。这同时也就是作为马克思美学根本的"自然人化学说"，这是马克思
对美学的一大贡献。

马克思对美学的第二个重要贡献是他的个体发展论（《共产党宣言》：
"每个人的自由发展是一切人的自由发展的条件"）和对人类未来的乐观主
义态度。他对由生产的巨大发展所必然带来的劳动时间的缩短极为重视，
如果人每周只需工作三天，那时人类就将走出历史唯物论而使心理愉快和
审美成为乐生的第一需要。[①]

马克思对美学的第三大贡献是他的反异化理论及对资本主义的和各种
不合理现象的批判精神。美学在本质上就是反异化的。从庄子到卢梭，千
百年来都影响很大，但他们的反异化带有空想性。马克思则是从生产科技
发展中必然出现的负面价值提出了消除至少是可降低异化程度的理论，因
而这是他的科学社会主义理论的一个主要内容。

工业文明的发展和一切皆商品化、金钱化的后果使心理精神问题严重
困扰着西方社会，同时也正开始困扰着飞速发展的中国。当今的世界，不
仅各种国家集团存在着严重的矛盾冲突，许多国家的社会内部也常遭遇种
种突发事件和极端事件，这一切固然有多种多样的原因，尤其是利益冲突
和恐怖分子的袭击。但都有其心理方面的根源，而且这种心理因素又上升
为哲学问题与美学发生了双重联系。弗洛伊德的出现，正是从这两个方面
影响了美学。弗氏早期有两大发现，最重要的是对"无意识"（或译"潜
意识"，Unconsciousness）的发现，它指的就是人的行为动机实际上是自

①　参见李泽厚《李泽厚近年答问录》，天津社会科学出版社 2006 年版。

己也不清楚的动物本能，主要是性本能。它具有原始性、冲动性、非逻辑性、非语言性与非道德性，一句话即非理性。这对当代艺术和美学都产生了极大影响。弗氏的所谓"无意识"其内核在本质上就是一种"性本能"，包括著名的"俄狄浦斯情结"（Oedipas Conplex 恋母情结）和"爱蓝克娜情结"（Electia Complex 恋父情结）。弗氏认为妥善处理这两个情结才可使婴儿（婴儿性欲论是弗氏学说的基础）和儿童的人格得到健康的发展。这样弗氏的理论便远远超出心理学而上升成为一种非理性的人本主义哲学。同时弗氏还把这两种情结运用到艺术分析上，并且在后期作出新的发展，在《自我与本我》、《文明及其冲突》中提出了使"压抑"得以"转移"和"升华"的理论。这就是把人的心理重新划分为垂直的三个部分：本我、自我和超我，这三者与人对社会的相互关系是基本一致的。"本我"只重视"快乐"，对社会有破坏作用。"自我"讲现实主义对"本我"加以克制使人按社会规则行事，而"超我"则严厉压制"本我"，一方面可使人向德行方面发展，更多的时候是使被压抑得极深的本我欲望形成一种极大的心理能量，但并不总是采取犯罪的途径，相反则是往往通过对欲望的"转移"和"升华"来得到替代性的满足，例如文艺创作、科研活动或某种工作狂热，等等。这样弗洛伊德就使自己的理论处于矛盾之中：既谴责社会文明压制了个人并从而创造了文明，同时又主张加强文明以压抑本我。但后期他在《自我与本能》及《超越快乐原则》等著作中又鲜明地强调了以性欲为核心的无意识是人类全部活动的动力。他的"性欲"并不等同于一般意义上的意思，可看做一种尚不能绝对认清的生理心理力量，可称之"泛性论"。同时又在"性本能"外，他又新提出了"死本能"作为人的一切活动的动力。"性本能"自然根据"快乐原则"行事，但"死本能"从对立的方面追求破坏、奋斗、牺牲、侵略乃至自我毁灭的"痛快"。这样，人的内心就是由常态加变态的一个结合体，而其中的"死本能"有时甚至还是超过"性本能"的一种力量，即力图回归到无机状态的冲动实际上是更为根本的。是的，人要活下来并不容易，要吃大苦、耐大劳并承受长期心理上的种种压力而拼命奋斗，许多人就是在这过程中死掉了，回到了"无机状态"。活下来的人虽不乏成就感，但终究难免一死，他们的幸福究竟在哪里？这样，弗洛伊德就为文学艺术及审美的永恒主题——爱与死提供了生理学和心理学的依据，并成为先于他的尼采和晚于他的海德格尔对死的哲学和美学思考的重要中间环节。

海德格尔在哲学的层次上揭示了死的意义。孔子说："未知生，焉知死？"而从齐克果到海氏则喜欢反过来说："未知死，焉知生？"这是一个重大区别，从西方哲学史来看也是一个重大转折。为什么？因为这表明了现代西方人痛感生之短暂无聊的同时，标志着西方个体意识在新的历史条件下的进一步觉醒，对存在意义的永不停歇的探求。类似的情况，在中国魏晋时期也开始出现，这时所谓"文的自觉"与"人的觉醒"两者都表明了当时已把文学当成生命之体现与表征了。但整个说来，中国人距离真正个人自由还较为遥远。同样西方人长期以来不是神的奴仆就是工具理性的工具或者工商文明的酒囊饭袋。文艺复兴发现了人，但神也未完全隐蔽。于是西方人便在人本主义和神恩圣爱的双重熏陶下养成了既生趣活泼又敬畏上帝的独特文化性格。但工业文明终于使他们的乐趣和信仰都产生了衰减和动摇，人生易老，转眼就是百年，为何还要在这短暂的生命中处处"操心"并受制于种种不合理的社会规约呢？还是勇敢地在"去存在"的事功中，在"先行到死中去存在"的决心中，在欣赏和思考着诗的时间中而了此一生，或许，运气好的人还真能在这些活动中看到"存在"的"澄明"，真正走上了"运伟大之思者，行伟大之迷途"而甘之如饴哩！海氏的美学是一种最典型的哲学美学，并且带有反美学倾向。他通过其存在主义的哲思，把艺术和审美活动提高到一个"无限风光在险峰"的境地。

以上就是从哲学美学或哲学角度研究美学的方面及其重要意义。它涉及美的本质、起源、功能以及对人的存在意义的探究与思考，这研究本身具有独立意义，同时也为研究艺术、审美心理学乃至美育打下了基础，提供了某种路向。

2. 审美心理学

审美心理学（或称美感论、审美意识论、审美经验论……），是美学研究的中心，因为任何审美活动都离不开审美的人，都离不开审美者所特有的心理状态；因此，科学地了解人的审美心理结构及其规律和特点就是一种使美学成为美学的科学需要；同时，审美活动的最终目的仍是对人性的塑造和对灵魂净化的过程，即把人培养成为席勒所说的"审美的人"从而为审美教育学提供依据。正因如此，它应该算是美学对象研究的核心。

审美心理学作为一门特殊的科学不是单纯的心理学，单纯的心理学是研究人类一般心理状态、机理和人的行为动机规律的科学，它为审美心理学提供了一般性的理论基础，它虽然不是专门的审美心理学但却与审美心理密切相关。因为审美心理必然要涉及普通心理学，都必须研究人的感觉、知觉、情感、想象、理解之类。但普通心理学研究的是常态的感知、理解和情感，而审美、立美、创美和艺术欣赏又是不同于一般日常的行为，因而就往往具有非一般心理活动的特点和规律。例如感情，普通心理学只研究常态的感情，但审美和艺术创作中的感情经常表现为极强烈甚至反常和变态的感情。例如欢乐到了极致不一定是笑而是痛哭，而在大悲面前，人们并不一定流泪，而可能是沉默不语或仰天狂笑，如此等等，这就不属于普通心理学而属于变态心理学的研究范畴了。

心理学，尤其是审美心理学是一门近代科学，但其历史源远流长。就审美心理学而言，早期最有代表性的观点是柏拉图的"迷狂说"，近代则多围绕审美心理的非功利性特点作深入探讨。先看柏拉图的这段言论：

> 这时他凭临汪洋大海，凝神观照，心中起无限欢喜，于是孕育无数量的优美崇高的思想言论。得到丰富的哲学收获。如此精力弥漫之后，他终于一旦豁然贯通唯一的涵盖一切的学问，以美学为对象的学问。[1]

这里强调了审美的重要特点是"凝神观照"（静观）和"内心"的大"欢喜"。但他却将其归结为领悟了"理式"的"哲学"。在《斐德诺》篇中又把这种审美愉快是由于感性事物之美乃灵魂在隐约的"回忆尚未依附肉体前在天上所找到的美"。[2] 这是一种因不知道审美奥秘而又相信美由

① ［古希腊］柏拉图：《〈会饮篇〉文艺对话录》文艺对话录，转引自朱光潜《西方美学史》上册，人民文学出版社 1979 年版，第 49 页。
② 同上书，第 58 页。

神造的神秘说法，与他一贯主张文艺和美要为社会政治服务是互相矛盾的，但可以欣赏"理式"哲学的"第一等人"的地位大大高于摹仿"影子的影子"的第六等人。因为他的"作品"是神让他处于"迷狂"时所获得的"灵感"，灵感有如"磁石"把千千万万的观众（相当于铁器）都吸引过来了，可见这类人的作品何等感人。此外，也不排除灵感来自于他在出生后暂时依存肉体内而死后经过严格的修炼又在重返人间时回忆起前生的圣洁灵魂的"理式"，并从而产生对这尽善尽美、永恒本真的本体界的迷狂。柏拉图认为这样的人便是"爱智慧者、爱美者、诗神和爱神的顶礼者"，柏拉图常拿"迷狂"、"灵感"与爱情比较。大概他像康德一样对性爱也有过类似强烈的肉体快感的切身体验吧？柏拉图以后亚里士多德的"摹仿说"以及悲剧的"净化说"影响巨大。在他们两人之后不得不提到的还有古罗马时期的希腊作家斐罗斯屈拉特，他强调想象的重要性。此外还有贺拉斯（他提出"寓教于乐"，并强调文艺既要源于生活又要虚构）和朗吉驽斯（首次提出"崇高"和培养崇高感）；一千多年后的13世纪，意大利大神学家托马斯·阿奎那明确地区分了美感和快感，认为美感是根源于上帝及万物的"整一、和谐、鲜明"三要素。整个说来，罗马帝国和中世纪的僧侣及神学家们都把崇爱上帝当成审美（如果还可以说"审美"的话）的快乐源泉。如3世纪著名的新柏拉图派的创始人和领袖普洛丁把柏拉图的理式发展为"神"——"太一"，他认为艺术不仅摹仿自然，而且高于自然，而人们的美感不过是对理式和神所"流溢"出来的光辉的分享。他包含在神秘主义中的某些思想对夏夫斯伯里、歌德、康德、克罗齐都产生了影响。

以上可算是审美心理学的萌芽时期。千百年之后，在18世纪，近代审美心理学才逐步崭露头角。并且开始分为科学主义与人本主义两种流派。

真正意义上的科学主义的审美心理学是19世纪的德国费希纳所建立的以实验（例如人对各种不同的颜色、线条、声音……的反应）为基础的审美快感特点。这可说是科学心理实验美学的开端。但心理尤其是审美心理很难用科学方法测定。稍后它就被带有浓郁人文色彩的心理学所代替了。这主要指以下几种派别，即立普斯的"移情说"、谷鲁斯的"内摹仿说"、布洛的"距离说"还有尼采的哲学味极浓的"酒神精神"与"日神精神"说、克罗齐的"形象直觉"说。其中影响最大的除立普斯的"移情说"、布洛的"距离说"和弗洛伊德的"无意识说"以外，比较重要的还有科学主义的"格式塔"派所建立的"异质同构"或"同形同构"的"同形论"以及以美国的马斯洛为代表的"人本心理学"。上述学说大家比较熟悉，这里介绍一下马斯洛。以马斯洛为代表的人本心理学被称为心理学上的第三势力，即他既不同意以华生为代表的行为主义那样把人的心理简化为一只大白鼠，也不同意弗洛伊德为代表的精神分析学，认为他分析的是病人，而马斯洛则要探索一般健康的人的心理（需求）绝不是被"无意识"本能所支配的病人，相反，他们是对真、善、美有本能热爱与追求的人，这是人的一种似本能（马斯洛将人的正常需求分为五个层次：生存、安全、爱与归属、尊重、自我实现——从有意义的生活到自我实现境界）。以上这些审美心理学的说法可能都从不同角度说明了一些道理。但整个说来，心理学尤其是审美心理学虽然距离成熟时期还较早。但我们不能再等一百年后才能使用它分析艺术和审美。况且它的某些部分已开始为日常经验和科学实践所证实。所以对审美心理还应采取积极态度。

　　如果从审美心理学所研究的具体重要问题来看，大致包括下列几个方面。

　　第一，是关于美感起源问题，其中最重要的又是它是如何从生理快感中分离和升华出来的，它产生后又与知识的、道德的、实用的快感有何区别和联系——对于这种关于美感和特点的研究，论著较多，但这不仅是一个科学问题，也是一个哲学问题，任何单纯的科研和玄想都无力揭示其真相。但我们除了赞成人的美感和美本身是同时从原始人的物质实践活动中逐渐产生的哲学以外，纯粹心理学的具体阐释须以深层心理学、史前人类学等多学科为基础，才能有更为实际的成果。

　　第二，是对审美心理的主要特点作深入探讨，例如审美知觉和审美直觉。不论是一般的或审美的直觉都是在感知时直达理解（领悟），而省却了从概念到推理的过程，但它们感悟美和艺术的能力情感与一般的知觉与直觉有何区别，如是否审美直觉仅在始终不脱离感性和情感？又为什么某种特定形式才能引起人的审美愉快？尽管从康德到"格式塔"心理学派以及英国的克乃夫·贝尔及罗杰·弗莱在这方面都作出了杰出的贡献，但留给我们继续研究的空间可以说还是无穷的。有人说这需要创立一个数学模型，但这对美学来说几乎是不可能的事情。而且一切都弄得十分清楚之后，审美也就没有什么意味了。从这一点上来看，维特根斯坦对美学的否定说并非妄言。我们能够尽可能地朝着有一定模糊度的清晰前行，看来就已很不错了。简言之，我们赞成科学主义与人本主义在这问题上联手"攻关"。

　　第三，在对审美心理过程的描述中，关于审美的准备或初始阶段即一种审美态度的采取是进入审美状态的关键。日本的今道友信曾提出，它是"日常意识的垂直切断"。① 这其中又包含两个要素：一是审美注意，即被某一对象所吸引，但又止于形式（不涉及欲念）及其特征。二是主体对这种被引起注意的对象（意象）产生了某种惊讶探究的兴趣。第二阶段是高潮阶段，这时的审美心理内容最复杂最丰富也是最难用语言明确表述的多种复杂心情的复调结构。我们现在只知道它包括感知、情感、想象和领悟及其综合效应，更具体的研究则有待深入。审美过程的第三阶段是消退期，高潮过去之后，美感强度自然逐渐减弱，但其情感与想象是逐渐淡化与弱化的，而且会长期甚至永远保存在记忆中，使人感到人生的乐趣和意义。审美过程的第三阶段是指它的长期普遍成果是在潜移默化中塑造着人性，使人脱离低级趣味而日益变得纯洁而高尚，但这不是一种纯理性的而是自然而然的表现在感性中，即表现人的情感态度、仁爱情怀、待人接物的诚信友好，以至臻于"随心所欲而不逾矩"的境界。这样美和审美就达到了如李泽厚所说的"以美储善"和"以美启真"了。最后审美活动及其水平的提高还会大大地促进文学艺术品位的提高，也可促进美学乃至伦理学理论的发展。

　　综上所述，可知审美心理学涉及的领域非常深广，并且是直接与美学的目的和意义——塑造自由的人性相关的。因此，自然就构成了美学研究对象的中心。但它总不能独立存在，必须以与具体的审美对象尤其是艺术作品作为经验和验证标准。因此，有人把艺术作为审美对象的重心并非没

---

① ［日］今道友信：《关于美》，黑龙江出版社 1989 年版。

有道理。因为艺术欣赏、批评都离不开审美心理学，尤其是某一类高水平的艺术品更不能只靠文艺社会学的解读方法。只用这种方法既难以培养人性，也不易弄懂艺术奥秘。但如果完全没有文艺社会学的角度，纯文艺心理学的方法也有可能变得苍白和空虚。

3. 艺术

按照我们的讲法，艺术应是美学研究对象的第三个方面。它与美学研究的重点对象"美是什么"一样，"艺术是什么"同样也不太清楚，它不但内涵难以确定，外延也较难界定，例如从某些古人的用品和1917年杜尚临时花钱买来参展的一个光滑的小便器，它们算不算艺术品？当代用高科技复制出来的陶瓷、绘画和影视光碟是否也算艺术品？还有"行为艺术"呢？但我们这时暂时抛开这些难题，而用我们的惯例，把诗歌、小说、音乐、美术、舞蹈、戏剧影视乃至现当代的设计艺术当作艺术吧，简言之，不对艺术下定义，而把我们一般人大体上认可算是艺术品的东西全算作艺术，使我们的研究有一个自认的事实起点和逻辑起点。

对艺术的研究的重要方面是艺术社会学，即通过对艺术品的欣赏认识它所反映的社会生活，特别是古代的和外国的社会生活。人有一种渴望认知的本能，但不能事事目击乃至直接参与。因人生短促，地理天文（乃至如太阳星系到河外星系等天体）世事都广博无穷，我们就只得靠包括艺术品在内的某些人世间的东西（以及电视文化等）来满足我们的审美好奇心。但是，对艺术的研究并不能仅限于社会学的角度，除了前面讲过的审美心理学方法十分重要外，形式主义和表现主义的研究方法在现当代艺术的研究中也日益显现其重要性。因为这两种方法特别重视艺术形式即从语言到形音色线和意象中所表现的情感和心绪以及它们的寓意和象征，总之，重视探讨形式与感情、意蕴之间的关系，从而补充了艺术社会学的研究之不足。例如对莫扎特、凡·高、毕加索、卡夫卡、德彪西、加西亚·马尔克斯乃至中国的书画、音乐及屈原、陶渊明、李白、杜甫、苏轼、曹雪芹等大艺术家，只用一种方法就显得过于单调。此外，对艺术一窍不通的人也可以用社会学的理论告知其"故事内容"或一套什么主义的大白话。由于艺术不是用概念系统组成的意识形态系统，而是人的心灵和情感，包括意识和无意识等心理因素所构成的一个意象系统，因此，要领悟它的意象、象征寓意、风格、旨趣、叙事特色，等等，就离不开心理学和包括叙事学在内的解释学与符号学乃至形式主义与表现主义的方法和工具。这一切说到底又都与文学艺术的现代性问题密切联系。刘勰早就说过：文学除其自身内部的"通变"（继承与革新）规律外，还离不开时代和社会的外在影响，即所谓"兴废系乎时序，文变染乎世情"。在当今全球性的"和平与发展"的时代，人的个体的自由（特别是心灵精神的自由）与全面发展已日益成为最重要的问题，很多艺术方法上的创新都应有利于表现这个最核心的主题，这是毋庸置疑的。

艺术虽然精妙细微，用不同的方法对它进行研究和鉴赏都可有新的感知和收到怡情悦性的效果。但是上述这些大体属微观研究的方法并不大可能完全取代对艺术的宏观视角。并且必须有这一视角，我们才能从中（尤其是鸿篇巨制）更好地把握作品中所表现的大"真"、大"善"与大"美"的联系。这样，我们就仍然不得不依靠当前不甚受欢迎的艺术社会学方法。所谓艺术社会学，并不是我们过去所讲的那一套"阶级斗争"学，甚至也不是恩格斯的典型论和列宁的原则。因为艺术虽有明显的功利性，但却并不是单纯为政治经济服务的仆从，而是人的生命主体性的表现，它本身就是主人。但另一方面，人的生命生存总是不能离开社会的，文学艺术作为人学，自然也不可能与一定时代和社会绝缘，并且它同时也可起到一部分服务工具的作用。纵观古今中外的文艺史，究竟有几个艺术家是完全靠孤立的心理梦幻等的描写塑造成为伟人的？凡有大成者，凡创造了流芳百世的艺术品者，莫不关切社会，以真寓美，以美启真，因为社会就是人的个体集合而成的。问题全在于你有没有写社会的胆识和才华。就是主张艺术是传达感情的托尔斯泰不同样以如椽之笔极其深刻而又十分广泛地"反映"了时代和社会吗？更不用说亚里士多德鲜明提倡"摹仿说"乃至达·芬奇、莎士比亚和司汤达都把自己的作品当作反映他们自己的时代的"镜子"。就连曹雪芹不是也公开声言他的《红楼梦》是以"追踪摄迹"的现实主义（＋象征主义＋浪漫主义）方法写作的吗？人总不能脱离社会，作为人性之表现的文学艺术自然也是一定时代的社会产物。问题看你写什么？怎样写？是写一时一事的暂时事物（如宣传一种政策或实事新闻），还是表现比较能经得起时间淘洗的东西？爱与死作为永恒主题写得好也具有永恒性。但作为例如琼瑶式的爱恐怕难得永久，曹操的诗和《古诗十九首》中有些写死的诗就发人深省，永志不忘。可见，不论大作或是小品，都可以在"再现与表现"的统一中写出精品，并不一定非用象征主义或意识流和荒诞手法不可。但它们也自有其独特价值，是我们当代美学必须认真研究的对象，并可从中总结出新的美学原则以使美学这门古老而颇有点枯燥的学问显现出更多的时代气息。但反映现实的文艺永远都会存在下去。因为人总不能时时处于自我欣赏和谈情说爱的处境中，他还要生活，更广阔更有大趣味的生活。这样他就不得不在那些写出了人生丰富的经验和体验中找到自我心灵的对应物，并从而感到一种极有分量的深沉。不堪承受的常是生命中的轻，而现实主义作品会使人体验到什么叫"重"。

艺术是美的王国，其中最集中地蕴藏着审美心理的美妙和奥秘。欣赏和研究艺术，是一种难得的享受，是对艺术的珍爱，也是对美学的一种可能极有收获的灵魂的探险。

4. 美育

不知为什么，除教材外，很少有美学专著把美育也当作美学的对象。是因为对它的研究已包含在前述几种对象中了吗？还是美育内容简单，不必多费唇舌？其实，美育在 30 年前还是当局者所不许"妄动"的禁区。因为学校的任务主要是搞体力劳动和不断抓"反革命"，连历史学也要改"二十四史"为"农民起义史"，在此时谈美育岂非咄咄怪事！直到 20 世纪 70 年代末，人们才试着谈了起来。

其实，美育作为我们美学研究的第四方面的对象，其理论虽不像前面三个方面那么复杂，却十分重要，是我们整个美学得以实际为人所知所用的关键，是审美教育的手段，又是美学的归宿。是现实在人面前和人心中显示其特有的审美功能的必经之道。西方人的素质在某些方面高于中国人，除科技之外，就在于他们有较普遍通过美育而获得的审美素养。

美育与审美几乎同样古老，人类创造美、欣赏美的过程，同时也就是美育的过程。从历史上，看古希腊特别是雅典及其女诗人莎孚和哲学家们，已经把美育提高到与德智体并列的位置，到席勒则正式提出了"美育"的概念，中国的孔子和庄子都曾非常重视美育，庄子的哲学就是美学，他教导人们珍爱生命，顺应自然之道，反对异化，认为"天地有大美而不言"，他把个人自由及内心宁静视为最高境界。以孔子而言，他所提倡的"六艺"其中一条是"乐（按：指音乐、诗歌、舞蹈）以发和"，①"乐以治性"② 即"成于艺"、"游于艺"和"吾与点也"。中心都是强调培养个体人格并从而实现人生既合规律又合目的的自由境界。他还特地教育他的学生要学好诗，又提出"兴观群怨"的诗教，这是非常杰出的。以后历代的诗话、词话、乐论、画论以及文艺、戏曲、书画等，在一定意义上说，也是带有美育意味的。到近现代，美学在王国维（强调审美的非功利性，提出"境界"说）以后出现了大教育家也是美学家的蔡元培，是他把美学课和美育课带到了中国最高学府的课堂上（鲁迅就曾讲过四次美学课，但讲稿遗失）。蔡元培认为：要想提高国民素质（这也是"五四"先贤们的共同诉求）不能只空喊道德教条，并且正面的说教多了还会使人生厌。而美育则不强迫任何人，只是出一张告示，告诉你何时何地有何种美术（学术的或艺术的）演讲展览等。"姜太公钓鱼、愿者上钩"，效果非常好。

综上所述，通过广义的无私利欲望的共通的审美教育活动，才可能培养出具有健康人格，即自由心灵和个性全面发展的新人。正因如此，实践派美学特别重视通过艺术和美育以陶冶感情和塑造人性——这是蔡元培的基本美育思想，也是美育理论奠基者席勒的基本思想。还应该说明的一点是，前三种研究对象（美、审美、艺术）基本上属于理论美学，美育则不应只是理论研究方面的事，而重要的应是一种实践活动，即在唱歌、绘画、跳舞、诵诗、观赏影剧以及欣赏各种自然美景中加以实现。另外，还需强调说明的是，美育也不仅是儿童和青少年的事，成年人也应该继续接受美育，美的教育应该是终身的。当前我国 60 岁以上老人已超过 12%，其中许多老人自动组织旅游团队、爬山队、游泳队、歌咏队，还有不少学服装、烹饪，进老年大学学绘画、音乐、舞蹈、书法，甚至学文学、外语

---

① 司马迁：《史记·滑稽列传》。
② 刘宝楠：《论语正义》。

等等，有的还考入正规大学。这表明人们需要在审美活动中寻找人生意义。另外，青年人的愉快学习和生活，中年人的驾车出游和定期的同学聚会……这一切也表明美育日益受到人们的重视，它已经开始作为一种泛审美活动丰富着人们的生活，并从被动接受（他育）到主动创立和参与带有审美属性的群众性积极休闲活动。人从繁重的劳务活动中走出来，自由自在地发挥自己的潜能和享受生活的乐趣，这是一个了不起的变化，当文化精神和审美需求变成了人们的主要生活内容（将来可能一周只需工作两三天）时，"自由"这个原本只存在于彼岸世界的东西将实实在在地存在于"此岸"，就在我们这个星球上真正实现了。这一天已不再是可望而不可即的幻想。现在人类正朝着这个目标迈进。美育在这个行程中的作用就是促使人们在克制乃至排除私欲，从而按照美的规律来"建造"这个世界和人本身，实现人类从"必然王国"到"自由王国"的过渡。为了做好这个工作，我们从幼儿园、大中小学乃至整个社会都要把美育当成一项人生实践的基本内容，这个工作的规模是庞大的，时间是长久和永恒的，其方法和措施都是美学应加以研究的一个对象。

综上所述，美学研究的对象，乃是一种以美的哲学为基础，审美心理学为核心，艺术为重点，美育为手段和归属的研究人对现实的审美关系的科学。这其中的关键还是人，只有使人具有了审美的能力和趣味，才能使在实践中的"人的本质力量对象化"，使对象成为具有审美属性的对象；反过来说也是一样，人只有生活在美的对象世界中，才可能成为审美的人。从以上四个方面研究人与对象世界如何才能建构为一种审美的关系（而非纯功利和纯认知的关系），这就是美学。

论　美

　　美的事物千姿百态，极为丰富多彩，不论是绿水青山，花好月圆，也不论是轻歌曼舞，棋琴书画，都是可以让我们在观赏中感受到愉快的事情，并且会常令我们情不自禁地发出赞叹："啊，真美啊！"这所谓的"美"，所指都是某一具体对象，即美的东西或某种美的情境。如果我们像哲学家们那样进一步追问：你所说的这个"美"字究竟是什么意思？"美"本身到底是一种什么东西呢？有没有可以概括一切具体的美的现象之共同特点的言词呢？这也就是说，一切具体的美的现象之中是否有一个共同的本质？对此，我们很难回答，如果回答，那往往说的也是"美"的东西或对美的事的某种愉悦感。因此，这个看似简单的问题，实际上是一个哲学"陷阱"（美学本属哲学）。两千多年来，人们对"美是什么"的问题作过众多的界说，但似乎从来都没有看到有哪一种说法得到公认，所以，近一百年来，很多哲学家、美学家都对这一问题采取回避的态度，而有的哲学家如维特根斯坦等人就干脆否定有什么"美"的本质问题存在，认为这个问题是一个"伪问题"，因为在他看来，"美"字也不过就是一个"感叹词"，有如吃饱了饭后摸着肚子说："啊，真舒服啊！"他们对美学尤其是美的本质问题基本上持消极甚至否定的态度。可见此问题（如果它是一个"真问题"）之艰难。但是，美学和美的本质问题并不会因为有人反对就被取消，而美学作为一门独立的学科存在一天，对"美是什么"即美的本质问题也就会被长期研讨下去，尽管对美的本质很难作出完全科学的定义，但揭示它的某种主要特征还是有可能、有必要的，尤其对专攻哲学美学的人来说更是如此。为了让我们在这里的讨论有根有据，我们就不得不简要地回顾一下研讨"美是什么"这一问题的学术史，当然，这里只能极其简略地作扼要的评介。

（一）

前已述及，历史上第一个对美的本质（美是什么）作为问题提出来讨论的人是古希腊的柏拉图，他在《大希庇阿斯篇》中以苏格拉底的名义与希庇阿斯进行辩论。希庇阿斯对"美是什么"提出了五种看法：1. 美就是美的具体事物（漂亮小姐、健壮母马、竖琴、双耳柄对称的汤罐等）；2. 美是事物的质料或形式（如美是黄金）；3. 美是物质或精神上的满足；4. 美是恰当、有用、有益；5. 美是由视觉或听觉引起的快感。柏拉图指出上述说法都有一定道理，但它们都说明了"美的事物"而不是"美本身"，即美的普遍本质，只有找到了美本身即对一切具体的美的事物都具有普适性的那个东西时，才算从纷纭的殊相中找到了共相，即美的本质。① 柏拉图后来在《理想国》中断称"美在理式"即一种先天客观存在的理性形式，而美的东西之所以美乃是在摹仿中分享了"理式"即神的某些影响，例如画家画的床是作为理式的床（木匠做的床）的影子，显然，这场讨论不可能解决这个问题，只留下了"美是难的"（美是令人难解的）这一千古慨叹！②

以上是对美的本质的最著名的一次正面探讨，但还不是最早的探讨，最早对美的本质加以界说并对后世产生重要影响的，除柏拉图的上述讨论及"理式说"以外，是早于他一百多年的毕达哥拉斯及后来的毕氏学派及其"形式说"。

毕达哥拉斯学派认为，"数"是宇宙的本质，"数的原则是一切事物的原则"，"整个天体就是一种和谐和一种数"，艺术的美也产生于数的比例

---

① 模仿（mimesis）作为艺术的本质定义，据艾布拉姆斯在《镜与灯》中说："很可能是最原始的美学理论"，它"被第一次记录在柏拉图对话里时，其含义已经相当复杂了"（北京大学出版社 2004 年版，第 6 页），又见郭斌和张竹明所译《理想国》中有时将理式（Idea）译为"理念或形式"，商务印书馆 1997 年版，第 288 页。

② 以上所引《大希庇阿斯篇》，参见柏拉图《文艺对话录》中的该篇，朱光潜译，上海文艺联合出版社 1954 年版。

与和谐："音乐是对立因素的统一，把杂多导致统一，把不协调导致协调，雕塑、绘画也莫不如此。而人的身体美（也）确实在于各部分之间的比例对称。"总之"美是和谐与比例"的理论对后世美学产生了极大的影响，也是美学史上各种形式说的鼻祖。（著名的"黄金分割"律即由毕派提出）。顺便指出，与毕达哥拉斯大致同时而特别强调对立面斗争的赫拉克利特也说："互相排斥的东西结合在一起，不同的音调造成最美的和谐。"[①]后来，亚里士多德在《诗学》第七章里也认为："美就在于体积大小和秩序。"在《形而上学》中也说："美的主要形式、秩序、匀称与明确，这些唯有数理诸学优于为之作证。"[②] 这种"美在形式"（和谐）的思想经古罗马和中世纪圣·奥古斯丁和圣·托马斯·阿奎那的论述，到文艺复兴时期，更成为米开朗基罗、达·芬奇和丢勒等艺术家毕生追求的目标，后来，英国画家贺迦兹（著有《美的分析》）、政治家兼美学家伯克，德国的温克尔曼、莱辛特别是康德、席勒都十分重视美与形式的关系，一直发展到 20 世纪的克乃夫·贝尔在《艺术》中通过分析塞尚等后印象派的绘画而提出著名的作为美的集中表现的艺术乃是一种"有意味的形式"（尽管作者明确指出它不指美和一般形式），尽管他们常把艺术与美混同，但这一切无不告诉我们：如果要对艺术和"美是什么"加以探究，是绝对离不开感性形式的。并且，更值得我们注意的是，上述"形式说"所见到的都不仅仅是对象世界中单纯的形式本身，而同时指向这形式中所包含的"意味"内容。克乃夫·贝尔说：这"意味"从宏观上与大宇宙相通，微观上又与小宇宙（人的身心）契合，无目的而又合目的。它是"殊相中之共相"、"渗透于万物中的韵律"。总之，这形式和意味昭示着对存在之谜的某种解释，体现了人在精神上的"终极关怀"。[③] 应该承认，这是颇有见地的，只可惜缺乏具体的科学分析。关于与此相关的一些问题，我们后面再作讨论。

与"美在形式"相关联又颇不相同的解释美的本质问题的重要学说是

---

① 以上均引自北京大学哲学系主编《西方美学家论美和美感》，商务印书馆 1980 年版，第 13—15 页。

② 同上书，第 41 页。

③ 参见克乃夫·贝尔《艺术》，中国文联出版公司 1984 年版，第 47 页。

所谓的"完善说",认为"美即完善"。这就是前面已提到的古罗马新柏拉图主义者普罗丁（205—270）和中世纪的神学理性主义者圣·奥古斯丁（354—430），以及意大利的圣·托马斯·阿奎那（1226—1274），直到鲍姆加登等人的美学思想。他们也大都认为美在理式或形式（例如"整一"、"和谐"、"比例"），但这形式非任何一般的形式，而是神赋予的，因而才是美的形式。因此，他们虽然吸收并发展了柏拉图的"理式说"，并受毕达哥拉斯影响，但却将其与基督教神学结合起来（其实柏拉图的"理式说"也是与希腊宗教神学相结合的），认为每种事物的存在都是有目的的，这目的是由上帝赋予的，即任何一类事物的形态都表现为它本有的常态，不偏离常态就是符合目的，符合目的就是"理性的"、"完善的"，因而也可能就是美的，例如人要五官端正、四肢周全、身材合度，才符合人之为人的目的。又如马要肥壮、善跑而供人骑用，这就是马之为马的目的，而瘦弱不善奔驰的马就不符合马之为马的目的，是不完善的，因而也就是不美的。这颇有点像过去文学理论中的"类型说"或"典型说"，它作为美的界说显然过于简单，但也并非毫无道理，例如歌德就主张美与某种完善的目的相关，他曾举橡树和女性为例，说它（她）们过分肥沃或瘦弱都不美，要恰到好处地显现其自身的目的才是美的，例如女性美的重要条件是必须丰乳肥臀但又不要过分才符合她生育的目的。①

如果以上对美的本质的诸种界说大都偏重了从客观上着眼（如客观存在的"理式"或"形式"等），那么，以伯克和休谟为代表的英国经验主义美学则偏重于从主观、主体上寻求美的本质，他们认为美不是离开人而存在的，美就是人的美感，而美感实质上就是一种感官快感，因此，美即愉快。他们不赞成美在理式形式或完善，认为这些看法都是一种先天理性观，缺乏充分的经验事实的根据。他们强调对"美是什么"的问题应该以直接的感性经验作为研究的出发点。这样，英国经验主义就把对美的分析从客体及其形式转向了主体的生理和心理。他们的贡献主要有两点：一是研究了对审美来说至关重要的联想和想象；二是研究了人的情欲本能以及快感和痛感。例如英国经验主义的集大成者休谟坚决反对美在物的形式，

---

① 北京大学编：《西方美学家论美和美感》，商务印书馆1980年版，第169—170页。

认为美只存在于观赏者的心中，并断言快感与痛感是美的本质。他在美学上的一大贡献便是探索了美感的本身就基于人的一种同情感，例如人们之所以喜欢对称、平衡，是感到安全而舒适，如对象的结构，比如支撑或装饰一幢建筑物的石柱，下粗上细，看上去就不但安稳，而且给人一种向上升腾的快感，如果反过来使人有下细上粗的感觉，便使人担心和产生不安全感。为什么会这样呢？休谟认为这就是人们的同情心所使然。这说明英国经验主义的心理学式的美学事实上也离不开外在的形式（感）。除休谟外，伯克也十分强调爱与同情在审美中的重要作用，同时他也认为，形式的某种"小"与"柔骨"是产生爱与同情的重要条件，但伯克的更大贡献是在对崇高美的分析中，首次把痛感与可怖性（他称之为"消极快感"）引入了审美，特别是崇高美。

"同情说"对19世纪德国的费肖尔、立普斯等人为代表的"移情说"产生了重要影响，后者正是前者的合乎逻辑的发展，其影响超过了"同情说"，立普斯甚至因此被誉为"美学中的达尔文"，因为他进一步从审美心理学的角度对美的本质作出了某种程度上颇有新意的解释。

综上所述，对美的本质的三种最重要的学说（形式说、完善说及同情与移情说），前两种主要是想从客体的属性（比例、和谐、完善……）中寻求美的本质，而经验主义的同情说等则专从人的主体心理感受方面来说明美是什么，显然，他们各执一个片面。这两个方面是否可以统一起来呢？这个问题由康德提出并在很大程度上给予新的综合统一，虽然略晚于康德的黑格尔提出了"美是理念的感性显现"，似乎已把主观与客观、感性与理性统一在这个著名的公式中了，但实际上他是让理性吞并了感性；而感性，对美的本质和人的本质都是至关重要的。黑格尔所谓的"感性显现"实际上不过是把感性当作他的"理念"（概念、道、规律、道理）的一种载体而并非美的决定性因素，更不是美本身的主要特质，其结果可能导致艺术和美之趋于概念化，或图解化并把审美推向为某种外在目的（理念、政治、责任）服务而丧失其自身的主体性。真正把欧洲大陆理性主义和英国经验主义，亦即理性和感性、主体和客体尽可能结合起来，并真正抓住了审美的感性特质的是康德，而席勒特别是早期的马克思又各有新的贡献。这里要强调一下感性为什么如此重要。这是因为伦理道德行为尤其是审美活动都不是知性分析、欲望满足和功利计较的结果，而是一种自发的，即发自内心的自然而然的自由"冲动"（借用席勒的"游戏冲动"），人也只有在这样的一种自发的、习惯式的、既合目的又无目的的自由感性活动中，才可能真正走出动物界，并在活动中达到"随心所欲不逾矩"的最高自由境界，也才不至于走向了无生趣的机械化生活。这说明：审美感性和美的感性特质是人对世界的一种最自由的关系。这种自由的感性也就是李泽厚所揭示的以物质生产实践活动为基础的理性的内化以及理性向感性、内容向形式的积淀，而感性中的理性的不断凝聚和内化就是"储善"和"启真"的过程，这样康德的哲学三元结构即知（真）、意（善）、情（美）就在这种"积淀"基础上得到了统一和正确的阐释。由此可见，美作为一种使人愉悦的东西，就是自然而然地从感性上把人培养为有美的素质和审美素养的自由人，而康德的"无目的的合目的性"，以及美在形式和崇高是道德的象征，它们所表征而不可能说清楚的正是这种由人的实践活动所造成的积淀了理性的感性愉悦活动。而席勒的"游戏冲动"（即"活的形象"，亦即"最广义的美"）① 所强调的也正是一种自由的感性，无目的而又合目的的自由愉悦。它是审美客体与审美主体的统一，理性与感性的统一，一种表征生命的形象即美本身。它作为一种"外观"（形式），实际上也就是与"素材"无关的"自由形式"（参见席勒《美育书简》第27封信中所论"自由的形式"）。② 但是，席勒与康德一样，都不可能对美的感性自由本质作出完全科学的结论，原因就在于他们缺乏实践观和历史感，这一根本缺陷，在马克思那里才得到合理的解释，这就是马克思的以物质实践活动为基础的"人化自然"说。上面提到的李泽厚的"积淀说"，也正是在提炼和阐释马克思、康德和荣格、皮亚杰等人学说的基础上提出的。下面我们就根据马克思的"人化自然"说来对美的本质作进一步的探讨。

---

① ［德］席勒：《美育书简》，徐恒醇译，第15封信，中国文联出版公司1984年版，第86页。

② 同上书，第142页。

（二）

马克思的"自然人化"学说，继承了康德和席勒所强调的从感性上培育审美的人和人的审美本性的重要性，从而在某种程度上回应了康德所提出的"人是什么"这个重要的哲学问题。他说：首先，从客观上看，其结果就是人不仅在思维中，而且以全部感受在对象世界中肯定自己，在劳动中将自己的本质力量对象化，从而使作为对象世界的自然界成为"人化的自然"，即有利于人生存的又具有审美属性的对象世界。其次，从对人在劳动中的主观方面看，人也在劳动中生成为审美活动中的主体。马克思指出："社会人的感觉不同于非社会人的感觉。只是由于属人的本质的客观地展开的丰富性，主体的、属人的感性的丰富性，即感受音乐的耳朵，感受形式美的眼睛，简言之，那些能感受人的快乐和确证自己是属人的本质力量的感觉，才或者发展起来，或者产生出来。因为不论是五官的感觉，还是所谓的精神感觉（意志、爱等），总之，人的感觉，感觉的人类性——都只是由于相应的对象的存在，由于存在着人化了的自然界才产生出来的。五官感觉的形成是以往全部世界史的产物。"① 马克思的这段极重要的精彩论述，无可辩驳地说明了美的根源和本质绝不是来自于物的自然形式或完善，也不是来自于人的主观情感或游戏，更不是来自于所谓先天地生成的"理式"或"理念"，而是来自于既创造了人本身又创造了"属人"的客观世界，以及人对现实世界的审美关系即美本身的物质生产活动。而要使劳动能生产和创造出人所赖以生存的物质成果，就必须使这种劳动符合自然界的规律，否则就不可能达到"目的"。因此，人的劳动必然是既合规律又合目的的实践活动，这也就是"人的本质力量"之所在；而这种本质力量的"对象化"也就是使"自然界人化"的具体内容；而当自然界开始人化的同时，美也就开始萌发诞生了。这也就是说，美的本质就存在于实践的合规律性（真）与合目的性（善）的感性形式之中，

---

① 马克思：《1844 年经济学哲学手稿》，刘丕坤译，并可参见《马克思恩格斯全集》第 42 卷，人民出版社 1979 年版，第 79 页。

亦即马克思所说的在生产活动中"人也按照美的规律来建造"（按：何思敬译本将"建造"译为"造形"）。

也正基于此，人类的劳动产品也就或多或少、或显或隐地具有某种美的属性：一切劳动产品都是人在劳动中给自然物质材料重新赋形的结果。但是，当被改造的自然物质对象（例如工具、用具、猎物）只对人具有实用价值时，美还处于潜在或萌芽状态，还不是一种独立存在。只有当人在自我意识的发展中开始追求精神价值，即开始了精神生产并将其劳动成果不是看做一种单纯的实用对象（满足肉体需要），而是把这种劳动产品的形式作为一种可供观赏的对象，"从而在他所创造的世界中直观自身"（马克思语）的时候，人与现实才建立起一种审美的关系，美才成为一种独立的价值形态而"在起来"了。因此，美不是以对象的内容可满足人的肉体需要并使人产生生理的愉快为特征的，相反，它主要是以对象的形式能引起人的精神愉快为前提的。如此看来，"美是什么"的问题，可借用克莱夫·贝尔的话说，就是"有意味的形式"。没有形式和对形式的欣赏能力，就没有美的存在。从这个意义上说，美就在形式。

但是否存在无内容的纯形式呢？不存在，并且也不是任何形式都是美的表现，人更不能随心所欲地创造形式，而是要受到以人的需要为动力的目的的驱使，还要受到实践的手段、对象和操作过程的制约与规范。没有有意识、有计划、有目的的驱使，即没有首先在头脑中对实践结果的预想的完成，就没有真正的人类劳动；没有作为征服自然之必要中介的物质手段，亦即工具的制造与使用，真正的人类劳动也不可能成为现实；如果不遵循实践对象及改造这种对象的活动规律与操作规范，也不会有符合人的目的的劳动结果。因此，正如前面已指出的，人类实践及其造形活动就必然具有合规律与合目的的这样两个根本特点。

实践的合规律与合目的首先表现在实践手段即工具的制造、使用、革新和不断的发展中，而工具的制造和革新又是由人在实践中不断发展起来的自身需要，以及不断发展的征服自然的广度和深度所推动的。人的实践范围的扩大和加深，使人日益开阔和加深了对自然界各种不同对象的属性和具体规律的认识，从而也就推动了适用于征服不同对象的各种工具的发展，而每一类工具又都有制造它们的共同形式规律。例如，为了投掷的目的，球状石头最好；为了砍砸的目的，石斧必须体质厚重、双侧对称而又有锋刃；为了切割的目的，刃面必须较为宽长；等等。正是在这种最原始的制造工具和使用工具的实践过程中，原始人类逐渐领悟了要达到预期的实践目的，必须遵循表现自然界的规律和特定实践过程的特定操作形式规范，这一经过上百万年劳动和亿万次重复之后才逐渐掌握的"恰到好处"的分寸就是"度"，又经过长期的积累过程才成为较为稳定的劳动操作形式规范，积淀于人的心理结构中，而只有当这种客观自然规律不是以人对它的被动适应或偶发性的感知而是以形式化的法则被稳固地掌握之时，人之所以为人的主体性才开始真正确立。因此，所谓形式化也就是定型化，它标志着人类创造能力的程度和水平。人在实践中所创造的外在物质工艺结构形式首先就是劳动工具本身。与此相对应，人的心理结构也正是在制造工具和使用工具的劳动过程中，所认识到的规律的不断内化凝聚和积淀的结果。因此，包括审美能力在内的人的主体性，并非静观默想所能产生的，也不可能从自然界本身直接抽象出来，而是像皮亚杰所讲的那样，从操作过程本身进行抽象（通过"同化"和"顺应"）而逐渐积累形成的，是人的大脑对客观存在的自然规律在长期实践基础上抽象和积淀的结果。因此，人虽然是作为感性的生物存在，但却在这感性中积淀着理性；人之所以在对象世界的关系中产生审美愉悦，正是由于在劳动所创造的感性形式中积淀了理性；而理性作为目的在对象世界中得到了对象化，从而使对象世界成为感性存在的、肯定人类实践本质的一定形式，这种形式就是合规律与合目的的形式或自由的形式。

这样看来，美在形式，但又不能归结为形式，而是蕴涵着"自由"内容的形式。因此美在形式而又超越于形式。美在本质上确与劳动所创造的对象的感性形式直接相关，离开对象形式而抽象地谈美的本质，就会使这种本质与一切劳动产品的本质没有任何区别。但另一方面，如果把美的本质仅仅归结为形式则过于肤浅。如上所说，人类劳动及其产品的形式，不论在形式本身或形式之中都积淀着、体现和包含着规律性与目的性；一定对象的形式之所以能成为美的形式，其秘密正在于此。马克思曾对此作过深刻的论述。他说：

诚然，动物也生产，它也为自己营造巢穴和住所，如蜜蜂、海狸、蚂蚁等。但是，动物只生产它自己或它的幼仔所直接需要的东西，动物的生产是片面的，而人的生产是全面的；动物只是在直接的肉体需要支配下生产，而人甚至不受肉体需要的支配也进行生产，并且只有不受这种需要的支配时才进行真正的生产；动物只生产自身，而人再生产整个自然界；动物的产品直接同它的肉体相联系，而人则自由地对待自己的产品；动物只是按照它所属的那个种的尺度来进行生产，而人却懂得按照任何一个种的尺度来进行生产，并且懂得怎样处处都把内在的尺度运用到对象上去；因此，人也按照美的规律来建造。①

这里所提出的著名的"美的规律"问题，如前所述，实即美的本质问题，而美的规律或本质也就包含在劳动的本质和规律之中。人的劳动的特点就在于它符合自然的规律（"任何一个物种的尺度"），又符合人之所以为人的那种本性、需要和目的（"内在尺度"），这两个根本特性或"尺度"也就是前面所说的规律性与目的性的统一。

这里还有一个问题：人类的一切劳动产品都具有合规律与合目的的特性，因而也都不同程度地含有某些审美属性；那么，它们与专门作为审美对象的劳动产品又有何区别呢？看来，最关键的一点，就在于美的合目的性首先必然表现为一种在主客体双方都积淀了深刻的理性内容和某种宇宙规律的形式的合目的性，它没有实用性而唯有可欣赏性，人是否能够在满足肉体需要的同时生产出这种主要是满足精神和审美观照需要的对象，是人和动物的重要区别。关于这一点，显然，人的自由不能只限于获得肉体生存的自由，还要表现为人在精神上获得全面发展的自由；而人在认知的、伦理的、道德的和审美的三种心理功能方面，虽然道德是最高境界，但只有通过审美的桥梁才能达到。而单纯的认知和道德行为，并不是人尤其是中国人的心理发展的最终方向。西方人由道德到宗教，中国人则由道德到审美。没有审美爱好的人在某种意义上不是完全的人。从这个意义上

---

① 《马克思恩格斯全集》第42卷，人民出版社1979年版，第96—97页。

说，唯有审美的心灵才是最高的自由境界。因此，人作为人的实践和实践中实现的目的要求，既是为满足肉体的需要，同时又必须超越于直接的肉体需要而追求审美的自由。审美植根于现实，又超越于现实。这样，发源于此岸的美就开始具有了某种彼岸性——超出肉体而趋向无限的精神需求。正是这种超越了个人直接物质目的需要而使个体和整个人的族类的本质力量在实践中得到对象化（目的实现），才可能使人"自由地对待自己的产品"，"从而在他所创造的世界中直观自身"。① 这才是真正的人的生活。因此，美作为满足人的精神超越需求的存在，既从根本上积淀着符合整个人的族类的理性和功利内容，又是这种内容像盐溶于水那样呈现为一种无痕的自然的感性形式。审美关系是以对象内容的形式化和物质的精神化而与主体发生关系时才成为现实的。可见，所谓"合目的"，主要指包含着真（合规律性）与善（合目的性）内容的形式，符合人的既根源于现实又超越现实的精神自由的需要的目的。这就是人对现实的审美关系的实质。

根据以上分析，我们可以这样认为：美的规律和本质就包含在劳动的规律和本质之中，美作为合规律与合目的的形式也就是真与善相统一的形式，但美所包含的真与善是形式化了的真与善，它具有植根于现实的此岸性，但又超越实际的物质需要而开始了对彼岸的追求。因此，美作为人类劳动的产物，就不同于一般的劳动产品，它是对人类实践及其自由的最高肯定方式，正是在这个意义上，自由的形式，是对人的本质的自由（即实践的能力）之充分肯定的对象化形式。因此，所谓"自由的形式"就其内容而言，是体现为自由形式中的自由本身，即自然与人、感性与理性、规律性与目的性、真与善的统一，但又并非直接的赤裸裸的规律与目的的本身，而是渗透在感性形式中的某种不易察觉，但又被深刻体验着的社会价值、人生意义、生命的韵律或道德上最高的"天地境界"；就美的外在感性显现而言，它本身在形式上就体现为一种主观上的合目的性的自由形式，即合乎人之所以为人的理性心理结构和感性愉悦的习性。因此，所谓

---

① 马克思：《1844年经济学哲学手稿》，《马克思恩格斯全集》第42卷，人民文学出版社1979年版，第97页。

自由的形式，就是理性自由与感性自由的最高统一。

但作为自由形式的美，又绝非靠毫无节制的劳动征服自然的结果。（自然美正是一种"自由的形式"，此处不论）。工业文明对当前世界所造成的严重生态破坏、人口膨胀、地球变暖、森林的大片消失和令人发指的环境污染等状况表明：人类劳动同时也具有其负面价值，即主要为了满足眼前和近期的功利目的而对大自然进行掠夺式的开发，其最终结果必然就适得其反地表现为从根本上（总体上）与自由背道而驰，即反规律性和反目的性。以海德格尔为代表的存在主义哲学和美学，正是因为看到了工业文明把人类征服自然的主体性推展到极端，从而导致了存在的被遮蔽和人的异化与沉沦，才提醒人类多想想"死"的问题。当对象世界变成了对人的存在只具有否定性价值时，人还能作为主体存在吗？主体性的无限发挥究竟还有什么价值和意义？当人把自然、他人和自我都当成满足短暂的肉体需要的"素材"和手段时，人就成为一个工具，一个酒囊饭袋，一个无根的漂泊者，美和存在一起都将消失得无影无踪！对人类命运的如此深沉的忧虑虽然不免带有一些悲观主义的色调却并非危言耸听，毋宁把它看成对传统理性——乐观主义哲学的一个重要补充更为有益、更为符合人类生活世界的全部实际。但仅靠哲学的沉思并不能改变人类的命运和处境，当前需要的是在"思"之上的行。马克思早已预见到，总有一天，人类将联合起来，"合理地调节他们和自然之间的物质变换，把它置于他们的共同控制之下，而不让它作为盲目的力量来控自己"。① 而包括调节和改善人类实践活动本身在内的行为，归根结底仍是一种实践活动，但却是发展到一个更高层次的"人化自然"的过程，即在征服自然的同时又顺应自然、回归自然，在"自然的人化"的同时又努力做到"人的自然化"即返璞归真。因此可以说，如果自然的人化诞生了美，那么在上述前提下所同时进行的人自然化则化生了人的美感。这便是真正的"天人合一"，也才是真正的规律性与目的性的统一，亦即"人化自然"这一深刻的哲学和美学概念的全部含义。人类现在已开始为此而努力了。存在不会永远被遮蔽，美

---

① 马克思、恩格斯：《论文学与艺术》第一卷，陆梅林辑注，人民文学出版社 1982 年版，第 215 页。

不会消失，人类是完全可能在他所创造的世界中确证自身、直观自身而不会使自身丧失和沉沦的。

但是，只要我们不愿做美学和历史学上的乌托邦主义者，我们就必须承认，作为人类自由王国标志的美的存在，是只能建立在"此岸"即"必然王国"基础上的，而作为"彼岸"的"自由王国"又是只能无限接近而不可能有终点的。为了真实地把握住审美自由，"看来首先不得不放弃那种庄子式的单纯顺应自然的原始自由，而只能在改造自然，开发物质财富的基础上与异化同时分享现代自由。也许，美的本质就存在于这种改造自然与顺应自然从而既忍受又享受这种异化和不断扬弃异化的过程之中，存在于争取自由和享受自由的对立统一之中吧？如此看来，自由并不是快乐、幸福与享受的同义语，它作为一个哲学概念，给美（包括崇高和悲剧等的广义等）的本质注入了极为深刻而丰富的内涵"。[①] 美作为自由的形式，标志着人和人所生活于其中的世界的和谐与澄明，它帮助处于必然王国中的人洗涤过分的欲望，找回那失落了的赤子之心，在分享这自由之花的芬芳时收获一份仿佛来自天国的福祉；它接通了此岸和彼岸的消息，使人体验到"此在"的欢欣；精神有所寄托，灵魂找到了家园，人与世界的关系因祛除了物欲的遮蔽而在亮光朗照中显现了本真状态！这样，我们也可以同歌德一起，面对这"天地有大美而不言"[②] 的生活世界唱一曲庄严的赞歌：

> 万汇本一如，
> 彼此相连带，
> 相依为命，哪可分开！
> 盈虚消息有真宰，
> 神钧转斡言诠外，
> 天香弥宇宙，
> 天乐遍寰垓！[③]

---

① 杜东枝主编：《实践美学原理》，云南大学出版社 1990 年版，第 35—36 页。
② 庄子：《知北游》。
③ ［德］歌德：《浮士德》上卷，郭沫若译，上海文艺出版社 1953 年版，第 25 页。

异化劳动与美的本质

——美在私有制下丧失了自由吗？

一

在我国美学界和文艺理论界，主张从人类物质生产劳动，即从实践中探讨美的起源、本质与秘密的理论，日益受到了人们的重视。这一派美学理论认为，美不是主观的，也不是物的自然属性，而是凝聚在审美对象中的人的一种自由创造能力，是对人的自由的一种肯定方式，也就是马克思所说的"人化自然"或"人的本质力量的对象化"。有的学者还将美的本质的上述特性具体概括为：人的自由在人所生活的感性现实世界中的表现，是对人的自由的感性现实的肯定。且不说这个论断作为定义是否确切，但从大的方向上看，从生产实践及其对人的自由的肯定方式中探索美的秘密，这条道路是宽广的。但是，从上述这个基本观点出发，也会碰到一个不小的理论上的难题，这就是在长达几千年存在着阶级对抗的私有制社会中，美的本质及其感性显现方式是"自由"的吗？难道劳动者（从奴隶、农民到近代工人阶级）在不自由的、与自身相敌对的劳动中也能创造出"自由形象"吗？然而，从另一方面看，谁又能否认，人类不正是从脱离原始社会的那种"自由"劳动，在进入阶级社会以后才创造了更加丰富多彩的美的对象吗？显然，这是一个二律背反的命题：旧私有制下的"不自由"的劳动是难以创造出作为自由的感性显现的审美对象的；旧私有制下不自由的劳动仍可创造出作为自由的感性形式的审美对象。这个尖锐的矛盾如何解决，它们是绝对对立的，还是可以在对立中统一起来？看来，有的论者正是没有看到上述命题在对立中可以达到统一，因而，他们不能不感到为难了，就是在主张劳动创造美的那一派学人中，也有人不得不承认：实践创造美的观点之所以在不少情况下难以为人们所接受，有种种原因，其中最"根本的原因，是如马克思所指出的，在漫长的人类历史中都存在着人的异化的现象，人类的实践经常表现为不是对人的自由的肯定，而是否定"。这些论者虽然试图对这种情况作出解释，但可惜还未能作出完全令人信服的论证。因此，也就难怪对实践派美学一贯持否定态度的蔡仪先生等指责劳动创造了美，因而美的本质在"人化自然"的观点"实际上是对于剥削和剥削制度的赞美"。① 另一位学者则更进一步指出："劳动创造了美并不真是马克思的观点"，如真是，就一笔"勾销了马克思对资本主义异化劳动的批判，实际上是把资本主义的异化劳动美化成了美的产生的根本原因乃至一般的规律，岂非咄咄怪事？!"② 其实真正制造"咄咄怪事"的正是作者自己并未真正弄懂"异化劳动"。他应该知道，从奴隶社会就发生的最严重的劳动的异化，经封建社会再到资本主义社会，人类只能以异化劳动的形制来推进社会的发展，并从而才可能使"自然人化"，使"人的本质力量对象化"。《巴黎手稿》中的"异化"与"人化"这两个基本概念是辩证统一的。马克思批判资本主义劳动的异化一直延续到《资本论》中，这是事实。也是用这种"事实"来鼓动革命的。但一个半世纪过去了，当代资本主义的异化尽管深入到了人的精神世界，却遭到了现代派艺术家和思想家们的尖锐批判，而在实际生活中异化则相对削弱而不是增强了。"自然"大大地人化了，这一切不知这些先生们是否敢于正视？至于某先生说"劳动创造了美"是断章取义，那只表明他根本没有读懂马克思的《经济学哲学手稿》对劳动的两重性的分析。其实，你主张"广义的实践美学"，完全可以心平气和地展开百家争鸣，何必在一篇小文中那样大动肝火，想一棍子就把以李泽厚为代表的"实践派美学"置于死地，这恐怕有失风度了吧？由上所述，可见，

---

① 《蔡仪美学论文选》，湖南人民出版社 1982 年版，第 220 页。
② 见朱立元的文章，上海《文汇读书周报》2009 年 8 月 14 日第 3 版。

如果对阶级对抗及被迫合作的条件下的不自由的劳动同美的关系问题不作出科学分析，建立在实践观点基础上的美在"人化自然"（或"人的本质力量的对象化"）说在理论上便会碰到重大的困难。

那么，旧私有制条件下的劳动能否创造美呢？对这个问题的回答应该是辩证的，[①] 也就是说，只有抛弃形而上学而采取历史辩证法，才能正确地解决这个难题。而在论述这个问题之前，为了论证的方便起见，我们将把原始公社的自由劳动（指没有剥削压迫的劳动）以后的旧私有制条件下的不自由的、与自身相敌对的劳动称为"异化劳动"。"异化劳动"这一概念的上述基本含义是马克思在《1844年经济学哲学手稿》（以下简称《手稿》）中使用异化劳动概念时就具有的，而在《资本论》中对"异化"这一概念的使用，虽与《手稿》时期相比较，已经发生了一些变化；但作为表述对旧私有制下与劳动者自身相敌对的不自由的劳动的一个重要概念，与《手稿》中所说"异化劳动"的含义的联系，仍是一贯和显而易见的。[②] 本文的基本观点是：旧私有制特别是资本主义制度下的异化劳动，是具有矛盾二重性的，美的发展和整个人类历史的发展一样，都是在二律背反和对立统一中进行的。

二

我们赞同从人类物质生产劳动中探索美的本质和秘密，因此，把"人

---

① 旧私有制指股份制出现以前的少数人（奴隶主、地主与资本家）占有制。19世纪末20世纪后半期以后股份制的发展，使工人也可持有股票，从而使旧私有制逐渐向个人所有制乃至全社会所有制演进，但并不能解决所有社会矛盾。

② 参见马克思《经济学哲学手稿》论异化劳动部分及《资本论》（《马克思恩格斯全集》第23卷，第473、626、668、708页）。又，马克思在《经济学哲学手稿》中虽重点分析了资本主义私有制下的异化劳动，同时也一般论及了前资本主义的私有制与劳动异化的关系。在《政治经济学批判》中，马克思仍把"异化"概念用来描述整个旧私有制下的人类劳动。不论从马克思的论述来看，或从历史事实上来看，我们认为，劳动成为一种不自由的、与劳动者自身相敌对的异化劳动是从人类历史上第一个私有制形态——奴隶社会就开始存在的；但只是到了资本主义社会，由于人的觉醒，异化劳动才被充分发现，而这时也就可能通过更新资本主义旧私有制并逐渐向个人和社会所有制过渡而逐渐扬弃异化劳动。

化自然"或"人的本质力量的对象化"作为美的本质的一个最一般的规定，也就是合乎逻辑的。为了在以后的论述中不致引起歧义，这里首先有必要对"人的本质"和"人的本质力量"加以区别。应该指出，这是两个虽有联系，但含义并不完全相同的概念，前者是一个总概念，后者是比较低层次的属概念。"人的本质"指作为实践活动中的人的最根本属性是由一定时代社会关系的总和及文化心理所决定的；而"人的本质力量"则是指在一定时代的生产力和社会关系文化素养制约下的人的实践能力，即包括审美情感在内的人的能力、才智和理想，等等，亦即人作为人能够从事合规律与合目的的自由创造活动的能力。我们正是在这种区分的基础上肯定美的本质就是人的本质力量的对象化或人化自然的。说清了这一点，现在我们就来作进一步的具体探讨：如果我们同意从美的本质在"人化自然"这一命题出发，那么，我们就必须得承认，美是对象化了人的本质力量的一种劳动产品（包括艺术）的属性，或者说是一种体现、凝结在劳动成果中的人的本质力量的属性。由此也就得出另一个合乎逻辑的结论：随着劳动的异化和人的本质力量的异化，美也就必然要发生异化。所谓美的异化，就是本来由劳动者所创造出来的美最后却不能为劳动者所享有，而是与劳动者处于分离、疏远甚至敌对的状态。马克思在《手稿》中明确指出："劳动创造了美，却使劳动者成为畸形。"这里指的劳动，就是异化劳动。可以说，自从私有制产生以来，异化劳动和美的关系就是在这种矛盾或二律背反中发展的。一方面，人类在私有制发生后的近两三千年内所创造的美（它最集中地表现在艺术中），远远超过人类劳动异化以前的几十万年；另一方面，人类在异化劳动下所创造的美，又是以绝大多数劳动者同美的疏远及美感的丧失为代价的。可见，异化劳动具有矛盾二重性。马克思在《手稿》中提出对异化劳动要给予"积极的扬弃"而不是绝对的否定，也正是一种历史辩证法的态度。请看《手稿》中的这段重要论述：

　　人同作为类的存在物的自身发生现实的、能动的关系，或者说，人使自身作为现实的类的存在物、亦即作为属人的存在物实际表现出来，这只有通过下述途径才是可能的，即人实际上把自己的类的力量全部发挥出来（这仍然只有通过人类的共同活动，只有作为历史的结果，才是可能的），并且把这些力量当作对象来对待，而这首先仍然只有通过异化这种形式才是可能的。①

　　这段话是在评价黑格尔《精神现象学》中"否定的辩证法"的伟大成果，即"把对象化看做非对象化，看做外化和这种外化的扬弃"因而"抓住了劳动的本质"，从而把人理解为"自己劳动的结果"时所作的批判性发挥（黑格尔只知道精神劳动）。它明确无误地告诉我们：在马克思看来，劳动的异化和人的本质力量的对象化是在对立统一中同时发展的。过了13年，马克思在《政治经济学批判》这部完全成熟的重要著作中，又再次重申了《手稿》中的上述论点：异化劳动"在产生出个人同自己和同别人的普遍异化的同时，也产生出个人关系和个人能力的普遍性和全面性"。② 留恋原始的"丰富性"或相反像资产阶级那样赞美异化劳动是可笑和可恶的，这两种观点都应该"一同升入天堂"。可见异化劳动作为人类历史的必然（"真"），既表现为"恶"与"丑"，却又为"善"与"美"的发展开辟了道路。这里，还有必要对异化和异化劳动这两个提法的含义作适当区分。异化和异化劳动常在同样的意义上使用，或异化作为异化劳动的简称，本文有时也把异化劳动简称为异化，但需要注意的是，马克思的异化概念是以劳动异化为基础和核心的，因而根本不同于黑格尔乃至费尔巴哈的异化概念；并且，异化和异化劳动这两个提法，在含义上有时也是有广狭之分的。异化是以异化劳动为基础的，但异化这一概念的含义却比较含混，它不止包括异化劳动，或劳动的异化，而且包括了私有制条件下一切方面的异化（如经济上的剥削，政治上的压迫，思想上的奴役，哲学上的自我丧失以及心理上的痛苦体验，等等），并且它的含义完全是贬义的和消极的。因为作为异化表现形式的剥削和奴役本身并不能产生（非辩证法意义上的）任何积极的后果；但异化劳动却不完全相同，它在使劳动者作为人的本质力量发生异化的同时，又使整个人类的本质力量得到了进一步对象化。因此，在私有制条件下，作为物质生产活动本身的异化劳

---

① 马克思：《1844年经济学哲学手稿》，刘丕坤译本，人民出版社1979年版，第116页。

② 《马克思恩格斯全集》第42卷，人民文学出版社1979年版，第108—109页。

动既有消极否定的一面，又有积极肯定的一面。我们认为，对这两个概念作适当辨析，对在这里讨论的问题是必要的。现在我们继续探讨这个问题：如果说美就是人的本质力量的对象化，那么在私有制条件下，随着劳动的异化和人的本质力量的异化，这一说法还能成立吗？美的本质还在人化自然（或人的本质力量的对象化）还是"自由的形式"吗？如前所述，这的确是一个应该给予回答的理论问题。我们认为，要解决上述问题，就必须具体地分析私有制条件下异化劳动的二重性，这种二重性又集中表现为异化与对象化的矛盾。

众所周知，劳动的异化是以在旧私有制条件下的劳动对象化为基础的（没有劳动的对象化，劳动的异化自然也就无从说起）。首先，异化劳动只是否定了劳动者作为自由人的本质和对象化了的自我本质力量的享有权，却并未（也不可能）否定劳动产品中已经对象化了的人的本质力量，亦即自由创造能力本身。其次，从劳动过程来看，异化劳动一方面表现在它是一定历史阶段上的劳动者的自由劳动的否定，另一方面又表现为对整个人类进一步实现自己本质力量的肯定。因此，在旧私有制条件下，人的本质力量的对象化与异化是在矛盾中同时进行和发展的——这就是人类历史发展和审美活动中的二律背反现象和对立统一的规律。我们认为，要回答上面提出的问题，包括蔡仪等先生们的责难，就需要用马克思主义的历史辩证法作为我们分析问题的方法论基础。美作为人的本质力量的对象化，也是一个历史范畴，因而同样是按照历史辩证法的规律发展的。正像生产力的发展在旧私有制的异化劳动条件下是以牺牲广大劳动者作为人的权利为代价的，美在异化劳动条件下的发展也是以广大劳动者从主体方面与美的疏远化及美感的丧失为代价的。但正如异化劳动所标志的是对象化了的人的本质力量与劳动者的分离和对抗，却并未否定在对象中已经对象化了的人的本质力量即自由创造能力本身一样，美的异化也只是表现为审美对象与劳动者发生了分裂和对抗，却并未使审美对象及其中已对象化了的人的本质力量亦即自由创造的能力也归于消失。在旧私有制条件下，人的本质力量随着劳动的异化而异化，美自然也就跟着一起发生异化。但异化并不是孤立地进行的，而是与对象化一起在矛盾中运动的。一方面，对于劳动者来说，随着他人的本质的异化，美对于他们来说实际上不再存在或只有极小部分存在；另一方面，对于剥削者来说，则表现为对美的享有乃至独占。劳动者在被奴役（异化的表现形式）的条件下继续将自己的本质力量，即合规律与合目的的自由创造能力对象化到客体上去，并创造了远比原始社会所无可比拟的、丰富的生活美与艺术美，然而他们用自己的劳动所创造出来的美的对象性存在，不仅不属于他们自己，反而成为与他们敌对的异己力量，而剥削者不但几乎独占了生活美，还使一小部分人因摆脱了沉重的体力劳动而专门进行脑力劳动，从事艺术创作，因而为艺术美的发展提供了条件。由上所述，可见生产劳动以及生活美与艺术美的发展在异化劳动的条件下都具有矛盾的二重性：它们既是以广大劳动者丧失对象化的人的本质为代价的，同时劳动者作为人的自由创造能力及其在劳动产品中的对象化，又是社会（物质生产和精神生产）向高级阶段发展所必需的，因而是合乎规律的。正因如此，我们对旧私有制和异化劳动的否定是一种"积极扬弃"而不是简单的消灭；这也就是我们今天为什么要对历史遗产（包括艺术）实行批判继承的理论根据。

那么，在旧私有制条件下，美和美感的异化又有什么具体的规律性表现呢？

首先，我们来看美的异化。为了科学分析的必要，本文把美分为下述两种基本形式，即生活美（包括社会美和自然美）和艺术美。① 所谓美的异化，如前所述，就是劳动者与审美对象的分离与疏远化。但这种异化的具体情形，在不同的时代所表现的程度与范围是不同的，并且表现在生活美与艺术美当中又是有区别的。

生活美主要是由物质生产劳动所直接创造的（未经人工的那一部分自然美，虽然直接由具有巨大能动性的美感——精神所创造，但美感本身也正是物质生产实践的产物）。因此，当劳动发生异化，从而劳动者与自己的劳动产品相异化时，他们就同时与生活美相异化。在私有制下，广大劳动者饥寒交迫，生活对他们来说往往并不是一个可供"观照"和欣赏的美

---

① 生活美包括的范围极其广泛，诸如田园建筑、衣物用具乃至人的许多活动本身，都可以是生活美的审美对象。生活美主要是由物质生产活动所创造的，而艺术美则主要是由精神生产所创造的。但生活美与艺术美是可以互相转化的，因而并不能绝对划分；有的对象（如建筑、雕刻）既可以是艺术美，也可以是生活美。

的形象。在奴隶社会，由于奴隶们全部丧失了自由劳动，因此生活美不仅对他们是完全不存在的，而且成为反对和敌视他们的异己力量。中国商周时代的宫殿和饰有饕餮的青铜器皿，显示了奴隶主的富贵和权威，对奴隶主们来说是美的，而对广大奴隶来说则是威严恐怖的。关于埃及的金字塔、狮身人面像乃至古希腊的巴特农神庙，对当时的不同阶级的人们来说，情形也大体类似。关于古希腊艺术，后来的人们往往只单纯地赞叹它那惊人的美，却很少指出这种美对当时的奴隶们实际上并不存在，倒是雕刻家罗丹曾经一针见血地指出过这一点。他说，希腊人"假借了软玉温香的阿芙罗蒂特（按：即维纳斯）的名义，无数高尚的人遭受到苦难"，希腊人的"这种美轻视贫苦的灵魂，对于受损害者的良好愿望毫不动情"，"这种美（按：指'和谐'、'秩序'、'智慧'为特征的古典美）对于不具高深思想的人，是残酷的。它鼓动亚里士多德做了奴隶制的辩护者"。①这的确表现了一个伟大艺术家的真知灼见。罗丹所说的主要是雕刻，它是艺术美，同时也可以说是生活美，因为它的创作活动本身就是一种物质性的生产劳动。如果说奴隶社会中的劳动者完全丧失了自由，丧失了生活美，那么，封建社会和资本主义社会中的劳动者虽获得了部分的和形式上的自由，因而可以分享到一小部分由他们所创造的生活美，但与此同时，异化也有了进一步发展（例如人成为神的奴隶），这就使劳动者在按历史发展的水平所应得到实现的人的本质（人作为人的自由和权利）却同时相对丧失得更多，因此他们所本应享有的生活美也就更少。这种由劳动异化所带来的异化，在资本主义时代达到了尖锐的程度。马克思在《手稿》中深刻地指出了异化劳动使工人们丧失了人的本质的同时也丧失了生活美。他说：

> 劳动为富人生产了珍品，却为劳动者生产了赤贫。劳动创造了宫殿，却为劳动者创造了贫民窟。劳动创造了美，却使劳动者成为畸形。②

① 葛赛尔：《罗丹论艺术》，沈琪译，人民美术出版社 1988 年版，第 113、117 页。
② 马克思：《1844 年经济学哲学手稿》，刘丕坤译，人民出版社 1979 年版，第 46 页。

　　可见，异化劳动在使劳动者丧失了人的本质和价值的同时，也使他们丧失了他们所创造的生活美；并且这种美反过来成为敌视和反对他们的一种异己力量，甚至使劳动者本人也成为"畸形"、"愚钝"和"痴呆"。这就是美首先是生活美的异化及其后果。但是问题还有另一面，这时的生活美虽然不属于劳动者所有，却并未改变作为人的本质力量亦即人的自由创造能力的对象化这一根本属性，并且是对全人类的本质力量的进一步对象化的肯定，因而它是一种进步，只不过这一进步的成果暂时主要被剥削者所掠夺和占有而已。因此，劳动异化和美的异化一方面对劳动者来说是极大的不幸，而对全人类的发展、对历史的进步来说又是一种不幸中的幸运。在旧私有制的条件下，美只能在这种矛盾中发展。把异化劳动看成绝对的坏事或当成纯粹的好事都不符合历史发展的客观辩证法，因而是形而上学的。历史是无情的（它不按人们的感伤情绪和抽象的道德义愤而走着自己的路），也是有情的（它从总体上肯定着人类的实践即对"善"的更高追求）。在旧私有制条件下，广大劳动群众用自己的血汗创造了丰富多彩的生活美，在"必然王国"中建造着通向"自由王国"的基地。

　　再看劳动者与艺术美的关系。艺术美是一种精神生产，但沉重的物质生产劳动必然把劳动者作为人的本质的重要特征的思维——精神属性几乎剥夺殆尽。奴隶只是一种牲畜和"会说话的工具"，农民没有文化知识，他们最多只能创造一些比较低级的或萌芽状态的艺术品。工人虽然相对来说有了一定的文化和自由时间，但比农业劳动更加繁重和紧张的工业劳动同样剥夺了他们进行复杂的艺术创作的可能，使他们甚至沦为机器的附属品，成为"工业奴隶"。于是，在旧私有制下，艺术美的创造工作主要就落到了一部分自由民、剥削阶级出身的优秀分子和中小资产阶级知识分子身上，而广大的物质生产者却失去了艺术创作乃至艺术欣赏的能力，这就是艺术美的异化。

　　艺术美与劳动相分离和异化同样具有二重性。从资本主义社会来看，一方面，异化使资产阶级豢养的一些"艺术家"把艺术完全当成了商品，他们为了赚钱不得不迎合资产阶级的意图，大量制造一些低级下流的"艺术品"，既满足剥削者空虚的精神需要，又通过它来毒害劳动人民的心灵；

也就是说，资产阶级力图把他们视为"美"的艺术品向劳动群众进行灌输，于是，这部分"艺术"也就成为反对劳动者的异化力量。从本质上看，剥削阶级的腐朽反动的"艺术品"也是在掠夺工人的剩余劳动基础上发展起来的，因而，它在实际上是异化劳动的一种间接形态，或者如马克思所说的是这种劳动的"特殊形态"。① 当前充斥国内外的"性与暴力"的"文化垃圾（广告、色情影视及网络）"，以及在这些"艺术"影响下所产生的大量骇人听闻的犯罪行为，使人的异化更加触目惊心，使越来越多的人正在丧失人性，这一切固然是社会向高级阶段发展过程中即发展商品—市场经济时期所不可避免的现象，是人性迈向美的征途中向"必然王国"所必须付出的代价。但"自由王国"只是一个可以无限接近却永远也不能抵达的理想境界。丑与恶永远伴随人类历史，美就产生在与它们的对立和斗争中。

并且，资本主义社会的异化劳动还有另一方面，即这种劳动在使社会生产力得到巨大发展，使人的本质力量得到了空前规模的对象化的同时，也使艺术和艺术美从总体上说比以往任何时代都大大向前发展了一步，从而进一步肯定了人类的实践。这里便提出了一个问题：异化劳动发展的程度与艺术发展的水准（质量）之间究竟有什么关系？能否得出这样的结论：艺术的黄金时代只存在于异化尚未充分发展的古代社会和中世纪，而到了资本主义社会，异化的尖锐化只会片面地导致艺术的衰落。我们认为，对这个问题需要作辩证的分析，不宜作绝对的肯定或否定。这里，涉及马克思关于物质生产与艺术生产的不平衡关系的著名理论问题。大家知道，马克思高度赞扬了古希腊艺术和莎士比亚的戏剧，认为古希腊艺术"具有永久的魅力"，并且"就某方面说还是一种规范和高不可及的范本"。② 怎样理解马克思的这段话？我们认为，绝不能由马克思的这段话得出这样的结论，以为人类艺术在古希腊和莎士比亚时代就达到了"顶峰"，从此以后就不再发展了，就"一代不如一代"了。的确，艺术生产正如马克思所说，它的一定繁荣时期绝不是同物质生产在任何时候都成比

---

① 马克思：《1844年经济学哲学手稿》，刘丕坤译，人民出版社1979年版，第74页。
② 《马克思恩格斯选集》第2卷，人民出版社1966年版，第223—224页。

例的平衡发展的，这种情况已经为历史和艺术史所证明。马克思的这个重
要思想提醒我们，对文学艺术的历史发展的考察，绝不能采取庸俗社会学
的方法，而必须充分估计到它们的特殊性。但是，马克思的历史唯物论又
告诉我们：物质生产条件——经济因素对包括艺术在内的上层建筑归根结
底总是起着最后的决定作用，社会物质生活的进步从总的趋势来说一般也
将导致艺术的进步和某种程度的繁荣，即使在旧私有制条件下也莫不如
是。虽然资本主义社会的商品拜物教倾向，"敌视"真正的艺术和诗歌，
但问题还有另一面，即在资本主义尤其在当代新资本主义条件下，和古代
社会比较起来（就其可比的方面而言），艺术也取得了长足的进步，文学
艺术作为"人学"，不论在反映生活的深度和广度方面，也不论在描写生
活，表现感情的技巧和开掘人性的深层结构方面，都远远超过了古代艺术
所达到的水平。当然，艺术作为一种特殊的劳动产品与一般物质产品相比
较，它具有不可重复的独特性，因而艺术又有不可比性和永久性。艺术的
发展进步不像一般物质产品那样采取淘汰式的更新形式（至于时间把那些
没有什么美学价值的艺术品不断淘汰，这是另外一个问题）。例如，古希
腊的物质生活条件早已被更新了，但阿芙罗蒂特的雕像至今仍是人体美的
难以企及的典范而被欣赏着，《红楼梦》在今天仍被人们所热爱，今后大
概也不会被"淘汰"，而18世纪的物质文明则早已被更新了。但是，我们
却不能因为这些古代艺术"具有永久的魅力"而得出艺术没有发展甚至每
况愈下的结论。如果这样看，那是违背马克思的原意的。有些学者说"艺
术从本质上不是进化的"，自从产生了古希腊艺术以后，艺术"不再是进
化的了"。① 显然，这是把艺术的不可重复的独特性当成了"艺术不再进
化"。如果此说可以成立，艺术和美作为人的本质力量的对象化就成为一
个抽象空洞的命题。按照马克思的历史唯物论，人性、人的本质并不是抽
象的永恒不变的，而是随着实践的发展而发展的，发展又是由低级向高级
阶段"进化"的；既然人的实践和人的本质是发展的，艺术怎么能被看成
永远都"不再进化"的呢？至于神话和史诗，它们作为一种独特的艺术形

———————————

　　①　朱狄：《马克思〈1844年经济学哲学手稿〉对美学的指导意义在哪里》，《美学》第3期，
上海文艺出版社1979年版，第89页。

式，那只能产生在人类社会的早期，由于它们反映了那个特定社会条件下的生活和幻想，反映了那个一去不复返的人类美好的童年，因而具有特殊的审美价值；特别同资本主义社会中异化了的艺术相比较，许多古希腊艺术品（特别是史诗和雕刻）反映了尚未全面分裂的较完美的人性，反映了那个不可能再重复的时代的社会生活，在这个意义上，它是难以企及的具有永久魅力的审美对象。但即使如此，它的"难以企及"，正如马克思所说，也只是"就某方面"而言，这说明马克思在下断语时，措词谨慎，丝毫没有把问题绝对化。事实上，随着历史的发展，后来的艺术不但在另一些方面而且在总体上，都应该说是比古代艺术有了更高的发展。所谓"后来居上"这条规律，看来在艺术领域中也是不能完全例外的；假如不是这样，那么人们只要不断复制和模仿古希腊艺术就可满足自己的审美需要了。可惜十七八世纪的古典主义文艺假如向前比，它并不见得比得上真正的古典艺术；向后比，它就更加逊色了。难怪人们把这些古希腊罗马艺术的盲目崇拜者称为"假古典主义"了！总之，我们认为，马克思的"不平衡"理论并没有为艺术发展停滞论提供根据。众所周知，在古希腊以后出现了莎士比亚和拉斐尔、达·芬奇、米开朗基罗等大艺术家，而在他们以后，不是还出现了歌德、拜伦、巴尔扎克、托尔斯泰、易卜生、莫扎特、贝多芬、罗丹、乔伊斯，乃至卓别林、毕加索等艺术大师吗？马克思、恩格斯和列宁对他们当中的许多人曾经给予了很高的评价，而马克思主义美学上的一条重要原则——真实地再现典型环境中的典型人物——不正是从批判现实主义文学特别是巴尔扎克的创作中总结出来的吗？列宁也说过，托尔斯泰创作的美学成就，"成为全人类艺术发展中向前跨进的一步"。[①]能说艺术美（即使在旧私有制条件下）没有发展和进步吗？

当然，资本主义条件下产生的那些艺术珍品，并不能记在资本主义剥削的"功劳簿"上。艺术是属于人民的，因为它们反映了人民的生活和愿望。但不能忘记的是，社会的进步仍然为这些艺术品的产生提供了物质条件。没有近代乐器的发展，我们至今也听不到肖邦、李斯特那美妙的钢琴曲，至于电影艺术与物质文明的关系更是无须多说了。当然，艺术的进步

---

① 列宁：《列宁论文学与艺术》，人民文学出版社 1960 年版，第 288 页。

绝不能简单地归功于物质文明的发展，而是植根于一定时代人民群众的生活与斗争。上面说到的那些大艺术家的创作的美学价值，也正是来源于此。其实，不仅资本主义社会的艺术，整个旧私有制下的很多艺术品，都因其中在某种程度上反映了人的生活与愿望，反映了人民群众的斗争，反映了人对日益严重的异化状况的不满和抗议，表达了对人类命运的关怀，才更加显出了美的光辉。可见，艺术和美作为生活的反映与情感心理的表现的统一，作为人的本质力量的对象化，它们的发展，从总的方面来说都必然是以社会生活的发展为基础和前提的；倘若艺术只停留在中世纪的牧歌水平，那该多么单调乏味啊！正是由于资本主义经济关系和生产方式的发展，才出现了以人文主义为内容的文艺复兴的文化高峰和19世纪文学艺术的又一个高峰。可见，异化劳动作为发展的必然环节，它不仅仅具有消极否定的一面，而且同时也有积极肯定的一面，即它在使广大劳动者丧失了人的本质从而也丧失了艺术审美活动能力的同时，又从总体上肯定了人类的实践活动，并使社会日趋公平正义，工农子女也可受中等甚至高等教育，并可以在包括文艺和科学的各个领域中获得重大成就，从而为艺术和美的进一步发展提供了条件。在这些条件中，也包括了人在矛盾斗争的发展中才能产生的对自我价值的日益自觉的认识，对异化的抗议和对真、善、美的更热烈的追求。

　　还必须强调说明：我们并不认为，旧私有制社会的发展程度越高，艺术和美在任何时候也一定都全面地随之而发展得更高。这里，我们又要回到马克思的"不平衡"理论上来。且不说作为西方古代艺术典范形式的神话和史诗这类艺术体裁在近代已不可能产生，单以美的形式而言，古代乃至文艺复兴时期那种以表现和谐、自然、典雅为特征的"优美"型艺术，也随着资本主义的发展而日渐稀少和变形。物质生活与精神生活的商品化，深刻而广泛的阶级对立，人与人之间关系的疏远与敌对，这一切，撕裂了人们内心的平静和灵魂的和谐，The Graces（优美、温雅与喜悦女神）怎能再常驻人间？于是，从18世纪末，"丑"就随着浪漫主义的兴起大规模地闯入了文学艺术这个美的王国，对生活的诅咒和批判远远超过了对生活的赞美，阿芙洛蒂特终于演变为欧米爱尔（老妓），而抒情诗的玫瑰园中也长满了如毒菌般绚丽的"恶之花"！但这"丑"与"恶"又常表现为以否定的形式来肯定美与善，其中凝聚了比单纯的和谐美更为深邃的社会内容，有一种"艰难的美"存在。如果说浪漫主义文艺以呼唤"回到自然"来表现对资本主义文明的抗议时，却又以狂放不羁的感情否定了古典的和谐与智慧；那么，批判现实主义则以冷静的理智进一步剜开了近代文明的脓疮；而以 19 世纪末的象征主义为开端的西方"现代派"文艺，则在反传统、反理性的怪诞形式中着重以表现丑、怪为其特长了。但在浪漫主义和批判现实主义的文艺中，不但美仍然存在着，而丑之进入艺术领域则进一步反射美的光辉，在原来比较单纯和谐的优美艺术中增添了更多的理性、悲壮和崇高，从而使艺术更加激励人们去争取那失去了的自由。20 世纪的西方文学艺术究竟在哪些方面继承和发展了 19 世纪的艺术美？或者它是一种倒退？它在美学上的历史地位如何？它是纯粹的艺术丑呢，抑或丑中另有一种美在？这一切，现在已经无须过多争议了。但有一点可以肯定：当代新资本主义的高速发展必然是以丧失传统的"具有永久魅力"的古典美为代价的。马克思也说："在我们的时代，每一件事物都包含有它的反面……技术的胜利，似乎是以道德败坏为代价换来的。"[1] 关于艺术的情形不也正相类似吗？与把劳动者纯粹当作手段的旧资本主义相比较，也正如马克思所说的，古代世界的确是要高尚得多的；然而"古代世界事实上之所以比现代世界更为高尚，完全是在于力求找到完整的形象、形式和早已制定的局限性"。[2] 不断追求更高的真善美境界的人类，是不会只满足于那古典的静穆、单纯与和谐的。资本主义条件下人的实践活动，在使自身本质力量得到进一步对象化的同时，也使人性达到了前所未有的异化与分裂，随之而来的必然有美的失落、变形与损毁。关于这一点，席勒，特别是黑格尔早就有深切感受。黑格尔甚至断言：艺术终将由哲学来为它写墓志铭了！这看来与他的"凡是理性的都是现实的，凡是现实的都是理性的"著名哲学命题不一致；假如他活到技术高度发达的当今信息社会，不知对"现代派"文学又会作何感想。现代西方文艺难道是不值一提的衰落与腐败的表现吗？我们中国的情形又如何呢？黑格尔的审美

---

① 《马克思恩格斯论艺术》第 1 卷，中国社会科学出版社 1982 年版，第 195—199 页。

② 同上书，第 194—195 页。

趣味是希腊古典式的，他的不幸在于不懂得资本主义自身具有巨大的自我调节和改进的能力，而随着异化劳动逐渐地弱化，建立在旧资本主义基础上的某些艺术丑（例如色情）也将被扬弃，新资本主义或正向民主社会主义过渡的自由劳动，必将为艺术美的更高程度的自由与和谐的全面发展开拓无限光辉的前景。那时，艺术天才只集中在少数人身上的情形将一去不复返了，劳动者不仅是生活美与艺术美的创造者，而且也是它们的享有者和鉴赏者。

三

由于美的创造和欣赏都不能离开人和人的美感。因此，旧私有制下美的异化同时也就是美感的异化。审美能力和审美情感，是人作为人的本质力量的重要内容，是人能从事自由自觉的实践活动的根本特征之一。在阶级对抗的社会中，美感的异化同时从两个方面表现出来。第一个方面就表现为劳动者与剥削者美感的差异乃至对立，这是大家都知道和承认的，因此我们对问题的这一方面不打算多说，而着重从问题的第二个方面，即主要从共同美这一方面来看看美感的异化表现。

美感的异化对劳动者来说表现为美感的丧失和简单化；在剥削者则表现为美感的变态。

我们先从劳动者与艺术美的关系来看美感的异化。在旧私有制下，劳动者被剥夺了艺术创造和艺术欣赏的条件，因此，艺术生产主要是极少数人的事情，广大的劳动者是不可能具备艺术创作的特殊条件的，他们不得不从事异化劳动，并在这种劳动中不可避免地被剥夺了接受文化教育的机会和作为大的部分本质力量，从而也就不可避免地丧失了对艺术特别是较高级的艺术的美感能力。"对于不辨音律的耳朵来说，最美的音乐也毫无意义"；穷愁潦倒的苦况使他们既不可能从事艺术创作，也无心欣赏诗词曲赋；"忧心忡忡的穷人甚至对最美丽的自然景色都无动于衷"，作为美感对象化的艺术对劳动群众成为一种陌生、疏远和异化的存在。

现在再来看生活美中的美感问题。由于生活美直接与物质生产活动相联系，因此它对纯美感的依赖不像作为精神产品的艺术美那样密切。但生活美既然也是一种美，因而它也就不可能与美感绝缘。生活美的异化也是以对象化为前提的。既然如此，旧私有制条件下的劳动者（就其总体而言）难道会以"审美"的心情从事沉重的、令人痛苦的异化劳动，并从中创造美吗？但如果在从事这种创造生活美的劳动中毫无美感的参与，许多劳动产品又怎么能在不同程度上获得审美价值呢？我们认为，在这里涉及的"美的规律"问题，需要对真、善、美的相互关系作点具体分析，既看到它们之间的联系，又看到它们之间各自相对的独立性。不论生活美和艺术美，它们作为美，都有其所以为美的规律，但生活美的美的形式，是更直接地同真与善的规律结合在一起的。一件劳动产品，只要它符合自然的规律和人的需要，就可能同时成为审美观照的对象；而艺术美的形式同真与善的关系就具有相对独立的性质。一件精神产品（例如画或诗），不一定表现了真与善的内容就可能成为一个美的形象。例如许多商业广告画和某些不甚高明的诗，不能说它们的内容完全不真不善，然而却并不一定美。因此，艺术美的形式因素就具有更大的相对独立性；如何把真与善体现在美的形式中，对艺术美具有决定性意义。艺术创作是一种精神生产，被剥夺了精神生产的手段和能力的劳动者，很难掌握复杂的艺术美的生产规律；而劳动者所从事的物质生产劳动，相对来说较为简单，这种劳动产品对形式的要求不像艺术那样严格，并且又为劳动者所熟悉，因而在劳动过程中，在掌握自然规律和功利要求的基础上，也就同时可能在某种程度上体现出美的规律，使劳动产品因为符合人类在长期劳动中所形成的合规律性与合目的性的共同心理结构而显得美。因此，劳动者在异化劳动条件下之所以可能创造出美的对象，并不一定是（甚至根本不是）他们带着自由的审美情感从事劳动的结果，而是生产劳动本身对"真"与"善"的客观要求所必需；而劳动者为了生存，也要按规律办事。正是由于生产劳动本身具有这种客观规律性，所以，具有一定形式的劳动产品就可能因其具有合规律与合目的的性质而获得审美价值，这就是真与善向美的转化。由此便可说明，为什么处于旧私有制和异化劳动条件下的劳动者在痛苦中，在极少甚至根本没有美感的条件下，却事实上创造了生活美，创造了优美的田园，壮观的建筑，精美的商品，乃至色彩缤纷的生活……尽管劳动者对这种生活美并非任何时候都不能欣赏，但一般说来，只要他们所创造的这种生活美不属于他们自己，反而成为进一步敌视和奴役他们的异己力量，那么他们就不大可能带着美感的喜悦之情去从事这种劳动。但另一方面，审美情感又不只表现为愉悦之情。悲伤、愤怒、轻蔑同样也可以成为审美的情感，它们是构成悲剧性或喜剧性审美对象的重要心理因素。而悲愤一旦得到宣泄，又使人产生更强烈的快感——痛快。劳动者的这一最后权利，大约是无法加以剥夺，也是不会"异化"出去的！关于这一方面，在艺术美中表现得比较明显，例如在米开朗基罗的雕刻《日》和《夜》中，我们看到了对苦难的悲愤、同情和抗议；而在顾恺之的《历代帝王图》中，我们则从帝王的威严形象中还看出了他们的愚蠢。艺术美是生活美的反映，在异化劳动条件下，劳动者不仅可以创造优美和壮丽的生活，同样可以为剥削者留下一幅幅颇不雅观的图画。那些民间流传的讽刺地主官僚的口头创作（这既是生活美，也是艺术美）就是最好的例证。（第二次世界大战以后，西方国家的劳动者的工作和生活条件已发生根本改变，异化之被扬弃的速度明显加快）可见，说私有制条件下的异化劳动不能创造美，否则就是歌颂剥削阶级，这既不符合历史事实，在美学原理上也难以讲通。

对生活美的感受的异化及其后果，同样具有二重性。一方面，整个人类的美感由于劳动群众的巨大牺牲而有了进步，从而促进了生活美与艺术美的发展；另一方面，剥削阶级因为他们脱离劳动而在独享生活美的过程中使自己的美感也发生畸形和异化，使他们中的不少人在精神上日趋腐朽。生活美在他们的感受中逐渐失去了本质内容而转化为一种空洞的形象感，也就是说，他们的美感往往脱离全人类的普遍的共同性，而越来越成为只表现他们自身狭隘内容的东西。因此，从全人类的标准来看，他们的美感实际上日益向丑感转化，这种"美感"甚至还会变成一种"逐臭嗜痂"的恶趣和怪癖，并进而在这种"美感"的指导下生产出"丑"来（非美学范畴的丑，而是作为美的反面的丑）。于是，生活美就成为掩饰或表现他们丑恶生活内容的一种形式。例如前面提到的当今西方世界高度的物质文明，虽然给人带来了丰富的感官享受，却使人与自然之间、人与人之间和人与自我之间形成了严重的分裂和对抗，带来了精神危机，从而使人们对这种物质文明产生一种反感，甚至在观照中成为一种丑的形象（当然，新资本主义则正在加速向以人为本的方向迈进）。劳动和生活的严重异化必然导致美感的异化，因为人们在这种物质文明中发现不了对个性自由的肯定，相反却深感精神的压抑和"自我"的丧失；这也就是存在主义、荒诞派等各种艺术派别产生的条件。好在第二次世界大战以后，整个西方世界都大不同于旧资本主义，而有些方面则正可能向着民主社会主义过渡了！

综上所述，我们认为，私有制下的劳动的异化及其对美和美感的影响都具有二重性。在异化劳动的条件下，一方面使劳动者在审美活动上作出了重大牺牲，美对他们成为疏远化的对象；另一方面，他们的劳动又直接或间接地创造了美的事物。尽管劳动者所创造的美从他们那里异化出去了，但这种异化正是以劳动者的本质力量，即作为人的那种自由创造能力的对象化为基础的。因此，异化劳动和随之而来的美与美感的异化并未改变美作为人化自然的本质特性。当我们赞赏异化劳动条件下所创造的美的事物时，并不是由于它们曾经主要是属于少数人所享有的缘故，也就是说，我们并不是对旧私有制、对劳动异化和美的异化的赞美；恰恰相反，我们是在赞赏它们所对象化在其中的人的本质力量，对异化劳动的抗议，对自由的追求，亦即赞赏审美对象通过一定形式所体现出来的肯定人类实践即自由创造的那种能力。因此，把"美在人化自然"说成是"对于剥削和剥削制度的赞美"是没有根据的，把异化劳动看成绝对的坏事也不符合历史发展的辩证法。异化劳动是在生产力有了发展，但整个说来水平仍然较低的条件下使人的本质力量能够进一步对象化的必经之路；而生产力的高度发展和民主与法治的进步、道德与审美的提高则必将导致异化的逐渐扬弃（但永远不会完全消灭），从而为人的本质力量充分对象化提供无限发展的前景，这个前景就是人类可以不断接近但永远也不能完全达到的"自由王国"，即美的王国。

美的两种基本存在形态

——与朱光潜、李泽厚商榷

美的本质问题在 20 世纪五六十年代曾争论得很热烈，近年来谈这个问题的已很少了。朱光潜先生早已作古，而李泽厚在近年出版的"十卷本"中"悔其少作"，只收录 20 世纪 70 年代末以后的论著，这使得现在的中青年人完全不能了解历史的真相。因此，本文想回顾一下这段历史，并对美的两种存在形态及其与物质生产和精神生产的关系的角度谈点看法。

一

在我国美学界，老一辈的学者大都主张从人类实践中探索美的秘密，并且大都把马克思的历史唯物主义和"劳动创造了美"以及关于"人的本质力量的对象化"或"人化自然"的著名论断看做对美的本质的基本规定。[①] 这个规定表明，美的本质是人与自然的统一，是主客观在实践中的统一。但人们对这个"统一"的理解却很不一致。其中，以在我国美学界影响较大的朱光潜派和李泽厚派的争论较为重要。他们虽然都赞同上述命题，但在理解上和具体分析中却是很不相同的。朱光潜先生的"美是主客观的统一"论，其要义是把美看成美感实践即精神生产的直接产物。他认

---

① 参见马克思《政治经济学·导言》和《1844 年经济学哲学手稿》，刘丕坤译，人民出版社 1979 年版，第 78—80、39 页。

为人在物质生产实践中发展了美感，而后由有美感的人再创造出美来。因此，他断言美是离不开美感的，"美是社会意识形态性的"。^① 李泽厚批评朱光潜的这种观点是"把社会意识与社会存在混淆了起来"，"用艺术实践并吞了生产实践（劳动），用精神生产并吞了物质生产（劳动）"，^② 这个批评我们认为有一定道理。李泽厚论证了美是客观存在的，而美的客观性就在于它的社会性（美不是纯自然物）。但他在批评朱光潜时却走到了另一个极端，即把美和美感绝对割裂开来，把美一律说成是"不以人的意识为转移的"，这就走向了机械论。朱光潜批评他把主体与客体割裂开来，"否定主体而孤立客体"，结果，美就成为一种与美感不发生关系的抽象、空洞的存在，是一种"见物不见人的美学"，^③ 这的确也抓住了李泽厚理论中的弱点。

我们认为，朱、李两位关于美的本质的理论各有得失。朱先生的理论中有辩证法，但在体系上有唯心论倾向；李泽厚力图坚持唯物论，但最终仍不免受机械论的局限，至少是没有把辩证法贯彻到底。朱先生用美感代替了美，李泽厚则用美排斥了美感。朱片面唯心，李抽象唯物，结果都不能完全正确地揭示美的本质。

为什么会出现上述片面性呢？我们认为，关键在于美与美感之间的关系即美与美感的区别和联系问题是美学史上的一大难题。为了使问题更明朗化，我们在这里试图把上述问题在提法上更换为生活美（包括社会美和自然美）与美感所创造的美（包括美感及其物态化的艺术）的关系问题。看来，朱、李两位正是由于没有区分客观存在的生活美与美感所创造的美（主要就是艺术美）这两类不同形态的美，结果朱先生就只看到美感中的美而不承认有不依赖人的意识而客观存在的生活美；李泽厚则把本属意识性的艺术美也当成是"不依存于人的主观意识的客观现实存在"。^④ 这就难免荒谬了！

我们认为，对"美究竟是客观的还是主观的"这一问题不能作抽象回

①　朱光潜：《美学中唯物主义与唯心主义之争》，载《美学问题讨论集》第六集，第230页。
②　李泽厚：《美学三题议》，载《美学论集》，上海文艺出版社1980年版，第153、158页。
③　朱光潜：《见物不见人的美学》，《朱光潜文学美学论文选集》，第300页。
④　李泽厚：《论美感、美和艺术》，《美学论集》，第29页。

答，因为"美"这一概念既包括了生活美又包括了艺术美，这是两类不同
形态和性质的美。所谓生活美，指的是由人类物质生产活动所创造的社会
美与自然美（未经人工的自然美暂且不论），它们是客观存在的，并不以
某些人是否承认为转移，更不是像朱光潜先生所称的"美必然是意识形态
性的"。人们对生活美、自然美、社会美的参与如歌舞游戏和旅游是全身
心地投入与感受，并不只靠大脑。而艺术美指的是头脑中的审美意象和审
美意象的物态化的艺术作品的属性，它们是客观存在的生活美的创造性反
映，是精神性的，因而绝不能说这类美是"不以人的意识为转移的"。审
美意象当然参与创造生活美，但其创造过程不仅是精神生产而必然表现为
物质活动，不像艺术美一般是精神活动的产品（物质生产与精神生产并不
能绝对分开，理由详见本文第二部分）。作为审美意象的物态化的艺术美
虽然也是一种客观存在，但它属于第二性客观存在，从心理学角度讲艺术
是一种精神产品，因而艺术美必然与人的意识相关。至于头脑中的审美意
象属精神范畴则是不言自明的。因此，如果不把美区分为上述两种形式，
而笼统地将它说成是美感的产物或不以美感为转移都有片面性。我们的结
论是：美是主客观在实践中的统一——生活美作为客观存在，是人类实践
的产物，因而其中必然物化着人的美感因素；审美意象和艺术美直接统一
于美感意识即精神生产，而它作为生活美的反映与生活美一样最终又统一
于自然的人化。我们认为，对美的上述两种不同形式作具体区分是必要
的。朱光潜先生的失误就在于混淆了作为客观存在的第一性的生活美和作
为第二性存在的艺术美，只看到了美与美感的联系，而根本忽略了这两者
的区别，笼统地把两种美都看做"意识形态性的"，从而用审美意象和艺
术美取代和吞并了生活美。当然，他并未直接否认生活美（他在具体行文
中甚至还经常说到自然美和生活美），但是他绕了一个弯子，把审美对象
仅看做是"美的条件"，一定须加上美感的作用，才构成生活美的存在本
身——这就是他所坚持的"美是主客观的统一"说的要义。这样，美（不
论生活美和艺术的美）就一律成为以美感意识为转移的主观性的东西了。
显然，这种看法并不符合事实，在美的本体论上是一种主观唯心论。李泽
厚的失误同样是没能正确区分上述两类不同的美，结果从另一个极端用生
活美取代了艺术美，美一律成为第一性的客观存在，连本身就是意识形态

性的艺术美也成为不以人的意识为转移的第一性客观存在的了。显然，不论从哲学上看或从常识上看，这种说法都是难以令人信服的。

朱、李二人之所以不能适当区分生活美与艺术美，又是与他们混淆了美的创造过程与欣赏过程（即美与审美或"创美"与"审美"的区别）相联系的。朱先生所以用美感吞并美，用精神生产吞并物质生产，是由于他把对美的欣赏过程中的主观因素即美感，等同于美的创造过程中作为客观存在的主体因素。李泽厚则相反，把欣赏过程中的审美意象及其物态化的艺术美这类意识性的美也等同于第一性客观存在的生活美了。朱光潜最终认为美统一于人的精神生产，而李泽厚的逻辑则可能导致将艺术美也直接归之于物质生产的结果（他后来承认艺术起源于巫术）。这样，他们两人虽然都主张美是主客观在实践中的统一，是"人化自然"或"人的本质力量的对象化"，但都没有对此作出科学的解释。

生活美作为创造，其中必然对象化了人的能力、智慧、感情和愿望，因而不是纯粹的自然物而是一种社会存在；美作为欣赏对象过程中的创造物，当然只能在美感中得到显现（被感知）；艺术美虽然以物态化形式存在，但本质上仍是欣赏过程即精神生产的产物，是美感通过形象思维对美的再创造，因而必然是意识性的。总而言之，生活美是客观存在，这类美作为社会存在并不完全以人的意识为转移；艺术美作为精神产品，必然依赖于人的美感是不言自明的。

那么，生活美作为"人化自然"，它与主体（包括主体的意识）的关系如何呢？我们认为，美（生活美）作为人的创造，它是与人的审美能力同时产生的，而不是像朱光潜先生说的那样先有美感后才有美；也不是像李泽厚曾经主张的那样先有美的事物后才有美感，他们的上述说法都是由于没有区分生活美与艺术美，从而把创造与欣赏混为一谈的结果。作为创造过程的生活美，它是客观存在的，是第一性的东西，因而并不能把它简单地说成美感的产物；作为欣赏过程，包括美感的物态化的艺术，对象的美又必然只能通过美感才能得到显现和再创造，因而必然是精神性的，而绝不可能"不以人的意识为转移"。从创造过程来看，美既然是人的本质力量的对象化，就绝不可能把它想象为下述这样的情况：人的实践活动只"人化"自然，而不同时"人化"人本身，不"人化"人的感觉。我们这里所用的"人化"这一概念，是在更广阔的意义上使用的，不仅指原始人感觉的"人化"。人的实践活动无止境，美也在不断发展，只有当劳动不断把自然"人化"之时，才能同时不断"人化"人的感觉；今天我们无从感受的美，明天将会随着实践的发展而被创造出来，并且被感受到。自然不断人化，人的感觉也不断对象化——进一步人化，这就是马克思所说的："只是由于属人的本质的客观地展开的丰富性，主体的、属人的感性的丰富性，即感受音乐的耳朵，感受形式美的眼睛……简言之，那些能感受人的快乐和确证自己是属人的本质力量的感觉，才或者发展起来，或者产生出来。"① 马克思的这段话，虽然讲的是艺术美与美感的关系，但对客观存在的生活美的创造与欣赏的情形在原理上同样适用。这里我们不妨看一下马克思的另一段著名言论："我在我的生产过程中就会把我的个性和它的特点加以对象化，因此，在活动过程本身中我就会欣赏这次个人的生活显现，而且在观照对象之中就会感受到个人的喜悦，在对象里认识到自己的人格，认识到它是对象化的感性的可以观照的因而也是绝对无可置辩的力量。""我们的产品就会同时是些镜子，对着我们光辉灿烂地放射出我们的本质。"②

　　这段话的要义不仅说明了美是"人的本质力量的对象化"，也不仅说明了美感起源于物质生产劳动过程和在"欣赏"劳动产品时所感到的喜悦，更重要的是它说明了物质生产劳动既创造了客观存在的生活美，同时也创造了能"欣赏"这种美的对象的人的审美能力。也就是说，生活美和人的审美能力是在物质生产过程中同时双向发展并交互作用的结果，而美感也正是建立在这个基础上的。仅把这段话理解为劳动创造了美感，而丢掉了劳动首先创造了生活美本身，是不符合马克思的原意的。试问，使人感到喜悦的"生产过程"和使人"欣赏"的"劳动产品"，这两者不都是客观存在的美本身而仅仅是美感吗？同样，美作为创造过程，其中不正是凝聚着人的审美能力吗？而作为"欣赏"过程，人的美感不正是这生活美

---

① 马克思：《1844年经济学哲学手稿》，刘丕坤译，人民出版社1979年版，第78—80、39页。

② 转引自《朱光潜美学文学论文选集》，湖南人民出版社1981年版，第377—378页。

的创造性反映吗？可见，从美的创造过程来看，客观存在的生活美和主体的审美能力是在物质生产实践中同时双向进展、互相影响和互相渗透的，并不存在先后的问题；而当美作为欣赏对象时，美感则又必然是美的创造性反映。这情形可用图表示如下：

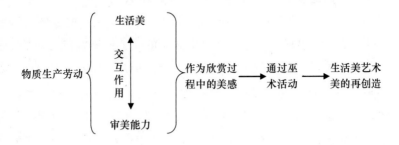

从上图可见，作为创造过程，美既以物质生产为基础，又必有审美能力参与；作为欣赏对象，美感和美感中的美是美的创造性反映，反过来又通过实践（物质的与精神的）再创造生活美与艺术美。总之，通过实践，物质变精神，精神变物质，生活美转化为艺术美，艺术美又转化为生活美，互相渗透，互相转化，如此循环往复，以至无穷——这就是美和美感发展的历史辩证法，也就是美的本身发展的历史辩证法！

另外，生活美与艺术美，美与美感的关系归根到底是同物质与精神（存在与意识）的关系这个哲学问题相关的，可我们又不能把美与美感的关系与物质和精神的关系简单地等同起来。美作为客观存在，其中必然渗透着作为审美能力的美感因素，但它既然已是物化对象的客观存在，就像物质生产和一切具体存在的人类社会关系中都有意识参与而仍不改变客观存在的性质一样，都是不以人是否承认它为转移的，它最终统一于物质生产活动，而不是统一于人的意识和美感。至于作为由欣赏过程中的美感所再创造的艺术美（尽管它是第二性存在）则是精神的产物（通过精神实践活动），它是生活美的反映与表现的创造性统一，并最终仍统一于生活美和物质生产活动。但另一方面，即美与美感又不能同物质与精神的关系简单地等同。理由很简单，因为美本身的确并非"物理的事实"，它主要不是物的属性，而主要是人的属性，即"人的本质力量的对象化"。同样，美感也不同于科学之类的意识形态是对物的纯客观反映，而是带有鲜明的感情色彩和想象内容。美和美感这一对矛盾统一体，作为一种特殊的事物，虽然归根结底仍超不出存在与思维这个哲学的基本范畴，但在其具体的展开过程中，却呈现出极其复杂的关系和形态，由这些具体的形式到本质层次，须经过一系列中介。如果以为只要用存在与意识（物质与精神）的关系往任何一个具体的审美关系上一套就能说明它们之间的具体关系，那么，美学这门科学恐怕就太简单了，人类对美与美感所花费的历时两千多年的争论也就仿佛是庸人自扰了！问题显然不是这样。我们在这里只想着重指出这样一点：美的客观性并不像自然物质那样具有更多的绝对性，而是要受到人类实践的制约，其具体表现就是美在具有普遍性以外还具有时代性、民族性。例如妇女的缠足在古代（五代和宋以后）曾经是美的，而在现代中国人和外国人眼中，这种美就不存在，其他有些美的事物也多有类似情形。这说明美的存在具有相对性，而不是绝对不变的。其次，从美感来看，除了像美本身一样要受到实践条件的制约而具有相对性（生活条件的变化引起观念的变化）外，它的一个突出特点是具有高度的能动性和创造性，具体表现在以下两点：（一）客观上存在的真正的美可以在美感中变得更美或者相反显现为不美或丑；（二）人在没有美的具体存在的对象上有时也可能感受即创造美。这种例子在生活中甚为常见，此处无须举例。这种情况表明，美感的确不同于一般意识形态特别是科学意识尽可能近似于物的纯客观反映。可见，美与美感的关系并不等同于一般的存在与反映，而同时是一种创造性的精神生产（实践）活动。但是它们从根本上又越不出哲学根本问题的范围。作为美来说，尽管其存在比一般自然物质具有更大的相对性，但其存在总是在一定时间和空间范围内，因而其作为存在是客观实在的东西。作为美感来说，把美看成丑，或在丑怪中发现美，就其实质来说，仍无非是客观存在的对象刺激审美主体的大脑而引起的一种迂回曲折的复杂的联想和想象的结果，而所谓联想与想象，不过是经验的再现与创造性组合。也许，用这个观点来解释那些未经人工的自然美（特别是荒漠、风暴之类的崇高美），比起硬要在这些对象本身中寻找什么"社会性"更为合理。朱光潜先生把一切美（包括生活美）都说成是"意识形态性的"固然不符合事实；而李泽厚把美（包括头脑中的审美意象及其物化形态的艺术）一律说成"不以人的意识为转移"，同样也是缺乏具体分析、甚为片面的。

综上所述，我们认为，生活美和艺术美是两类不同形态和性质的美。生活美是不完全以人的意识为转移的社会客观存在，而艺术美则是意识即精神生产的产物，因而带有主观性。但不论生活美或艺术美，都与包括美感因素在内的审美主体是分不开的；作为创造，生活美中必然凝聚着主体的美感因素，尽管这已被创造出来的生活美不再完全以人的意识为转移；作为欣赏，艺术美是生活美的反映与再创造；它本身就是作为精神生产的意识性的产物。欣赏过程不仅是一个单纯的反映过程，其中包含了审美主体在欣赏时的实践和再创造：就头脑中的审美意象而言，它不完全等同于生活美的原型，而带有了主体的特定的想象、情感和理解因素；就审美意象的物态化的艺术作品而言，更表现为高级的再创造形态，它们就其范畴来说都与客观存在的生活美不同，是欣赏过程中的美，即由人的审美意识所反映和再创造的艺术美，因而绝不能说，这类美是可以完全"不以人的意识为转移"的。当然，它们作为生活美的创造性反映，又总是在其基本内容方面这样或那样地受着客观存在的生活美的制约，但美感一经诞生并发展成熟后，就具有相对独立性了。总之，我们的结论是：从区分谁是第一性谁是第二性的来说，生活美是第一性的，美感及其所创造出的艺术美是第二性的。但美与美感不仅是对立的，又是具有同一性的，即它们既互相联结、渗透，又在一定条件下各向相反的方面转化。美感和艺术美，是精神生产的产品，但它与生活美一样，最终统一于社会生活；而生活美，不论是物质生产实践所直接创造的或审美意象（通过实践）再创造的，也都不能与审美主体的能力或美感因素绝缘，因此，美必然是主客观在实践中的统一。

二

上述两种不同形式和性质的美，同物质生产与精神生产这两种不同生产的具体关系又如何呢？我们认为，生活美与艺术美虽然是两类不同形式和性质的美，但二者有时又是难以绝对划分的。正像物质生产与精神生产不能等同，但也绝对不能分割一样。请看马克思的这段论述：

> 我们的前提是：劳动是人所特有的一种形式，蜘蛛能做一些令人
> 想起织工的操作；蜜蜂用蜡营巢，可以比拟建筑师。但是本领最坏的
> 建筑师和本领最好的蜜蜂从一开始就有所不同，这就在于人在用蜡制
> 造蜂巢之前，已先在头脑里把蜂巢制造好。劳动者所要达到的结果先
> 以观念的形式存在于劳动者的想象里。劳动者之所以不同蜜蜂，不仅
> 在于他改变了自然物的形式，而且在于他同时实现了他自己的自觉的
> 目的，这种目的作为法律而支配着他的行动的方式和性质，他并且要
> 使自己的意志服从这种目的。①

从这段话中我们可以得出这样的认识：建筑作为一种审美对象，既是
生活美，同时又是艺术美；而创造这种美的物质生产劳动，也是不能与精
神生产绝对分离的。因为人在进行任何一种物质生产以前，这种物质对象
首先就"以观念的形式存在于劳动者的想象里"了，也就是说，物质生产
的过程本身就包含着精神生产的内容。作为物质生产实践，本身就是以有
"自觉的目的"即意识、精神这个不可或缺的因素为条件的，否则，人的
实践活动与动物又有什么区别？人又怎样改造客观世界并使其符合自己的
目的、愿望和理想？因此，十分明显，作为物质生产的实践活动，必然是
由客体（人以外的物质世界）、主体的肉体活动和主体的精神即意识活动
这三个必要因素所组成的，离开其中任何一个因素，就不可能构成实践活
动。作为这种活动的产品，当然是一件物质产品，但它已不是单纯的自然
物，而是已变成了人化自然，在这种产品中凝结着人的肉体的劳动，同时
也就凝结着人的精神，在这后一种意义上说，这件物质产品，同时也就是
精神（通过劳动）的产品。人通过实践把物质和精神统一起来，把人本身
与自然统一起来。因此，固然物质决定精神，物质生产决定精神生产，但
精神生产反过来又影响甚至规范着物质生产活动。把精神生产从物质生产

---

① 马克思：《资本论》第一卷，第 356 页。此处引文采用朱光潜译，见《美学问题讨论集》
第六集，第 184 页。

中绝对分离出来,这就取消了作为构成实践活动中的三个必不可少的因素(物质对象、使用工具的操作活动、人的意识和目的性)中的一个,事实上就使任何实践活动无法进行。当然,一切人类的物质实践活动(包括现实中具体的物质关系)都有人类的意识和精神因素参与其间,这丝毫不改变这种活动和关系本身的不以人的意识为转移的客观存在的性质,这是一个唯物论的常识问题。但我们在这里并不是论证谁是第一性与第二性的问题,而是在这个前提下论证这两者之间的联系和在一定条件下相互转化的问题,这一点是必须明确的。以艺术而论,它作为精神生产,当然与物质生产不能等同,它(就其生产过程而言)作为客观世界的反映,只是在意识形态即精神的领域内改变着客观世界;但如前所述,艺术并不单纯是反映,它固然主要是一种精神活动,但同时也有人的体力活动的参与(理由详见后),同样要根据客观物质世界的对象进行生产,并且同样要创造出一种新的产品,因此,艺术创作往往同时也是一种生产实践活动。如果说在文学、音乐等艺术种类中,这种实践活动的精神性质相对更为突出,那么,在实用工艺、建筑雕塑甚至舞蹈和行为艺术之类的艺术中,就其生产过程来说,我们就很难把物质生产和精神生产绝对分开,并且也很难把它们截然划分为生活美或艺术美。试问:劳动群众的劳动及其歌声,北京奥运场馆的建筑,它们仅仅是生活美或仅仅是艺术美吗?或者仅仅是单纯的精神生产或单纯的物质生产的结果吗?这类活动或事物,不仅在意识形态的领域中改变着客观世界,而且首先是在物质领域中改变了客观世界。在建筑、实用工艺、劳动场面这类事物中,最雄辩不过地证明了生活美与艺术美、精神生产与物质生产是不可能绝对分割的。不仅物质生产本身不能与精神生产绝对分离,而且从精神生产本身来说,就是一种物质即人的活动。有些人大概以为只有把精神与物质绝对分开,才是坚持了"彻底"的唯物主义,他们竟然忘记了人的意识(精神)本身就是一种物质即发展得高度完善的人脑的属性,忘记了精神活动也必须以人的肉体包括脑神经组织、各种感觉器官乃至人的肢体的生理活动作为基础这个生理学的和唯物论的常识。其实,一切人的实践活动(包括物质生产和精神生产)都是与作为物质的人的肉体活动分不开的,区别只在于物质生产活动(体力劳动)以肉体与自然界物质直接接触,体力的明显或大量消耗,并且最终以直接改变客观世界、创造出物质产品为特征；而精神生产则不一定与自然界物质（表现媒介如语言、声音、色彩除外）发生实体（或实质）性接触（实用工艺、建筑、雕刻等除外），一般也不以体力消耗为主，并且最终大多以创造出纯精神性产品为特征。然而，精神生产作为实践活动，同样要和客观世界发生关系（这就是刘勰讲的"神与物游"，即对客观对象的观察、联想和想象），也同样消耗一定的体力（神经肌肉组织和感官乃至肢体活动），而其中一部分产品，如建筑和工艺美术等，则同时在物质上也改变着客观世界。它们既是生活美，也是艺术美。可见，尽管作为精神生产的实践活动不同于作为物质生产的实践活动，两者不能等同，但作为实践活动，它们又有共同之处；正像物质生产活动中包含了精神和精神生产的内容一样，精神生产活动也是以物质为基础的；物质生产与精神生产不可等同，但也不能绝对分割；生活美与艺术美不能等同，同样也是不能绝对分割的。

正是由于不能既唯物又辩证地看待上述问题，所以朱光潜和李泽厚或者片面唯心，或者抽象唯物。朱先生的失误在于把物质生产及其产品"放射出来的光辉"（美的形象）中所包含的精神生产因素，加以片面化和绝对化，并无限地夸大了这种精神因素，从而导致了用精神生产并吞物质生产，用意识和美感取代了客观存在的生活美，于是在他眼中，美一律成为第二性的即意识形态性的东西。如果按照这种观点来看，那么，任何一种生活美，如人造森林及其优美形态，革命人民的英勇奋斗的崇高形象，就都不是客观存在而一律成为意识形态性的了。这样一来，美也就很难有客观标准可言。显然，这种说法是为任何一个有健全常识的人所不能同意的。当然，朱先生会辩解说，美并非物的实体（物甲），而是物的形象（物乙）。但是，世界上哪有无形式（形象）的实体（内容）呢？离开物的实体（内容）的形式和离开形式的实体同样都是不可思议的。朱先生对此又会说，物的形象不等于物的形式，前者是人的主观意识即美感作用于物的产品，总之，是一种意象。显然，这又是把美的存在与美的显现混为一谈。如我们前面所说，客观存在的美，必须通过美感才能得到显现，但存在和显现是两件不同的事，是两个不同的概念，这一点前面已经论及，这里不再赘述。

李泽厚则与朱光潜相反，把两种实践机械地分割开来，从而把美与美感绝对隔离开来，论证美的不以人的意识为转移的客观社会性。但另一方面，他又把艺术美事实上也囊括在不以人的意识为转移的生活美（第一性的存在）之中。这种自相矛盾的论证，恐怕有点形而上学吧？如前所述，生活美固然是不完全以人的意识为转移的客观存在，而艺术美即审美意象及其物化形态的艺术作品本身就是精神生产的产品，怎么能说这类美也是可以离开美感，不以人的意识为转移的呢？可见，看不到美的两种形式和实践的两种形式各自既对立又统一的关系，对它们不进行具体的分析，是无助于正确说明美的本质的。

以上是把两种不同的实践的异同及其与美和美感的关系从平面上和微观的角度加以分析比较。如果再进一步从历史发展的宏观角度来看，事情就会更加清楚。物质生产和精神生产的分离是社会分工和旧私有制的结果。在原始社会，这两种生产是结合在一起的，在前资本主义社会，这种分离虽然尚未充分发展和普遍地对立，但劳动的异化程度是相当严重的（所以庄子、卢梭等才坚决反对文明的进步），到了资本主义社会，由于分工和传统旧私有制的高度发展，特别是由于人的彻底觉醒和对人权的高度要求，才普遍地对异化劳动提出严重抗议。只有随着旧私有制的改变和异化劳动的扬弃，物质生产和精神生产才能在更高的基础上复归为统一，这是将来大同社会中的必然现实。到那时将不再有主要从事体力劳动的物质生产者和主要从事脑力劳动的精神生产者，没有工人、农民、艺术家和科学家的分别，这就是马克思说的："在共产主义社会里，没有专业的画家，只有人，而人在许多活动之中也从事绘画。"[①] 可见，从历史发展的角度来看，在人类以往一两百万年和将来若干亿年的历史长河中，物质生产和精神生产的分裂只是极为短暂的一瞬（最多也不过几千年的时间）。随着劳动时间的缩短和未来大同世界的到来，物质生产活动和精神生产活动的结合将日益紧密，物质生产将日益成为一种艺术性活动，生活美与艺术美也将在不断的对立统一中更紧密地结合起来，从而使马克思所说的"按照

---

① 《马克思恩格斯论艺术》第一卷，中国社会科学出版社 1982 年版，第 270 页。此处译文采用朱光潜译，见《美学问题讨论集》第六集，第 204 页。

美的规律进行生产"成为普遍的生活现实。到了这样的时代,人类也才会从为生活资料而忙碌和斗争的某种动物性的生活中彻底解放出来,成为真正全面发展的新人。随着旧私有制改变为新的个人所有制的普遍实现,两种劳动和两种美的形式的日渐统一将逐步成为现实。这当然不是说两种美的形式和两种生产劳动都各个不再存在区别,而是说在这个意义上的统一:人类真正成为全面发展的自由的人。旧私有制社会中的劳动者,那种在异化劳动中创造了美但却被剥夺了美感能力的现象,以及剥削者不创造美却获取美的享受的这种分裂状况及其影响将不再存在了。自由的劳动使人类从必然王国向着自由王国飞跃,美学应该为这一崇高目标而奋斗。

美感与美在起源上的共时性

对马克思的美论一向研究较多，本文侧重探讨马克思的美感论以及美与美感在起源上的共时态问题，同时也附带论及美感的特点。

一

首先，从发生学角度看，我们认为审美客体与审美主体并无先后之分。这已在本书《美的两种基本形态》中作过论证了，这里进一步说明的是马克思既明确肯定了"劳动创造了美"，同时也认为劳动创造了美感，①至于两者孰先孰后，他并未作肯定回答。但他提出了一个重要看法：劳动本身就具有一定的审美属性，即"人也按照美的规律来建造"。什么是美的规律？这是至今未能说清的问题，但依鄙见，它就是主体化了的潜伏、积淀在感性中的理性规范，这就是美感，它同美一样原始和古老！马克思把人与动物作了比较后强调说："人是有意识的类的存在物"，人的生产是"全面的"、"自由的"，是"懂得"如何按照合规律与合目的的"尺度"来进行生产的，因此，"自由自觉的活动是人的类的特征"。这实际是历史辩证地说明人是在前劳动和原始劳动中发展出意识和自我意识，又在这种自觉意识指导下发展了劳动。马克思把这种自我意识称之为"类意识"，它对美感的形成至关重要。"作为类意识，人确证自己的现实的社会生活，

---

① 马克思：《1844年经济学哲学手稿》，《马克思恩格斯全集》第42卷。本文所引马克思语，除少数重要的引文注明出处外，一律不再注明。

并且只是在思维中复现自己的现实存在；反之，类存在则在类意识中确证自己，并且在自己的普遍性中作为思维着的存在物自为地存在着。""可见，思维和存在虽有区别，但同时彼此又处于统一中。"① 只有当人类有了"自我意识"的自觉性时，才最终从动物界分化出来，才能在实践中自觉地实现自我本质的对象化，"从而在他所创造的世界中直观自身"。因此，劳动以及作为劳动本身固有属性的"美的规律"，既是客观的，又是与包括美感在内的自觉意识为基础的人的主体性的确立不可分离的，美与美感是劳动母亲所生的一对孪生姐妹。也就是说人类的物质实践活动既使人的身体和感官（如眼、耳和能进行雕刻、作画的手）人化，又使人的感官的纯实用功利性相对弱化而同时有了一种超个人的非动物性的人类社会性感官，从而使人的感性成为既是有个人欲望但又超个人欲望的理性与感性的统一，即功利与非功利的统一。另一方面，实践也使人的心理情感人化，使理性渗透和积淀到心理和情感之中，而实现了真与美在主体的感性中的落实，从而形成了美感。由此我们可得出这样的结论：从起源上看，主体的审美感和客体之具有审美属性，是在实践基础上的双向发展的结果，并具有双重结构的特性。美学界曾有人提出美感是通过劳动领悟到的自然法则、形式和韵律的论点，这是很正确的，但仍有人把美感简单地说成是美的反映，这就会发生一个问题：这先于美感的美究竟是什么呢？其逻辑结论必然只能归结为自然规律或人与自然之间的劳动规律本身。但这样一来，又会碰到另一个难以解答的问题：那还没有被人"懂得"即自觉意识到的自然规律或劳动规律本身岂不也就全等于美本身了吗？如果是这样，那么，那并无自我意识但仍然按自然规律来进行"生产"的动物不是也有十分发达的美感了吗？显然，这样的结论不可避免地与美学上的"自然派"②殊途同归了。看来，他们共同的失误都在于离开了人的主体性而单纯地从自然界②或无主体性"劳动"及其规律本身中寻求美本身，而"忘记"了在自我意识尚未产生时的原始人群的劳动中，只带有不自觉的合规律与合纯功利目的的性质；只是随着自我意识的发展，人才从与现实的单

---

① 马克思：《1844 年经济学哲学手稿》。

② 20 世纪 50 年代，包括李泽厚在内的不少人都是单纯的"反映论"者。

纯的功利关系中升华出审美关系，这应该被看做是精神从物质束缚中解脱出来的一次大飞跃，这就是意识或精神的超越性特性。然而，从哲学上看，美感与任何精神现象一样，它们从根本上都没法摆脱物质（劳动不过是一种有意识的运动着的物质）的制约。还是让我们看看马克思的论述吧。

马克思是从主客体在实践活动中对立统一的观点对美与美感进行辩证分析的。先看他从客观方面所作的论述："一方面，随着对象性的现实在社会中对人说来到处成为人的本质力量的现实，成为人的现实，因而成为人自己的本质力量的现实，一切对象对他说来也就成为自身的对象化，成为确证和实现他的个性的对象，成为他的对象，而这就是说，对象成了他自身。对象如何对他说来成为他的对象，这取决于对象的性质以及与之相适应的本质力量的性质；因为正是这种关系的规定性形成一种特殊的、现实的肯定方式。""因此，人不仅在思维中，而且以全部感觉在对象世界中肯定自己。"① 这说明，审美客体不是物的自然属性，而是人的本质力量的对象化的感性世界。客观对象要成为审美的对象，取决于主体与对象的一定的实践关系，只有在某种有具体规定性的实践关系中，才可能实现主体与客体之间一种"特殊的、现实的肯定方式"。审美对象与作为人的主体性重要标志的审美能力的关系正是这种"特殊的、现实的肯定方式"的典型表现。归根结底，美和美感都是人的实践活动发展到一定水平时的产物。当原始人尚未发生自我意识时，当他们终日劳苦也不得温饱时，美和美感都无从产生。因为主体与客体还没有形成一种有规定性的关系，对象这时还不是属人的对象，人之所以成为人的标志的主体性"尺度"尚未发展起来，因而也无从在对象中"直观自身"。因此，严格说来，处于蒙昧初期的原始人类，他们的劳动还不完全是真正意义上的人类劳动，他们也只具有如马克思所说的"畜群意识"。随着实践活动的发展，原始人在劳动中所感受到的功利满足固然使他们产生快感，固然为后来美感的发展提供了生理和心理的基础，但这还不是真正的美感，而主要是一种生理性的愉快。随着人类改造自然，从而满足自身需要的实践能力的进一步提高，

---

① 马克思：《1844 年经济学哲学手稿》，刘丕坤译，人民出版社 1979 年版，第 78—79 页。

包括自我意识和审美能力在内的高级精神属性才可能发展起来。马克思说："只是由于属人的本质的客观地展开的丰富性，主体的、属人的感性的丰富性，如有音乐感的耳朵、能感受形式美的眼睛，总之，那些能成为人的享受的感觉，即确证自己是人的本质力量的感觉，才或者发展起来，或者产生出来。"① 可见，在马克思看来，作为客观存在的审美对象，是人的劳动发展到一定历史水平时的产物；而这种客观存在的美的对象，又是以在这对象中凝聚和肯定了主体，即人的某种本质力量或自觉意识到的人的价值为其存在的现实条件的。

马克思紧接着又进一步从主观方面论证了主体及其审美能力与审美客体的不可分割性，他说：

　　另一方面，即从主体方面来看，只有音乐才能激起人的音乐感；对于没有音乐感的耳朵说来，最美的音乐也毫无意义，不是对象，因为我的对象只能是我的一种本质力量的确证，也就是说，它只能像我的本质力量作为一种主体能力自为地存在着那样对我存在，因为任何一个对象对我的意义（它只是对那个与它相适应的感觉说来才有意义）都以我的感觉能及的程度为限。所以社会的人的感觉不同于非社会的人的感觉。②

这里所说的"我"，指的是人类集体的"大我"，即整个人的族类。因此，马克思在这里所揭示的是审美关系如何在整个人类生活中的发生学问题，所论述的是美与美感自身的历史辩证法的关系和规律。这段话明确地肯定：美作为一种特殊存在的对象，并不是像自然物的存在形式那样不以人和人对它的感觉能力为必要条件的。

根据马克思的上述论述，我们有理由认为，作为人的本质力量对象化的审美对象和对它的感知，都是劳动的产物，是在劳动基础上所实现的一种特定关系，即主体与客体、人与自然在实践中的相互依存关系。审美对

---

① 马克思：《1844 年经济学哲学手稿》，刘丕坤译，人民出版社 1979 年版，第 78—79 页。
② 同上书，第 79 页。

象表现为这关系中的客体方面、客观方面，而美感则表现为这关系中的主体方面、主观方面。因此，从发生学意义上说，美感是与美在物质实践活动中同时诞生的，美感首先是劳动的创造性反映与感悟，而不是某种先于人的审美能力而存在的"美"的直接反映。正是由于劳动，才使人对周围世界在认识的和实用的关系基础上对自己的劳动活动及其产品逐渐地萌发了一种欣赏的态度，从而在主体和客体之间开始建立起了审美的关系。只有到了这个时候，人的生产才成为真正全面的、自由的生产，即不是仅为肉体的直接需要生产，而且使物质生产的过程及其静态工艺方面也日渐带有和同时具有某种怡情悦性的审美属性。

马克思对美感与美的发生学关系的上述基本看法，从他 1857 年至 1858 年准备替《新亚美利加百科全书》①写"美学"条目时而阅读费肖尔的《美学》的摘录中也得到了反映。马克思在笔记中写道："美只对意识存在。对美的需要——观众由于这种需要而同在于美。"② 马克思还转录了费肖尔引席勒论美的这几句话："美既是客观事物，又是主观境界。它既是形式——当我们判断它的时候，又是生活，当我们感觉它的时候，它既是我们存在的状态，又是我们的创造。"③ 这里，所谓"美只对意识存在"和"美又是主观境界"是什么意思呢？马克思从来就没有把美当成一种主观的东西，引述马克思这几句话的里夫希茨是苏联研究马克思美学思想的权威，他指出马克思对这几句话，"其一般倾向是明显的"。④ 我们愿对此作肯定的理解：马克思是赞同或至少是有同感的。这恰好说明马克思借费肖尔和席勒个别合理的论断发挥了《1844 年经济学哲学手稿》中的美学思想，即作为人的本质力量对象化的审美客体，只能是对具备了审美能力的人类才是现实的存在。所谓"美只对意识存在"（并在人的感官感受中被确证），这就是我们前面引述的美作为一个特殊存在的对象，"取决于对象的性质以及与之相适应的本质力量的性质"。美感与美这对主体与

---

① 本文同意李泽厚的看法：这一条目基本上是马克思所写。
② 转引自里夫希茨《马克思论艺术和社会理想》，吴元迈等译，人民文学出版社 1983 年版，第 238—239 页。
③ 同上。
④ 同上。

客体的特定矛盾统一关系以及它们在什么样的条件下（按照马克思的观点，这个条件就是"实践活动"）才成为现实的关系，是马克思美学思想的精髓。再联系到马克思在《〈政治经济学批判〉导言》中论生产和消费的辩证关系时所指出的没有生产就没有消费，而如果没有消费，同样也没有生产的道理，那就可以更清楚地看出：作为物质产品的东西尚且离不开消费，离开了消费的铁路，"只是可能性的铁路，不是现实的铁路"；那么作为人类精神价值对象化的美的产品，难道最初是可以离开以审美能力为基础的审美"消费"（即美感享受）而孤立存在吗？

由上所述，可得出这样的结论：从美感的历史起源看，它是在实践活动基础上所建立的审美关系中与美一起双向进展同时产生的，美与美感不过是同一事物的两个不可分割的侧面。

二

在宏观的层次上，美感本身又有哪些特点呢？从马克思的有关论述来看，它的第一个重要特点，似可作这样的概括：美感是再现（特征概括）与表现（情感形式）的统一，是一种自由的创造和享受。众所周知，马克思曾提出"对世界的艺术掌握方式"的重要命题。在这段著名的话中，除了说明艺术的即审美的掌握方式主要用形象思维，因而不同于主要用抽象思维的理论掌握方式外，更重要的还在于指明了艺术掌握方式与实践精神的联系（此点朱光潜先生早已指出）。这对说明美感的特点是很重要的。在拙文《论对世界的艺术掌握方式》中曾提出这样一个看法：所谓实践精神的掌握方式，"就是一种带实践性的精神活动和实践活动中的精神"。而审美正是一种"带实践性的精神活动"。也就是说，美感不像理论掌握那样是纯客观的反映，不完全甚至主要不是一种认识活动，而是带有情感、意欲和想象这类实践因素的主体性能力的表现。马克思、恩格斯在《德意志意识形态》中明确指出：所谓从主体方面来看的"实践性"，指的就是不同于"'纯粹的'理论、神学、哲学、道德等等的实践的意识"。也就是在《手稿》中提到的始终都与"爱、意志等等"，联系在一起的"精神感觉，实践感觉"，即"实践意识"或"实践精神"。正是审美的这种主体的实践精神性特点，使它不同于理论——科学掌握那样只是从客观存在的"有"到主观反映中的"有"的纯认识（作为理论掌握的纯认识，"实在主体"即客观对象，"必须始终作为前提浮现在表象面前"），而是能够在从客观存在的"有"到主观反映的"有"的同时，也能从"无"到"有"（对象不一定在任何情况下都作为"实在"的"前提浮现在表象面前"）。审美意象和艺术幻觉，就具有这种性质。例如在科学反映中，月球无非是一个没有生命的死寂的物质世界，但在诗人的审美感受中，月球上不但有琼楼玉宇，而且还出现了能酿造桂花酒的吴刚和善舞长袖的嫦娥。科学反映的从"有"到"有"（包括对作为客观"自在"规律的科学"发现"和利用客观规律所作出的科学"发明"），固然也是一种创造性反映，但如前所述，这是一种纯客观的反映；审美作为从"有"到"有"，特别是从"无"到"有"的"反映"，则是一种人的特殊创造，即渗透了主体的情感的审美想象。例如"有情芍药含春泪，无力蔷薇卧晚枝"，对象人化了，人的情感也对象化了；对象成为满足和表达人的感情的对象，对象在美感中具有了它本身所不具有的特性。可见，美感不仅仅是"反映"，更是一种创造，它与科学的创造性反映的最大不同，就在于它既可以把客观上的"无"变成主体中的"有"，又能够把主体中的"有"赋予客观上的"无"。对客观世界的创造活动当然要经过实践这个中介，但人的实践活动包括艺术品的创造，如马克思所指出的，就在于实际创造（例如一座建筑物）之前，"已经在自己的头脑中把它建成了"。这正说明了包括美感在内的人的精神能力所具有的巨大创造性。

把马克思的美感论完全等同于一般的反映论（审美＝认识），长时期以来曾是唯一"正统"的观点。在苏联（20世纪70年代以前）和国内许多论述马克思美学思想的文章中，包括国际上著名的大理论家卢卡契在内，往往过分强调马克思、恩格斯对艺术和审美活动的认识作用。然而，他们似乎都没有注意到，马克思从未轻视过艺术表现情感的功能。例如在对古希腊艺术和莎士比亚戏剧的欣赏和评价中，他对这些艺术品的形象中所表现的感情的真挚和想象的丰富（想象本身就是充满感情色彩的）是极为赞赏，甚至为之倾倒的。如果说马克思仅仅把艺术（物态化的美感）当成认识，并且从纯认识论的角度就可以解释清楚，那么，他也就不会再提出希腊艺术何以具有"永久的魅力"的问题了。马克思对这一点的解释是在历史唯物主义认识论（艺术社会学）基础上同时又结合心理学的思考试图给予回答的，并且，他显然并不认为他的解释就是最终的圆满解释。马克思、恩格斯都一贯反对"席勒化"，反对把个性消融到认识"原则"中，提倡莎士比亚式的生动与丰富。这一切其实恰恰都是同感情表现分不开的。在马克思看来，感情的真挚性和深刻性，是引起美感反映的一个极重要因素。这当然并不是说马克思、恩格斯不重视艺术和审美活动中的认识作用（相反，他们作为革命家，很重视艺术，特别是小说、戏剧的认识作用），而只是想强调这一点：审美是不能离开情感表现的，并且是具有较大随机性的。一切想要创造出激动人心的艺术美的文艺家，就要善于把他的认识和理论观点不着痕迹地融化在以独特形式出现的具有真情实感的艺术形象中，而不是把文艺创作仅仅当作一种形象化的认识论。看来，美感及其物态化的艺术这种介于认识和伦理之间的情感表现功能，正是它区别于科学的或道德的反映的一个基本特点。

应该特别说明一下的是，这里所说的情感，当然不是指离开了理性基础的任何一种情感，而是指渗透了理性因素的情感。其实，美感作为再现（生活逻辑）与表现（感情逻辑）的统一，就从根本上限定了审美情感的表现是不能离开理性认识基础的。这是比较容易理解的。前面我们提到了审美中"从无到有"的问题，所谓"从无到有"，从根本上说仍是从"有"到"有"。例如，月中嫦娥，其实无非是现实中的美女与天上的月亮这种经验事实之间的一种创造性组合而已，看不到这一点，就违背了起码的常识。但是在这个前提下，如果不承认审美同时具有"无中生有"的创造能力，那么它与科学思维的区别，就仅仅剩下一用概念一用形象的表面的形式区别了，这显然是肤浅的。马克思之所以把理论掌握拿来与艺术—审美掌握作对比，正是强调作为真正科学式的掌握与反映，是必须以客观对象的实际存在为前提的，否则就会像黑格尔那样"陷入幻觉"，即把物质及其规律看成是精神的产物。就这一点而言，某些西方学者把黑格尔的唯心辩证法的某些著作看成是带有"浪漫主义"性质的"哲学喜剧"式的"艺术作品"，并非毫无道理。

"有"和"无"的关系是辩证的，而作为艺术形象中的"无"则是更高形态的"有"。艺术和审美是"有"与"无"的创造性结合。它鼓舞着人类追求更高的理想和境界，使幻想的即"无"的东西，不但成为审美的现实，并且经过实践活动而变成生活的现实，从而使现存的"有"变成更加丰富和完美的"有"。人类之所以追求美，正是因为审美活动是与人类为超越现实而争取更高自由的崇高目的密切联系在一起的，这就是"审美乌托邦"，它促使人走出庸碌生活的泥沼，激励人们向最美的高度不断追求。是使人真正成为自由的、全面发展的人的一个必不可少的方面。

三

作为再现与表现的统一，作为人的一种精神创造，美感的另一个重要特征是它的自由性。马克思、恩格斯对美感的这一特点的有关论述，进一步体现了他们美学思想的实践性特色，即审美活动不但是与物质生产劳动，而且是与反对旧私有制的斗争内在地联系在一起的。

如果说美作为人化自然，其本质表现为一种自由的形式，那么，美感就是对这种自由形式的感受，即摆脱了外在强制（旧私有制及其上层建筑）和内在强制（单纯的生理欲望和占有欲）的一种心灵自由感。从哲学上说，"自由"是对必然性的认识和改造，是在实践活动中的受动性（受制于客观规律）与主动性（利用规律性为目的性服务）的统一；但从美学上说自由就不仅是真与善的统一，而是要进一步把真与善的内容体现为美的形式，即精神享受的感性对象。如果说，审美对象作为"自由"的象征是真善美的统一，它体现了对人类实践更高一级的全面肯定，即能"按照美的规律来建造"；那么，作为审美对象自身的客观规律反映在人的头脑中，也就构成了美感的规律，即客观规律的主体化。尽管美感规律是一个极其复杂的、多层次的动态心理结构系统，但在现实的具体审美观照中，它都必然表现为一种对美的形象的感性直观，并在这种直观（或欣赏）中感受到一种精神性愉快；而这种审美快感既以真（规律和理性）和善（道德与功利）为基础，却又在直观中超越了真与善的逻辑思考和直接的功利目的，从而表现为一种既以真与善为根底而又不同于科学认识或功利获得时的心灵的无私性与自由感。

关于审美活动的自由性特征，首先是以康德所深刻揭示的审美观照的无私性直接联系的。在康德、席勒和黑格尔的美学中，这一思想得到了发展。但由于他们受唯心主义的局限，不可能真正分清美与美感的界限，更不懂得人类物质实践活动在形成美和美感过程中的决定性作用。因此，他们主要局限于从精神范围内把美感及其物态化的艺术当作某种人类本性的表现。费尔巴哈虽然从唯物主义出发抓住了审美感性，但由于不懂得实践的意义，他的感性论基本上是一种生物性的。马克思批判并继承了他们理论中的合理因素，并在唯物主义实践观的基础上给予了改造，科学地揭示出审美观照中所表现出来的无私的、非功利的自由感，其根底正是人在劳动中所获得的自由（对自然界的征服）在精神上的能动反映。就美感而言，马克思的美感论是与形而上学的机械、静止的反映论根本不同的。美感作为一种心理体验虽然源于物质活动中所实际获得的自由，但在美感中的自由却又高于已获得的物质活动中的自由，是物质活动中的自由在精神感应中的高度升华。这就是马克思强调指出的一个十分重要的看法：人只有在不受肉体支配时"才进行真正的生产"，即物质的和精神的"全面的"生产。

关于人的这种自由劳动特性，恩格斯也作过同样的论述，他说："人离开动物越远，他们对自然界的作用就越带有经过思考的、有计划的、向着一定的和事先知道的目标前进的特征。"

马克思、恩格斯在这里虽然主要讲的是物质生产，但同时也涉及精神生产。它指明了人的生产的自由性就在于能够通过精神——思维的作用认识和掌握自然规律与人的普遍功利目的。只有当人的物质生产并非纯粹是为了满足直接的肉体需要而是同时在某种程度上也为了满足精神和审美观照，即"人不仅像在意识中那样理智地复现自己，而且能动地、现实地复现自己，从而在他所创造的世界中直观自身"时，人的生产才真正具有"全面的"、"自由的"性质。这实际上指出，即使是最原始、最简单的美感，也必然是以在某种程度上的非功利体验和形象直观为条件的。当对象世界对人来说只具有纯粹的满足肉体需要的性质时，独立的审美活动就不会发生。因此，假如人的感觉和精神始终不能摆脱"囿于粗鄙的实际需要"的程度，也就谈不上自觉地创造美的对象，也就无从发展自由的审美能力。马克思曾说："在野蛮的低级阶段，人的较高的特性就开始发展起来……想象力，这个十分强烈地促进人类发展的伟大天赋，这时候已经开始创造出了还不是用文字来记载的神话、传奇和传说的文学，并且给予了人类以强大的影响。"① 这里虽然谈的是已经比较发展了的审美活动能力，但也可以说明，像原始的诗歌、神话、传说这一类较早的艺术产品及其审美属性，是以精神在相当程度上相对摆脱了实物和实用依赖才得以发展起来的，因而它们的出现标志了人类实现自由的程度。

马克思关于人的美感的自由性的论述与唯心论和机械唯物论的区别，不仅在于他第一次揭示了这种美感的自由性起源于人在征服自然的生产劳动中所获得的实际自由，而且进一步指出了这种在原始社会的劳动中所获得的自由随着物质生产的发展、随着私有制特别是资本主义私有制的确立和发展而发生了"异化"；而如何扬弃这种"异化"状态，使广大劳动者首先是工人阶级不但成为物质财富的主人，而且也能成为具有高度审美能力的全面发展的自由人，就成为马克思关注的中心。这充分显示了马克思实践美学思想的科学性、革命性与建设性的高度结合。这也是马克思的实践美学观的一个根本特点。马克思从审美活动中所揭示的自由性特征，正是与美和审美、与人的自由和全面发展的伟大理想联系在一起的。在马克思看来，真正美的东西都可以激发人们对旧私有制及其所产生的种种邪恶、肮脏和庸俗的事物的厌恶和对立情绪。他对古希腊艺术的赞美，不但是与他对扼杀人性的"与艺术和诗歌相敌对"的旧资本主义社会的批判密切联系的，从根本上说，旧资本主义关系是同美和美感的自由本性两不相容。在《神圣家族》一书中，马克思、恩格斯通过评价《巴黎的秘密》这本小说中的一位女主人公的美感的丧失与恢复，生动地表达了他们的这一基本看法。马克思这样写道："在大自然的怀抱中，资产阶级生活的锁链脱去了，玛丽花（按：即小说中被迫沦为娼妓的一个本性纯洁的少女）可以自由地表露自己固有的天性，因此，她流露出如此蓬勃的生趣，如此

---

① 《马克思、恩格斯论艺术》第二卷，中国社会科学出版社 1983 年版，第 4—5 页。

丰富的感受以及对大自然美的如此合乎人性的欣喜若狂……”① 同样的观点在恩格斯关于审美活动的一段论述中也得到了阐明。恩格斯说：当你面对美的事物时，“你的一切烦恼、对世俗敌人和他们的阴谋诡计的一切回忆，都会消失，并且你会融合在自由的无限的精神的自豪意识之中”。② 马克思、恩格斯的这两段话，不但表现了他们对戕害人性、扼杀美和美感的旧资本主义关系的深恶痛绝，而且同时也准确地揭示了美感的自由性特征。在审美活动中，人的心灵处于一种至少暂时摆脱了逻辑思考和实际功利关系的计较，摆脱了外在与内在的强制，而达到了一种心灵解放的自由境界。

四

美感既然是人类劳动的产物，美感的自由性也就绝不可能是生物式的纯个人的感性，而必然在其中渗透、积淀着整个人类集体智慧和集团功利的社会内容。也就是说，审美的无私性和自由感，是以人类社会实践为基础，又受到一定社会条件的制约的。在美感的个人自由性中积淀着社会必然性。

在生产劳动基础上形成的美感的社会功利性，是马克思美感论区别于一切唯心论和旧唯物论美感论的根本标志之一。前面说到，康德、席勒、黑格尔直到费尔巴哈，都曾揭示了美感的无私性和自由性特点，但他们既然不懂得实践是形成审美自由感的根源，也就不可能真正懂得美感的社会功利性，而只能从先验地，或从人的精神和自然本性中寻找原因。因此，主体与客体、感性与理性、人与自然、美与美感根本上仍没有一个真正的统一基础，美感及其自由性也仍然是一种无源之水。

那么，美感及其所表现出来的心灵自由的基础是什么呢？是物质生产

---

① 《马克思、恩格斯论艺术》第三卷，中国社会科学出版社 1983 年版，第 41 页。

② 恩格斯：《风景》，《马克思、恩格斯论艺术》第四卷，中国社会科学出版社 1983 年版，第 333 页。

劳动，是人类社会实践，是这种劳动实践的合规律性与合目的性的统一。马克思深刻地指出："整个所谓世界历史，不外是人通过人的劳动而诞生的过程，是自然界对人说来的生成过程。"包括美感在内的"五官感觉的形成是以往全部世界历史的产物"，即生产劳动的产物；而"宗教、家庭、国家、法、道德、科学、艺术，等等，都不过是生产的一些特殊方式，并且受生产的普遍规律的支配"。这里值得注意的是，马克思特别强调了包括美感在内的人的感觉和作为美感物态化的"艺术"，都是"受生产的普遍规律的支配"① 这一根本特点。正是在社会性的生产劳动基础上，人才发展了包括"有音乐感的耳朵，能感受形式美的眼睛"在内的能够实现人作为人的"享受"能力，形成了具有全人类普遍性的超生物性的"社会器官"，从而使在实践中变成了"理论家"的人的"感觉"和有理性感的人，可以"在他所创造的世界中直观自身"，并"在对产品（按：美也是一种'产品'）的直观中由于认识到我的个性是物质的、可以直观地感知的因而是毫无疑问的权利而感受到个人的乐趣"。② 这就是说，在审美的形象直观中渗透了以社会实践为基础的理性、道德和功利要求的内容。而生产活动及其产品（包括美和美感）又总是在以人与人之间结成一定关系的社会中才能进行和实现的。所以马克思又说：

> 包括审美在内的人的活动和享受，无论就其内容或存在方式来说，都是社会的，是社会的活动和社会的享受。自然界的人的本质只有对社会的人说来才是存在的；因为只有在社会中，自然界对人说来才是人与人联系的纽带，才是他为别人存在和别人为他的存在，才是人的现实生活的要素；只有在社会中，自然界才是人自己的人的存在基础；只有在社会中，人的自然的存在对他说来才是他的人的存在；而自然界对他说来才成为人。③

---

① 马克思：《1844 年经济学哲学手稿》，《马克思恩格斯全集》第 42 卷，第 121 页。
② 同上。
③ 同上书，第 121—122 页。

　　这段论述充分说明：包括美感在内的人的全部高级本质属性都是在社会性的劳动中形成的，因而美感的自由性也就必然是建立在合规律与合社会功利目的基础上的。马克思以前的美学家们，正如普列汉诺夫所指出的，往往看到了结果却"忘记"了原因，只看到美感是一种个人的自由精神活动，至多也不过是人类从来就有的共同精神活动，却不懂得美感中的个人自由感的根源，不懂得像审美对象一样，美感也不是天生的，而是人这个"上帝"在社会性的劳动中自己创造出来的。因此，他们当然也就不可能从审美直观的自由的普遍有效性中看到它所深深隐藏着的由上百万年的共同劳动所积淀于其中的理性和社会功利的内容。

　　美感的社会功利性作为美感自由性的基础，既然具有在人类共同劳动中所形成的社会共同性，因此，美感的自由性也就合乎逻辑地成为美感社会性的普遍集中的表现形式。这也就是说，在美感的一定层次上，它具有全人类的共同性，这特别明显地表现在对形式美、自然美乃至艺术美中的众多因素的共同愉悦中。这种由美感社会性所表现出来的全人类共同性的一面，归根到底，是由人类"按照美的规律来建造"的生产劳动规律所决定的，是受生产劳动的规律和人类社会生存与发展的客观需要所制约的，是人的心理结构与生产劳动及其规律性、目的性同步发展的结果，是心灵与对象相契合的表现。但美感意识并不是上层建筑，它也不受控于经济基础的改变，但它往往要受到哲学、宗教、伦理和政治观念的影响。这样，在历史发展的过程中，美感的社会性也必然会带有不同的时代性、民族性和社会功利性。也就是说，美感的某些层次，虽然具有较长时间的稳定性和较广泛的共同性的一面，但美感又不是永恒不变的，而是随着社会的发展表现出它的历史具体性，在阶级社会中，美感更不可避免地要受到一定阶级的阶级功利的影响，因此，审美意识归根到底是渗透着一定时代的社会内容，是受整个复杂的观念形态制约的，美感的自由性虽然并不绝对，但它经常鼓舞人类去争取更多更高的自由的心理动力！

美 的 范 围

——论社会、自然与艺术美

如果在美学领域中把实践唯物主义贯彻到底，我们就会发现：社会美最直接地表现了美作为"人化自然"这一本质特性，是一种包含着真与善的趣味形式，而自然美尤其是艺术美，虽然也源于物质生产、巫术和社会生活，但又远比社会美具有更大的自由度。下面对上述三种不同范围的美的特性分别作一个比较考察。

一

社会美包括作为人类劳动成果的形式美亦即工艺美（即所谓"迪扎因"，design）以及生活美（狭义的）这两大类，其共同特点是以"善"的形态表现"真"的内涵，或曰以合目的性的形式体现合规律性的内容。因此，同自然美与艺术美比较起来，社会美的实用功利性相对突出。

工艺美和生活美，这两者中哪一个是更基础的呢？一些论著沿袭车尔尼雪夫斯基"美是生活"的著名论点，把狭义的日常"生活"看成是美的基础；但如果从唯物史观来看，还有一种比这种生活和生活美更根本的东西，那就是工艺技术和工艺美。没有改造自然和制作产品的劳动操作技术，就不会有人之所以为人的"生活"，自然也就无从谈什么生活美了。因此，这里又要把工艺美和狭义的生活美作相对区分的考察。

先看工艺美。这其实就是劳动技术美。什么是技术呢？技术就是把一定的物质材料（原材料、半成品等）加工制作为特定产品的操作方法、技能与工艺规范，因此，所谓工艺美，就是蕴涵了上述劳动和技术规律的合乎目的的物质产品的造型，它在实用功能的合目的性中体现了美的造型规律，包括该产品的内在结构比例的内形式及其所显现的外形式（色彩、线条、形状等），其审美特征仍不外整齐一律、平衡对称、多样统一，等等。正因为工艺美和劳动的直接联系以及它所体现的包含了形式美在内的劳动规律，因而它不但是自然美、科学美和艺术美得以产生的直接基础，而且也是生活美的基础。没有从生产资料（从石斧到航天工具）到生活资料（从农作物、建筑物到服装设计）的劳动制造技术的发展，就不可能有生活美和艺术美的发展，自然也不可能使人从蒙昧状态到具有完善的审美心理结构的发展。

工艺和工艺美的重要性还表现为它是以直接的方式不断改善人类生活质量并使之不断美化的最基本的力量、手段和方式。因为劳动本身就表现为征服自然的物质生产，而生产劳动在任何时候都离不开如何把物质对象改造得合乎目的的技术或工艺方法。工艺美的主要特点便是在充分发挥其实用功能的基础上显现出形式美。因此，工艺美是实用与审美的结合。

要实现劳动产品具有实用功能与形式美观相结合的特性，关键在于设计形式和实际操作技艺。就设计形式来说，首先要求某种设计产品（从日常生活用品、机器仪表到各类建筑）的设计者具有足够的专业知识、人本思想、适应时代潮流的观念和一定的美学素养，这样才能使产品的设计最大限度地有利于人的生产和生活。

设计形式最终要在产品中得到落实和实现，就有赖于物质生产过程中的劳动技术或操作技艺。技术和技艺是人类在长期实践活动中所积累起来的经验性知识，它只能在实际操作过程中才能实现。就思维特点来说，这是一种操作思维，是不能离开具体实践活动的思维，即实践思维。由于它与实际操作过程的不可分性，所以是一种不能由单纯的知性和显意识所言传的，而只能在具体的实践活动中实现。凡是合乎技术要求的产品，其基本特点就在于合乎自然规律与主体的内在尺度，亦即操作对象按预定的要求在功能（质）、形式、结构和比例（量）方面都合于"度"，这是工艺美的基本要求和特征。而要达到这样的境界，其主要途径仍是实践经验的不断积累和升华。当操作技术熟练到极点时，便成为技巧，正是包含在劳动中的技巧，不但使人类征服自然界的目的得以实现，而且也为人类按照美的规律进行生产，从而为创造生活美奠定了基础。因此，没有劳动工艺美，就不会有生活美。

如果说劳动工艺美是社会美的基础，那么，生活美则是社会美的中心，它是以物质财富和文化艺术的丰盈而使人在肉体上和精神上都得到享乐的满足为前提的。例如中国的"美"字是由"羊"与"大"二字构成的。① 它表明既是以肥羊肉之味美可口（已开始超越纯动物式的充饥而进入"品味"的初步美感了）。同时，这"羊大"的大字也可解释为人。"美"即披着羊皮的人的舞蹈。② 其实此二说可合二为一，即社会美不但给人生理或实用愉快，而且也给人以情感的精神的愉快——这是生活美的极重要的内容。生活美的第二个方面的重要内容是环境美、生态美，这一点现在已是人所熟知，此不多赘。下面着重谈人本身的美。以人为主体的生活美包括群体（和谐的人际关系）、个体（形美与质美）以及人与自然之间的亲和关系（人化自然）这三个方面，也可以概括为外美、内美和关系美。尽管生活美经常表现为壮美与优美的两极交叉特性，但人们谈论生活美时，实际上都侧重于生活中的优美，有时不免忘记了这优美的生活，正是来源于艰苦卓绝的劳动与斗争；尽管人类最早认识到的美是优美，但事实上却是壮美（崇高）为优美开辟了道路。生活美的范围极为广阔，我们这里着重谈谈人体美。

人体美是生活美的重要内容和方面。不论从人的外形、风度和精神方面看，实际上都是人在劳动中所领悟到的自然规律、形式法则内化为稳定的心理结构并积淀和渗透到感性中的结果。例如，人作为人的特定面目、身材、体态、风度，等等，除了女性美与男性美的具体区别外，一般都大致符合一定的比例关系，总的趋向于符合形式美的法则。但人体美并不是纯粹的自然美，这可从下列三方面得到说明。

第一，从历时态角度看，人体美是在劳动中逐渐形成的，是劳动之合规律性与合目的性作用于人的肉体的直接结果。以考古发现的距今约 70

---

① 许慎：《说文解字》，中华书局 1963 年版，第 78 页。
② 萧兵：《楚辞审美观琐记》，《美学》第 3 期，上海文艺出版社 1979 年版。

万年前的"北京猿人"为例，其中的一个猿人化石，据考古学家的考证，是一个刚成年的少女，她相貌粗犷，根本见不出女性所特有的秀气，而且同那个阶段的所有猿人一样，她的形体也与现代人是大不相同的：头顶部低平，前额后倾，眉骨前凸且左右相连，只是由于直立行走和两手进行不断的劳动操作的需要和生活条件的逐步改善，猿人才在大约距今 10 万年前基本具备了现代人的形态。在这个意义上，我们可以说，劳动及其工艺技术作为客观规律的主体化，塑造了人体美本身。

第二，从共时态角度看，人体美也不仅是纯自然美，而是与人之所以为人的思维——精神属性密切联系的。人的那一双顾盼生姿的眼睛、面部的丰富表情以及可传达万千信息的身姿、手势绝非动物所能具有的，因而人体美也就不可能只是纯粹的自然美和形式美，而是渗透和蕴涵着人作为人的文化修养和精神状态的，否则人体也很难全美。正因此，古今中外的思想家和艺术家们都十分强调形体美与心灵美的统一，并且往往对心灵美更加重视。例如，孔子最重视的是"善"，提倡"仁者爱人"，强调"里仁为美"。诗人屈原很重视形式美，但同时更强调美的内容，主张多"修能"以加深"内美"。古希腊哲人指出："身体的美，若不与聪明才智相结合，就是某种动物性的东西。"① 这种与人体美密不可分的文化精神属性，归根到底，仍是自然规律和人际关系通过劳动和交往内化、凝聚为理性心理结构并向人的肉体和感官渗透的结果。

第三，从审美理想和审美标准方面看，人体美的相对性也大于自然美和形式美。它受到物质生产条件、时代、民族、阶级和社会心理等诸多因素的制约。例如，古希腊由于战争的需要和人本主义思想的盛行，不论男女都以健壮为美，近代欧洲一些国家的上层阶级对男子的要求是高贵的气质和考究的服装，对女子则要求束腰隆胸。但当今欧美诸国似乎又在向古希腊回归，以重视体育锻炼获得健康的体魄为美，在非正式场合，男子的衣服较随便，女性服装也向宽松或单纯方面发展。在我国，魏晋时期由于政治黑暗恐怖，士大夫阶级大都重内美而轻外美，但并非完全无视人的体态。一般说来，男子喜爱形体修长乃至清瘦，服装宽大而随便，这样才显

---

①　北京大学哲学系编：《西方美学家论美和美感》，商务印书馆 1980 年版，第 16 页。

示出一种超尘脱俗的飘逸美，从而更体现出对现实的不满，以及对不受拘束的自由生活的向往。到了唐代，人们的审美趣味发生了变化，例如对女性，一般都以丰腴为美。五代至宋以后，随着封建礼教和程朱理学的强化，人特别是女人的地位进一步降低，男子往往以低眉顺眼的奴才相为美，女子则开始缠足，以"三寸金莲"为美。而在满族入主中原以后，男人头上又加上了一条辫子。这种种在现代人看来以丑为美的怪事，是封建专制主义与禁欲主义相结合的产物。五四运动、新中国的建立，特别是改革开放以来，人们的审美趣味又朝着比较健康的方向发展。上述事实说明，人体美固然以人的自然素质为基础，但却深深打上时代和精神因素的烙印。

应该再次说明的是：人体美并不是生活美的全部；生活美还包括人与人之间的关系美（交际美）和人与自然之间的环境美以及人本身的装饰美等等。限于篇幅，这里不再详谈。

二

如果说社会美最直接地体现了美的某种本质属性；那么，自然美却不一定表现为人类劳动的直接结果。这一客观事实就给美学家们提出了一个难题：自然为什么会显得美？我们前面提到过的美是"人化自然"或"自由的形式"还能适用于对自然美的解释吗？看来，不论哪一派美学家，不论是客观论、主观论或主客观统一论者，他们关于美的本质的学说都要受到自然美这块试金石的严格检验。

如果不是孤立地谈某一具体自然审美对象，而是从总体上看，那么，自然美仍只能是劳动的产物，因而必然是一种社会性的客观存在。这可从两方面加以说明。一方面，从客观上看，自在的自然界曾经是与人单纯对立的，它自身既无真、善、美、丑可言，对人来说还是一个陌生的、异己的甚至可怕的对象性存在。它是怎样才变成对人有利和可亲的人化的自然界的呢？这是由于人的实践的结果。劳动使本来威胁和限制着人的自然变成了确证人的自由本质的人化的自然界，从而诞生了自然美。

　　另一方面，从主观（主体）方面来看，人要在实践中实现自己的目的，就必须按照自然的规律来从事劳动，这也才可能获得自由。自然美的诞生过程，就是在实践中主观与客观、理性与感性、规律性（真）与目的性（善）对立统一的结果。因此，自然美虽然以自然的形式出现，但却在这自然形式中积淀了使人感到愉快的合规律与合目的的内容，这是除人以外的任何一种动物所根本无法做到的。对自然美的根源和本质，只有从历史唯物主义的这个基本观点考察，才能得到科学的解释。

　　不同意用上述观点来解释自然美的人（主要是主观派）所提出的责难主要有两点：第一，美和自然美离不开人的意识和美感；第二，未经人类直接实践过的那一部分自然对象，其美的属性来自何处？

　　关于第一个问题，其错误是把作为美的本质层次意义上的审美关系与具体审美过程中的审美关系混为一谈了。审美判断是审美主体在具体感知审美对象时的一种情感评价（例如"这朵花是美的"），尽管这种评价也仍然是主客观相结合的，但在这一审美过程中，主体的美感能力和情感状态是起主导作用的（例如不美的甚至丑怪的对象有时也可能被认为是美的）；但是作为美的总体存在的自然美，却是一种社会性的客观存在，即包括了作为一个族类的人的审美能力在内的主客统一的客观社会存在，它并不以若干个别的个人的意识和审美评价为转移，其原因乃由于它已经在人的实践过程中变成了"人化自然"，也就是说，自然界已经历史地同人类总体建立起一种价值关系，这种价值关系（包括实用价值和审美价值等）是一种客观存在的社会性关系，它离不开人类（否则就无所谓价值），人类也不能离开它（否则人类就无法生存）。例如阳光、月色、山水、田园，它们首先是作为人类的生存前提和美好生活的条件与人构成一种实用价值关系的，在这个基础上又形成审美价值的关系；尽管前者主要表现为一种物质功利关系，后者主要表现为一种精神价值关系，但后者却以前者为基础并在其中积淀着功利内容，因而它并非纯意识形态的关系，而是一种客观存在的社会关系，这是就自然美的本质和总体上而言的。至于当人们将其作为具体审美对象时，当然必须通过审美意识的中介，但这种以审美判断形式出现的审美关系是人对具体审美对象的一种评价，被评价的对象一般来说当然也有其自身的价值，它与审美主体之间也表现为一种价值关系，但这种审美过程中以评价形式表现出来的价值关系却不等同于美与人之间的客观存在的价值关系。因此，评价和价值这两个概念虽有内在联系而含义上却迥然不同。价值是由人的劳动所创造的社会性客观存在，而评价则是带有主观性的。正像商品价值的实现必须通过价格形态一样，美和自然美的客观社会价值也只能通过审美消费（以审美评价形式出现的审美享受）而得到表现，但人们带有一定主观性的审美评价（包括否定性评价）却并不能改变自然美的客观社会性本质。因为自然美已经从总体上与整个人类建立了稳固的价值关系，它作为总体性存在既不以某些个人的好恶为转移，也不是由人的主观意识所决定的。因此，把自然美从整体上看成是由人的意识和美感所决定的观点是不符合事实的。造成这种误解的重要原因就在于把具体审美过程中针对某一对象而作出的审美评价等同于美本身的价值，把个人与具体对象的审美关系同美的本质层次意义上的审美关系混为一谈了。

第二个问题，即自然美（乃至整个美）只存在于基于"人化自然"之上的审美价值关系中。那么，许多未经人类实践加工的原始自然对象如星空、原始森林、荒漠沙丘等又何以具有审美属性并事实上也与人形成了一种价值关系呢？这个问题可以从两方面作出回答，第一，人的美感心理一旦建构和发展起来，它就具有巨大的能动性而不完全受控于其所观照的对象，因此它可以在不美的对象上创造出美（审美意象）来，也可在任何未经人类实践的对象（例如星空）中发现美。第二，从根本上说仍离不开马克思主义的实践观。那些凡是已经或可以被人感知的原始自然（尚未被感知的当然不在此例）之所以也可以成为人的审美对象，固然与这些对象的形式特征同人的心理相契合直接有关，但归根结底仍在于它们属于人类当前的或潜在的实践对象，已经或正在这样或那样地介入人类社会的生活圈，因而也就为进入人与自然的审美关系范围提供了可能性。马克思指出：正是由于人具有实践能力，由于人的生产比之动物来说具有一种"普遍的"即全面的自由的生产的能力，因而"人赖以生活的无机界（按：指人和动物以外的整个自然界）的范围就越广阔"，整个自然界（指人所能感知的生存环境），不论"植物、动物、石头、空气、光，等等"都由于与人的生存、生活有关而成为人类实践的对象，从而历史地成为"人的生活的一部分"。这就是说，自然界"是人的精神的无机界"和"人的无机的身体"。① 因此，自然界既是人类赖以生存的基础（无机的身体），又是人之所以为人的主体性（作为实践力量所集中表现的精神思维属性和自由创造能力）在实践中能得到对象化的确证（精神的无机界），是人的实践使与人单纯对立的自然变成了有益于人的"人化的自然"的结果。所以，尽管某些纯自然对象未经过人的直接实践而仍可以成为审美的对象，但从根源上和本质上看，仍是由于它们与人的生活实践发生了内在联系从而才可能具有审美的属性。假如抽去了这个基础而孤立地说明某一原始自然对象的美，那只会得出似是而非的结论。当然，如果要在任何一个纯自然美对象中去寻找它是如何直接表现人的实践能力而显得美，那就不免迂腐可笑了。从直观上来说，自然美的确以形式诱人取胜，但我们这里所讲的并不是某一具体的自然对象的美，而是作为总体的自然美。当然，总体和一般又都要在具体和个别当中这样那样地得到某种表现，只不过往往被若干中介环节所隐匿。以星空为例，它作为具体现象的自然审美对象，确实与人的美感能力是分不开的；但要知道，早在近万年以前，人类就曾利用星象占卜以预知吉凶善恶，后来则直接通过星座的位置，在茫茫大海中导航。而在当代，人类的实践能力则已开始直接作用于它了。月球、火星乃至更遥远的星系，都成了航天技术所日益征服的对象。自然美的对象正是与人类实践存在着这种直接间接的联系，所以在日常生活中，那满天的星斗、那闪烁的光芒和宏伟壮丽的天宇才给人们增添了无穷的想象和幻想的乐趣。由此我们不难理解，这星空的美从根本上说，乃是由于人的实践和生活使它与人建立了稳定的价值关系，是因为它对人的实践与生活有利有益的结果。试想，假如星空在与人的关系中不具有这种真与善的内容，而是完全陌生可怕的对象，是长在天宇上的一颗颗传染疬疫的斑点，是降祸于人间的表征，那么，在这种情况下，星空还有美可言吗？人还可能对它产生美感吗？至于山林田园之美，如荒凉山村使人远离尘嚣，获得一种在尘世中难得的宁静感；在参观古墓、废墟时，使人产生深沉的历史感或感

① 马克思：《1884年经济学哲学手稿》，《马克思恩格斯全集》第42卷，人民出版社1979年版，第95页。

叹"此在"之短暂的悲剧感。除此以外,还有一类孤立看来在内容上对人不利的对象如荒漠沙丘、毒虫猛兽在一定条件下也可以成为审美对象,这是为什么呢?孤立地看,确实与这些对象的形式特征能引起人的新鲜刺激性的感觉有重要关联。但究其根源,仍是由于这些对象已作为对人无直接危害而被纳入人与自然总体的审美关系之中。其实,人们能够欣赏险怪、荒凉乃至某种有害的对象,本身也就标志着在人与自然的关系中,人已处于安全地位,人的实践能力和审美能力已达到了一个新的高度,是人的自由创造性在美的境界中的新开拓。

那么,自然美又有什么具体的特征呢?可以这样说,它以真的形式表现善的内容,在合规律性中积淀着合目的性。社会美的功利性相对突出,自然美则更显著地肯定着人的情感和精神的超越价值。社会美受到社会传统、文化习俗的某种限制,又直接体现人的功利要求,因此它所表现的自由度是受到一定限制的,而自然美则以自然事物的自在形式和可亲内容肯定着人的自由感性,呼唤着人性的返璞归真。在这个意义上,我们可以说,自然美是一种完善人性的形式。风景宜人的环境不但可以陶冶个人的性情,也能使彼此陌生的人融洽共处,梅兰菊竹"四君子"的形象可启迪人道德上的完善,搏击长空的雄鹰让人感受到自身生命的张力,而面对浩瀚无垠的大海,更可体验到一种心旷神怡的销魂大悦。如果说,社会美在美的形式中直接实现着人的目的和愿望,那么,自然美则使人的"精神沉入物质之中"进入那"大乐与天地同和"的物我两忘的天人合一的境界,使你的"一切忧思,一切关于人世间的敌人及其阴谋狡计的回忆,就会烟消云散,你就会溶在自由的无限的精神的骄傲意识中"。① 恩格斯对自然美的这段精彩描述和深刻的体验,再恰当不过地说明了在自然美的真的形式中所体现的善。作为具体审美对象的自然事物,它的审美价值不外是经由积淀了审美经验的心理中介表现出来的一种有意味的形式。在这个意义上说,不论是未经人工或经过人的加工的具体自然对象,它们的美不是像经过人类实践改造而"人化"即社会化了的总体自然那样,直接体现着美的本质,而是一种间接表现。

---

① 恩格斯:《风景》,前已注明。

自然美的第二个特点是它偏胜于形式。作为人的生存环境的总体自然，虽然由于"人化自然"而具有社会性，但作为人的现实的审美对象，自然形式压抑了它深藏不露的社会内容。自然美以真的形式特征（如色彩、线条、形状、音响）直接迅速作用于人的审美感官，而由于形式本身与社会生活及人的经验联系的不确定性和多样性，相同的形式特征对于具有不同审美经验的人又往往具有不同的含义。因此也就产生了自然美的第三个特点：多样性乃至美丑并存的情况。例如鸟语花香，一般情况下是优美的，但在国破家亡的情况下，它们在杜甫眼中竟成为使人"惊心"和"溅泪"的东西，也可以说优美的东西变成了带有悲剧色彩的美，有时甚至变成了丑，例如古木怪石、荒原沙丘就不会像一首动听的歌曲那样得到普遍的赞赏。这固然与作为主体的人的文化修养有关。但同时也与自然美本身的形式同人的生活实践的联系的不确定性，因而其"意味"也就具有较大的宽泛性、多面性和变易性的特点。

三

艺术美（艺术不全等于美，它们之间除了完全等同的作品，例如许多乐曲、绘画、短小的或朦胧的抒情诗、象征诗等外，往往只是部分地重合）是供欣赏的非实用性对象，其主要特点是以虚构的情感形式和创造性想象通过形音色线和个性、意象及意境和象征，创造性地集中反映社会生活与大自然中最美或最有特征的东西，深入表现个人的欲求、理想、情志，在偶然的个别形式中反映某种独特或普遍必然的内容，在有限的时空中表现无限的情感和意蕴。因此，艺术美既源于现实生活，又超越现实生活，具有强烈的审美理想色彩，是"自由形式"在精神—情感领域中的最高表现。

首先，从质的方面来看，艺术美的自由度高于社会美。社会美由于是人类实践的直接成果，因而有实在的内容，但其突出的实用功利性也因此限制了形式的充分自由表现。因为社会美一般都受自身直接个别性的限制而缺乏更广泛的普遍性。例如精美的实用工艺品，它的美的形式也受制于它的特定的实用功能。现实中的人体美也很少无缺憾的。社会美的形式这种不充分的自由性又制约了它的内容的自由表现，因此社会美往往以合目的性胜过合规律性。自然美特别是未经人工改造的自然美，虽然在形式上有着几乎无限多样的表现，但由于缺乏较为确定和具体的社会内容，就使它的形式也难以表现较为深刻的合目的性。也就是说，自然美的自然规律性胜过目的性。因此，社会美和自然美作为"自由的形式"，都不够全面、充分和完善。艺术美正好综合了两者的长处而克服了它们各自的短处。艺术形式是对自然美的自觉运用，艺术的内容是对社会美的创造性反映。因此，艺术美是美作为"自由的形式"的最高表现。

艺术美作为"自由的形式"，是一种物态化的心灵自由的形式，是一种精神生产，因此，它不同于物化形态的社会美和自然美。但是，作为精神生产（品）的艺术美归根结底仍是社会生活与人的心灵的反映和升华。前面我们分析过马克思的名言：人的物质生产实践活动本身就包含着"按照美的规律来建造（'建造'也可译为'造形'）"，即改变自然的形式使之符合人的目的。要达到这一目的，就必须有劳动的技术和技艺，而这种劳动技术主要就表现为赋予对象以特定的形式。但原始人绝不可能为形式而形式，而是为内容而形式，因而形式和内容是紧密结合在一起的，也就是说，规律性是服务于实用目的性的。因此，社会美或生活美是人类社会中最早出现的美。但是，由于社会实践生活的发展以及与之相伴随的人类精神需要的发展，就从纯粹或主要以满足功利目的为需要的物质生产中分化出了相对独立的精神生产（它的源头是巫术），其中就包括以制作形式美观而专门满足精神和审美欣赏为主的艺术生产，而这种艺术生产所使用的技艺，也就是熟练的物质生产技术的移植和提高。这样，技术也就转化为艺术，实用产品也就转化为仅供欣赏的具有审美价值的艺术品。可见，艺术美仍与物质生产相关，而作为对自然美形式自觉运用的能力，其实也就是实践过程中所领悟和掌握的自然规律在艺术创作之中的实际应用。另一方面，人的精神需要又不可能只通过精美的外观形式就可以得到满足。人总要生活，并且总想比现有条件生活得更好，于是他们就把现实生活（社会美）中美好的东西加以集中和概括，并对生活中不如人意的地方在头脑中进行重组、改造或批判，这就是"对社会美的创造性反映"。正因为艺术美综合了社会美和自然美这两者的长处，并经过典型化或特殊化过程而成为最符合人的理想（或发泄内心抑郁和痛苦）的审美对象，因而它在质上高于现实美和自然美。

艺术美在质上高于现实美和自然美的另一特点还表现在，它还能化腐朽为神奇，把生活中的丑变为艺术中的美。生活中的丑一旦进入了具有真正审美价值的艺术系统之后，它就不再是单纯的丑，而成为在与美的矛盾统一中起着进一步反射美的光辉的作用。莎士比亚笔下的福斯塔夫和曹雪芹笔下的王熙凤，其本质既丑且恶，但在形式上又不能说毫无可爱之处。至于现代派艺术中的丑怪荒诞形象，其审美特性则可待进一步研究。

再从量的方面看。不论社会美还是自然美，由于受直接个别实用目的的限制和未经人类实践进行加工，都难以充分体现审美的理想，因而它们在形式中都难以蕴含味之无穷的深意，并且其形式本身也相对显得比较粗犷、朴素或一般。以现实的人体美为例，我们很难找到一个在各方面都完美无缺的形体，何况一个实实在在的人体在现实的审美观照中，其形式所包含的意味往往是有限的。但在画家笔下，却可以对一个现实的模特形体有所增减并突出特征，它可以把人的美点集中到他所画的这个对象身上，同时进一步把更丰富更深刻的意蕴融入这形体之中，所以达·芬奇的《蒙娜丽莎》的审美价值就大大超过了其模特本身具有的美。又如自然美中的优美和崇高，的确可以使人心旷神怡或惊心动魄，可以净化人的情感。但是，终日面对青山绿水，会使人感到单调，整天欣赏艳红的桃花，恐怕也会使人难以忍受；至于自然中的崇高，也确给人以一种振奋的壮美感，但由于它不（可能）包含悲剧性内容，很难像悲剧中的崇高那样使人产生长久的荡气回肠的效应。这也就是为什么古代的那些"隐士"，事实上根本不可能只满足于优美的大自然的宁静，而是在这种环境中还须读书写字、吟诗作画、栽花种草和交朋会友才能真正满足精神上的需求的原因。又如东海和黄山的日出自然很美，但莫奈的《日出印象》意味更加隽永；月色人皆喜爱，但恐怕也无法表现出张若虚《春江花月夜》和贝多芬《月光奏鸣曲》的深刻意蕴。在《红楼梦》和《战争与和平》面前，现实美又怎能不相形见绌呢？这也就是人类为什么在社会美和自然美之外还要创造和追求艺术美的重要原因。

从时空关系上看，社会美和自然美都处于现实时空关系中，受到时空关系的制约，例如古代社会生活和自然条件，随着时间的推移而归于消失或已发生了重大改变，但艺术美一经创作和流传下来，它就超越了现实时空而成为具有永久魅力的存在。古希腊人的生活早已湮灭，但它们却永远活在荷马史诗中，活在菲狄亚斯的雕刻中，活在索福克勒斯等大悲剧作家的作品中。再从文艺作品的内在时空来看，它也是带有某种虚幻性的艺术时空的。《红楼梦》是现实主义的杰作，而我们却至今无法断定小说中许多人物的年龄，当我们进入曹雪芹所构造的这个艺术幻境时，却并不会怀疑贾宝玉、林黛玉和他们的众多女伴能在小小的年纪就表现出那么大的才智和那么深刻复杂的感情。它所描写的是哪一个朝代？故事发生在南京还是在北京？这一切都显得迷茫恍惚！显然，对于一个艺术家来说，他往往可以指东说西，也可以把几小时甚至几分钟的时间加以延长，又可以把几个月甚至几年的时间浓缩为几个画面乃至用几句话就跳过了现实时空的限制，但我们并不认为这不真实，反而觉得愈发引人入胜。如果一切都遵循现实时空的准则，把现实生活的一切都实录下来，那么艺术美也就消失得无影无踪了，果真如此，人类在现实美之外再追求艺术美就完全是一种多余了。如果说在现实主义作品中，艺术家可以把现实的时空改组为一种艺术的时空，那么在童话和浪漫主义艺术作品中，时间的一维性即不可逆性变成了可以逆转和超前（幻想）的三维时间；空间的三维性和实在的距离也都不再成为限制（如算上爱因斯坦的"时间空间"，那就是"钟慢尺缩"的四维空间）。浮士德可以从白发学者变成翩翩美少年，孙悟空一个筋斗可行十万八千里，神仙可以用隐身法使自己不再具有空间实在性。当我们对美术作品凝神观照之时，时间仿佛凝固了，我们不再感觉到现实时间的推移，也忘记了现实所处的空间而完全进入虚幻而又仿佛实际存在的艺术幻境之中。音乐是在时间中展开的艺术，但当我们被那迷人的旋律所吸引时，我们事实上也会忘掉现实的时间。

正因为艺术美具有这种超越现实时空的特性，它才为人提供了在现实中所不可能有或不完全有的精神享受对象。尽管生活美是丰富多彩的，但它除了在质与量方面都不够完满，而且由于时间的限制使它难以常驻不衰；同时在空间存在上也受到各种外在条件的限制和损毁，且不说黄山和九寨沟的自然美景，东方的神秘，西方国家的历史名胜，非洲的奇风异俗，现在虽然不少人已能前往旅游观光，但这对于大多数人来说仍然还是难以亲自体验的，就是在现实生活中，美也是比较分散的，并非无处不有，但通过绘画、文学和影视艺术等，我们却能把分散的、远距离的各种美的东西集中起来，尽收眼底，从而不但克服了现实美在空间上的距离和存在上的分散性，并且在更高的层次上实现了对生活美的理想追求。

艺术美这种超越性可以使人体验到自己所难以经历的美的事物，从而极大地丰富人的精神生活和情感世界。所有的人，不论他们是否欣赏艺术美，他们生存的物理时间都是一个常数，但心理时间和情感空间却大不一样。艺术美使人的心理时间和情感空间延长和更加深广，在艺术欣赏中所获得的无数个短暂"高峰体验"的刹那，使人永远回味；所有虚伪、自私、鄙吝的欲念从心灵中被驱逐出去，从而日益向着澄明的本真状态复归，这就大大提高了人在现实生活中的生存质量。也许，这就是马克思何以提出古希腊艺术具有永久魅力这个极深刻的问题的部分答案吧。艺术是处于一定时空中的社会生活的某种反映，但艺术美又能超越现实的时空关系，这是它能获得经久不衰的强大生命力的原因。马克思说：一个成人不能再度变成儿童，否则就变得稚气了。但是，儿童的天真不使他感到愉快吗？他自己不该努力在一个更高的阶梯上把自己的真实再现出来吗？马克思这里所说的"儿童的天真"，事实上就是指美好的人性，而真诚、纯洁、美好正是儿童所固有的天性，但是人在异化了的社会关系中生存的结果，这美好的人性却被扭曲了，而艺术正是以其源于现实又超越现实的愿望来表达对异化的抗议及对人性自由和全面发展的追求。在艺术美中活跃着一颗真、善、美的赤子之心，当人们与它结为挚友时，他们也会变得更加年轻、善良、勇敢。于是，当人们从虚幻的艺术时空中再回到现实的时空时，他们的情感和人性就会得到某种重塑，他们的心理时空增值了，他们的生命质量提高了。类似的情况、体验和效果，在欣赏自然美和生活美时同样也会发生，但在对艺术美的欣赏中表现得最为突出和深刻，这也是人们为什么不满足于自然美和社会美，而还需要艺术美的重要原因。这反映了人作为有灵性的社会动物，总是企图不断超越现实局限和肉体束缚而追求永无止境的更高境界的本性。而正是在这种对更高的美的追求过程中，人性也变得日益完善。至于现代派和后现代派的惊世骇俗的丑陋与怪诞，实际上仍然是对造成人性异化的工业文明的一种更深刻的批判。它们在本质上仍然在呼唤人性的复归。

综上所述，艺术美既源于现实美（即生活美，包括社会美和自然美），又超越现实美，它表现人类至善至美的理想，却又是通过具体感性的形象或意境将理想不着痕迹地融入其中。它通过拨动情感之弦使人领悟生活的意义和人生价值，在合情合理的艺术幻境中使人进入自由王国的最高境界。因此，我们可以说，艺术美既不完全是生活美的简单反映，又不是与生活美绝缘的单纯的情感表现或无内容的形式美本身，而是一种生活的情感形式。和现实美比较起来，它受物质材料的限制最小，又不像自然美那样分散；它既摆脱了直接的实用性，又凝聚着深刻的生活经验内容，因而它就可能最大限度地表现人性完美和精神追求的最高理想。因此，艺术虽无实用性但又指向人生最高的目的。社会美和自然美向艺术提供了素材和形式，艺术则为社会和人生树立了规范和理想，它提供了对人生意义的深刻理解，净化人的情感，塑造人的灵魂，建设凝聚了理性的新感性，使社会生活朝着美的方向不断前进。因此，艺术又是有功利目的的。这目的就是引导生活美与它日益接近、日益结合，并使社会美和自然美与它一道走向"一的光辉"，但这是"多样的统一"。尽管社会和自然条件对艺术起着制约作用，但艺术美又常常超越现实生活而保持领先地位，引导人们不断接近美的王国。正是在这个意义上，艺术美实现了规律性与目的性的最好结合，因而成为"自由的形式"的最高表现。

美 的 种 类

——论优美与崇高、悲剧与喜剧、荒诞与丑

　　如果说在美的不同范围中表现了不同的自由度，那么在美的不同种类（范畴）中则标志着自由的不同层次。我们大致可以认为喜剧（滑稽）给人的自由愉快感较为短浅，是较低的美学范畴，优美是最广泛最大众化又是最令人感到亲切的，人们从中得到的是一种毫无挂碍的耳目之乐和心灵自由，而崇高特别是悲剧则是灵魂的探险，属于较高或最高的审美境界。荒诞与丑则是 20 世纪新的美学范畴，其批判性十分突出。当然，不能把这些看法绝对化，但上述区别毕竟是由它们各自不同的审美特性所决定的。从美学史上看，除崇高外，另外三种早在古希腊时代就有过界说。不过，在柏拉图的"理式说"中，即认为美是对作为真理的最高范型的"分享"，是一种对永恒而绝对神圣的东西的观照，就已涉及崇高这一美学范畴的无限性的某些含义了。如果说从总体上看，古希腊美学是一种积极入世的美学，那么希伯来文明和基督教文明则以超越的精神对崇高和悲剧补充了浓厚的宗教意味。宇宙的宏伟和神秘，人生的苦难与无常，命运对人的无端捉弄，是渗透在崇高和悲剧中的一股深沉的潜力，因此它们也就比喜剧和优美具有更为诱人的力量，更加激发人类勇往直前地向那些仿佛是超乎理性和想象力的东西挑战，去探索那奇异的境界和深不可测的爱与死的奥秘，去洗涤由原罪所带来的黏着在灵魂中的污垢。

　　那么，主要的美学种类是否就是上述四种呢？这是有不同看法的。例如还有把荒诞与中和单独列为基本审美范畴的，这就变成了六种：有的则把崇高与悲剧合而为一，压缩为三种；还有人构造了三个"对子"，即优美与崇高，悲剧和喜剧，荒诞与丑。我们赞同六分法，理由有三：一是荒

诞和丑都是 19 世纪末特别是 20 世纪所产生的新的美学种类。其次，关于
"中和之美"，事实上与"和谐"同类，都不过是优美这一基本范畴在中西
方美学中的不同表现形式。再次，所谓丑陋和卑下，这两者更无实质上的
差别，就以丑来概括即可。丑陋和荒诞分别是两个值得研究的较重要的美
学种类（这在现代派艺术中有最充分的表现），下面就按照对审美范畴的
上述区分对它们的审美特性逐一加以探讨。

一　优美与崇高

优美与崇高（阴柔美与阳刚美）作为审美自由的两种不同形态，其主
要区别在于：优美是对人类自由的单纯肯定，它表现为形式的和谐、宁
静、舒缓和亲切，而崇高则是在冲突中肯定人类的自由，它表现为突破形
式比例关系的宏伟、动荡、粗犷和严峻。

优美是人类最早掌握的审美种类，也是最普泛最通常的，最惹人喜爱
的美学种类之一。因此，传统意义上所说的美（beauty），往往指的是作
为美学范畴之一的优美（grace）。其实，崇高（sublime）也是美，只不
过人们对它的领悟和理论把握晚于优美，这是因为要欣赏这种不合形式规
则的严峻的美，须待人类在改造自然达到较高水平并从而在精神上发展到
一个更高阶段时才有可能。

那么，优美和崇高在形式上、内容上和性质上究竟有哪些区别和特点
呢？从美学史上看，尽管对包括优美和崇高在内的美的本质有各种谬误的
解释，但人们对优美的特征的描述比较接近，总的说来都围绕着和谐亲切
这一基本属性；但对崇高的看法却经历了一个相当长的认识过程。这种情
况不论在东方或西方都大体相同。以中国而言，虽然早在公元前 4 世纪，
孟子就提出了"充实之谓美，充实而有光辉之谓大"，隐约透露出他对优
美和崇高这两种不同美学范畴的感受，但整个说来，先秦时期人们对美的
认识主要就是以"和"亦即"中和"为特征的优美，虽然这种"中和"之
美同西方比较，有其特别注重人与人之间的伦理道德关系的特色，但与西
方强调和谐这一基本点还是相通和近似的。至于崇高美，自先秦以来就不

断地以"大"、"壮"、"'刚健"、"雄浑"来对它的特征加以描述，到 18 世纪，姚鼐则明确地将崇高与优美概括为"阳刚之美"和"阴柔之美"两大类。但应指出的是，中国的"阳刚美"或"壮美"虽然大体相当于西方的"崇高"，在内涵上却仍有一个显著的区别：西方特别强调崇高对象中的可怕因素及其与人的矛盾斗争，而中国的壮美论基本上未离开对象与人的直接统一的古典型范畴。这种情况直到王国维论悲剧时才有所变化。

　　从西方来说，第一个把"崇高"当作审美对象加以考察的是朗吉弩斯，他在承认"小溪小涧"的"明媚"即优美可爱的同时，更强调了高山大河、日月星辰乃至火山爆发时的壮观景象，使人"产生一种激昂慷慨的喜悦，充满了快乐与自豪"，他还说，如果类似的上述景象"顽强而又持久地占住我们的记忆，这时候我们就可以断定，我们确是已经碰上了真正的崇高"。[①]朗吉弩斯主要是在论文章的风格时涉及自然中的崇高，并且也未作深入分析，却颇有见地地抓住了崇高具有使人"惊心动魄"和"肃然起敬畏之情"的重要特征。但他的崇高论总的来说仍未超出"古典的和谐"的范畴，并且一直过了一千多年，到 18 世纪才引起回响和人们对它的深入探讨。在这些探讨中，美学家们特别强调崇高对象的可怕以及人们对这种可怕的对象的征服和超越，揭示出在崇高审美范畴中深刻的矛盾斗争内涵，这实际上是资产阶级革命和个性解放要求在美学中的曲折反映。近代以来，对崇高进行探讨者为数众多，但其中最重要的代表人物要数伯克和康德。

　　伯克是第一个自觉地把优美与崇高加以对比研究的美学家。他认为优美的特点在于小巧柔和。实际上也就是和谐，而崇高则相反地表现为巨大、飞动和阴暗朦胧。前者可亲，后者可怖。应该说，伯克对优美尤其对崇高特征的描述比朗吉弩斯和艾迪生等人大大前进了一步。但他从生理学角度过分强调崇高的令人畏惧的特点却带有很大的片面性。

　　康德继伯克等人后，不论在优美或崇高方面，都从哲学高度进行了前所未有的深入分析。他深刻而片面地把优美的特征归结为形式的合目的性，同时又自相矛盾地认为绝大多数的优美对象之所以美不仅在于形式而在于这形式中所体现的理性内容。尽管康德对优美的分析十分深刻

---

① 朗吉弩斯：《论崇高》，《文艺理论译丛》1958 年第 2 期，第 37 页。

独到，但其基本看法仍未超出和谐的范畴。与优美在形式上的和谐可亲相反，康德认为崇高则表现为"无形式"，实即突破了形式的一定比例关系的非传统（古典）美，即无规律、无秩序、无节制的形式，它们或者表现为体积上的"无限"，诸如高山、大海、荒漠（康德将其称之为"数量的崇高"）或者表现为力量上的"无比"，诸如急风暴雨、火山爆发等等（康德将其称之为"力量的崇高"），使人在观照它们时看似不合目的而感到惊惧，但这恐惧很快又唤起审美主体的道德力量，并进而奋力去征服对象。正是对象对人造成的这种威压而人终于很快又战胜了它的这种斗争过程，使人产生了崇高感。在康德看来，产生这种崇高感的心理内容就是作为主体的人自身的伦理道德精神以及伴随这种道德力量的胜利所产生的情感愉快。但这种崇高感之所以不是单纯的伦理快感而仍是一种美感，就是因为对象和主体并不是处于实际的利害关系和伦理行为中，对象宏伟可怕只表现为形式特征，并不在内容和实际上构成对人的威胁，人也并不一定是在实际行为中与对象发生关系，因而它仍然属于审美的范畴，即属于情感的、感性的范畴，但同优美比较起来，崇高无疑是通向伦理王国的（康德哲学的最高"目的"）最捷近的桥梁。应该说，康德对作为审美对象的崇高特征分析得很深刻，但从美的本质层次上看，它把崇高的根源归结为人的道德力量却又是主观唯心主义的。而康德以后的黑格尔和车尔尼雪夫斯基，一个从客观唯心论的理念论出发把崇高看做"观念压倒形式"，一个从机械唯物论出发把崇高归结为物本身在形式上的巨大，都不是对崇高本质的正确说明，在理论价值上也远不能与康德相比。但黑格尔关于"人化自然"的观点和车氏关于"美是生活"的论断，却显示了企图从社会实践中寻求包括优美和崇高在内的美的根源的历史唯物论的萌芽，这又比康德进了一步。

那么，优美和崇高的根源究竟何在？其特点又有什么样的具体表现呢？关于优美，我们在美的根源和本质的章节中已作过较详细的说明。这里则在必要的对比中着重分析崇高。

从历史唯物论的观点来看，优美和崇高既不是自然界本身的属性，也不是产生于人的心灵和道德世界，而是人类实践活动的产物，即人类征服自然使自然人化的结果。人类征服自然的活动是群体性的。而这种群体性的人与人之间的关系在私有制发生以后就以阶级对抗与阶级合作的形式表现出来。因此在阶级社会中，人类征服自然的活动总是既与阶级斗争又与阶级合作的实践交织在一起的。同时，征服自然的活动必须有以使用工具为中心的劳动技术为中介，而工具和操作技术的发展又有赖于科学技术的进步。因此，人类的实践活动，是以生产斗争为基础而同时包括了阶级斗争与阶级合作以及科技实验这三个方面。优美和崇高（悲剧、喜剧）都来源于上述实践活动，即来源于实践主体对实践对象的能动关系中。前已述及，从总体上和历史发展的宏观角度看人类实践活动就是一种合规律与合目的的活动，是真与善的统一。而正是这种合规律性与合目的性的统一，真与善的统一，同时也就构成了美的基础和内容，而当这种内容表现于形式并进而与人形成一种审美关系时，对象世界就以"自由的形式"显现出千姿百态的美。但归根结底，这都是由于实践对象和范围的不同，实践活动的方式不同以及实践结果及其与人所形成的具体的关系不同，便在人与对象之间所形成的审美关系中表现出种种不同的美的形态。其中优美和崇高就是"自由形式"的两种不同的具体表现。大体说来，优美是一种静态美，而崇高则是一种动态美；静态的优美所体现的是合规律性与合目的性、真与善的内容在形式中的直接统一，是现实对人类实践的直接的单纯的肯定。其显著特点是和谐可亲，因而在优美本身中是没有丑（违反规律和目的的东西）渗入其中的，丑只能在优美对象（如艺术作品）中以外在的或自身存在的形式来更加反衬出对象中优美的光辉，从而使优美对象变得更加优美。和优美不同的是，崇高则是规律性与目的性，真与善的矛盾统一，是现实在冲突和动荡中对人类实践的肯定。一方面，规律性越出常规不为人所习见，因而在刹那间它（对象本身）仿佛压倒了目的性（作为审美主体的人），从而带有明显的丑的因素，使人一时感到它可怕而难以接受。另一方面，目的性（经过短暂的抗拒和斗争）又终于战胜和驾驭乃至超越了规律性，善（主体伦理精神）征服、融合了作为丑的真，于是，那原来仿佛违反规律性与目的性的对象最终仍成为合规律与合目的的对象，真与善的对象。因此，在崇高中，主体与客体的审美关系表现出较显著的冲突和抗争的过程，因此，崇高的基本特征就表现为巨大、粗犷和严峻。从审美心理上的反映来看，崇高往往伴随某种痛感，正如康德所指出的对崇高的欣赏不像对优美那样表现为想象力与知解力（知性）自由和谐的运动，一种"无利害而生的愉快"，而是表现为想象力与理性（伦理精神）的相互斗争。因而比之欣赏优美对象时所产生的情感愉悦要强烈、深刻持久得多，这就是面对无规律的、对人的目的造成威压的崇高对象时，由于作为审美主体的人终于征服、驾驭和领悟了它，也就使人的精神力量达到了一个新的境界。崇高鼓舞人们去探索和攀登更高更美的境界，这就是"无限风光在险峰"。

优美和崇高大量且普遍地表现在美的不同存在领域中。

在社会美中，优美首先表现在人与人之间的关系的和谐和形之于外的文化教养、乐于助人、文明礼貌，以及服装和仪表上的自然、朴素、高雅；从宜人的居住条件与适当的和优雅的室内陈设到整个城市和村落建筑的多样统一，等等。社会生活中的这种种优美，其实已潜在着某种程度的崇高（高尚）。因为优美的东西（也可以说凡是美的东西）都含有净化人的灵魂、塑造人的高尚情操的引人向上的作用，这一点在艺术美和自然美中也不例外，从这方面来说，优美与崇高之间并不存在一条不可逾越的鸿沟。但优美毕竟不同于崇高，在社会美领域中尤其如此。如前所述，优美的主要特点是和谐、宁静，才使人亲近，如果说社会美中的优美的一个显著特点是既利人也利己，那么，社会生活中的崇高往往（不是绝对）表现出为了大多数人的利益而顽强搏斗和英勇献身的精神。不论面对险恶的自然环境或落后、腐朽与反动的社会力量，实践主体都因表现出一种"明知山有虎，偏向虎山行"的自觉自愿的赴汤蹈火的大无畏精神而显现出崇高美的光辉。尽管优美的东西是人类最先领悟与把握的审美对象，但究其根底，却正是人类在洪荒世界中以艰苦卓绝的劳动和难以计量的牺牲才把本来与人为敌的自然界改造为"人化的自然"界并从而使它变成可供欣赏的美的世界的，整个世界的历史，就是人类不断向自然和社会中存在的恶势力斗争的历史。但"恶"与"丑"并不是纯粹的消极力量，它既是人类社会一定发展阶段上的必然的甚至是合理的存在（如剥削制度），又起着促进社会发展的杠杆的作用。在这个意义上说，恶与丑参与了创造崇高美的活动。因为它的存在，才激发起人类在奋力拼搏中使自身的主体性创造能力得以充分发挥的可能，从而向着自由的境界不断逼近。从大禹治水，夸父逐日，到将天火带来人间的普洛米修斯和历代奴隶和农民起义，再从资产阶级革命和无产阶级的解放斗争，直至社会主义建设，在这几千年的历史长河中，都响彻着亿万劳动群众争取自由的悲壮歌声。他们当中的代表人物，例如我国近代史上的林则徐、谭嗣同、孙中山、陈独秀、邓小平、鲁迅、刘胡兰、黄继光、雷锋乃至张志新、蒋筑英和当前一些成功的或不幸失败了的改革者都是在极其严酷的环境中或极端困难的条件下英勇献身的英雄，他们的形象不但充分体现了伦理上的"不朽"，同时也显现为美学上崇高的"永恒"，激励着无数的后来者为实现我国社会主义现代化，为革除千百年来的积弊，为振兴中华，为使我们这个古老民族得以立于世界民族之林而奋勇前进。当前社会上弥漫着某种拜金主义和市侩精神，各种腐败现象也在毒化着人们的心灵，因而，我们现在更加需要高扬这种伦理上和美学上的崇高精神！

在自然美中，优美和崇高同样有着普遍的表现。如果说，在社会美及其优美与崇高的不同形态中善的（合目的性）内容相对突出，那么，在自然美及其优美与崇高的不同形态中则是真的形式（合规律性）相对突出。以真的常规形式直接表现善的（即单纯的合规律与合目的），一般来说就构成优美，而以非常规的真的形式间接表现善的（处于矛盾冲突状态中的合规律与合目的性）就构成崇高。

优美的对象数不胜数，举凡大自然中一切具有亲和性的对象，诸如湖光山色、水面落花、和风丽日、晚霞疏钟、橙黄橘红、好鸟枝头，乃至窗前疏枝、案头盆景、园中花卉、地上小草……都以其各自独特的情韵在与人的特定关系中不断释放和反馈着优美的信息。它总的表现为和谐、宁静、亲切，但与社会美中的优美相比较，它既不涉及人际关系，也不直接表现为对审美主体具有突出的实用功利内容，而是以其合乎规律（即自然生动与合乎传统的比例与尺度）而符合人们的欣赏习惯，符合人的无目的的目的从而被主体所接纳和欢迎，使人不由自主地、情不自禁地与对象融为一体，处于一种物我两忘的审美愉悦之中。自然中的崇高在形态上同样与优美相反，它宏伟、险峻、飞动，诸如崇山峻岭、怪石古树、飞瀑急流、暴风骤雨、火山洪流、虎啸林莽、鹰击长空、浩瀚的大海、无垠的荒原……李白的"黄河落天走东海，万里泻入胸怀间"这两句诗大致可概括自然中崇高美的宏伟特征。和社会美中的崇高比较起来，它同样不涉及人际关系，也不像优美那样直接地表现为合规律与合目的的单纯统一，而是有明显的丑怪因素参与其中，同时，比之自然中的优美更加不具有直接的实用目的；也不像社会美中的崇高那样与悲剧性直接相通或导致悲剧性的崇高效应；而是在观照中经过"霎时的抗拒"后使人从惊讶中感受到一种超凡脱俗、精神解放的极大的壮美感和自由感，它涤除人心中的鄙吝，把人的伦理和整个精神提高到一种非凡的境界，产生全人格震颤的效应。如果说自然中的崇高也有与悲剧感相通的地方，那就在于，在这伟大、庄严和永恒的大自然面前深感个人的渺小和尘世纷扰的鄙俗可怜，进而升华为一种超越自我，"欲与天公试比高"的宏伟感，激发人的奋斗精神，与自然界和人间一切艰难困苦奋力拼搏，造福人类，从而在有限的存在的时空中实现自我的无限价值。自然美中的崇高就是以与人的这种特殊关系自然而无目的地实现着它的社会目的。

应该再次强调，自然中的优美和崇高的根源并不在自然本身或人的伦理精神中，而在于自然界的人化。要正确理解这个问题，正如在论自然美一节中已提到的，我们应把"审美关系"这一概念区分为两个层次，一个层次是作为个人对具体对象的审美关系（它以审美评价的形式表现出来）；另一个层次是作为整个人类对总体对象（整个自然界）的审美关系（它是客观存在的审美价值）。作为个人对具体对象的审美关系，客观对象的形态是不能离开以审美能力为基础的审美意识的，在这个层次上的审美关系由于必须以审美评价的形式表现出来，因而客观对象与主体意识是分不开的。一方面，个人的审美感受是对对象化着人的某种本质力量（知、情、意）的对象的形式与特质的感知和反映；另一方面，又是主体对对象在想象中的再造与创造（建构）。从哲学上说，也可以说是一种创造性反映。客体对象虽然是前提或基础，但个人的审美能力却起着主导作用。没有必要的文化素养和某种相应的审美能力，在面对自然中的优美特别是崇高时，就难以产生审美愉悦。但是，从人的整个族类与总体对象（整个自然界）这个层次上来说的"审美关系"却是一种客观社会关系。这种关系，如前面谈美的本质和自然美时所论证过的，是人在实践中同时使自然界和作为动物的人本身"人化"的结果，是人与自然经由实践这一中介所造成的客观联系，因此，从优美与崇高的根源和本质层次上而言的"审美关系"，是一种以人为核心的客观社会关系。例如，当整个自然界还是一片洪荒，整体人类还没有征服自然的实践能力之前，既不会出现优美，也不会产生崇高，只有当人类征服自然界达到一定水平，才可能在这样的基础上建立起人与自然的审美关系。也就是说，由于人的实践活动，人的本质力量（包括才智、情感、目的在内的人的自由创造能力）已经在自然中得到了对象化，自然界成为以各种形式（或和谐、宁静、可亲，或宏伟、险峻）而成为或必将成为人类征服的对象，肯定着人类实践的对象，因而从某种程度上说，实乃人类自我直观自我欣赏的表现。所以，优美和崇高，作为美的本质的具体展开，同样是两种社会性存在。而作为在具体审美过程中的个人，其审美意识之所以占有无可否认的主导地位，究其根源，也无非是对整个人类与自然之间在历史长河中所形成的审美关系在心理结构中的遗传和后天获得的结果。正是在这个意义上，美感意识在个体审美过程的关系中具有重要甚至决定性的地位。

在艺术美中，优美和崇高表现得更为深刻和完善。如果说社会美中的优美与崇高在功利内容上相对突出，在自然美中却形式（包括无规则的形式）特征相对突出，那么，在艺术美中则结合了上述两者的长处而克服了它们的局限。艺术美（特别是19世纪中叶以前的古典型或准古典型艺术）以精巧完善的形式表现了重大社会人生价值的内容，但它在形式上仿佛自然天成，在内容上一般也并不直接表现为对个人的实用功利性。它作为人类自觉精神和高度发展了的美感的物态化形式，以其似真的艺术幻境将人引向一种更加优美和崇高的境界，以最为自由的形式发挥它反映生活、表现情感和塑造人性的卓越功能。

二　悲剧

悲剧（tragic）是"指以极严肃的态度探索人在宇宙间所起作用的艺术作品，通常是戏剧或长篇小说……悲剧比其他艺术形式都更突出地提出有关人的处境的种种问题。人为什么要受苦，为什么公义如此难以捉摸"。① 但作为美学范畴，须特别补充说明的是，悲剧是现实肯定人类自由的严重形式。悲剧给人以深沉的刺激和感动，其原因就在于悲剧最集中地反映了人类在改造自然、改造社会和改造自身的斗争实践中必然要经历的磨难。因此可以说它是人类苦难的对应物，它唤醒了深沉郁积在各人内心中的阵痛和现时的忧思，以致不能不使人感慨系之了！为了说清问题，我们先得回顾一下历史上关于悲剧的几种主要理论观点。首先是亚里士多德对悲剧所下的一个至今仍有重大理论价值的定义：

> 悲剧是对于一个严肃、完整、有一定长度的行动的摹仿，它的媒介是语言，具有各种悦耳之音……摹仿方式是借人物的动作来表达……借以引起怜悯与恐惧来使这种情感得到陶冶（按："陶冶"亦可译为净化）。②

上述这段言论，可归纳为下列四个要点。

第一，"严肃"性与情节的整一性。这指明了悲剧表现的必须是具有重大意义的事件，并且是"完整、有一定长度的行动"，即经过典型化或特殊化的戏剧"情节"。亚氏认为在悲剧中"最重要的是情节，即事件的安排"，"情节乃是悲剧的基础，有似悲剧的灵魂"。③ 亚氏把"性格"与"情节"作了某种分离的理解，表明他还没有看出两者之间的内在联系，情节实质上是性格的历史。但他对"情节"在悲剧中的重要作用，也有其卓见，因为"性格"也可以通过静态的描述或心理的分析加以刻画；而作为戏剧的悲剧则必须以动作、行动的表演才能产生良好的效果。因此，他理所当然地强调只有靠情节即悲剧主人公的行动向不幸方向的"突转"（如"由福转祸"等）和"发现"（例如悲剧主人公突然或偶然发现自己的"过失"的原因及其无可挽回的可怕后果），才

---

① 《简明不列颠百科全书》第一卷，中国大百科全书出版社 1985 年版，第 575 页。
② ［古希腊］亚里士多德：《诗学·诗艺》，人民出版社 1962 年版，第 19 页。
③ 同上书，第 21、23 页。

能造成惊心动魄的审美效果，否则就不成其为悲剧（如虽经磨难但终于苦尽甘来的"大团圆"式"突转"）。特别应该指出的是，亚里士多德还指明了"情节"及其"突转"和"发现"必须根据"必然律和可然律"来"安排"或"布局"，这样，他就在历史上第一次意识到了包括悲剧在内的一切文艺作品都是在偶然的东西中体现了某种带规律（即"必然"）性的内容，从而用科学的"必然性"观点取代了古希腊悲剧中传统的"命运"即宿命论的思想。

第二，亚里士多德明确规定了悲剧主人公必须是正面人物；他们可能是与我们普通人相似的"好人"，或有缺点错误的英雄，但绝不是完人和圣人；否则就难以造成悲剧和产生悲剧的效果。这仍是一种敢于面对实际人生的艺术真实论，直到今天仍对我们的文艺创作特别是悲剧艺术有重要参考价值。

第三，以"怜悯"、"恐惧"为基础的"陶冶"（净化）说，是亚里士多德悲剧论的核心。我们撇开西方在这两个关键词上众说纷纭的烦琐考证和汗牛充栋的论著，就一般比较公认的看法而论：多数学者都承认，它们的确是造成悲剧审美效果的最重要的心理因素。亚里士多德在这里实质上开始触及悲剧的审美本质，即在怜悯和恐惧这种对立统一的心理状态中把人的情感陶冶得更纯净、更高尚（崇高）。那么，怜悯的实质是什么呢？它就是一种同情，"怜悯的实质是自谦的需要，是与别人同患难的强烈的愿望"。① 作为人民群众的一般观众的怜悯，自然只能施之于悲剧中的正面人物，从而表明了他们对为正义行为（善）而受难的人们的爱。但是光有怜悯并不足以构成悲剧和产生悲剧效果，还必须同时有"恐惧"的因素。恐惧是对可怕事物的心理反应；但对作为审美对象的悲剧所产生的恐惧，并不同于日常生活中的恐惧。在后一种情况下，只会产生单纯的逃避的消极反应，但在观赏悲剧时，它在产生排斥（痛感）的同时更产生一种又怕又爱的吸引力，即类似康德论崇高时所说的那种"消极的快感"。为什么会如此呢？因为观众的这种恐惧感

---

① ［法］柏格森：《意识的直接材料》，转引自朱光潜《悲剧心理学》，人民文学出版社1983年版，第77页。

不只来自对悲剧中的恶势力自身，更来自这种恶势力对悲剧主人公的折磨和毁灭；但另一方面，这种恐惧感却又因怜悯、同情悲剧主人公那种敢于承担甚至反抗由恶势力所造成的不幸命运的坚毅精神所中和、战胜，人们终于在这种怜悯与恐惧的对立统一的心理状态中产生极大的震动，从而使自己的情感和灵魂在搏斗中得到了净化或陶冶，它涤除着人心中卑微可鄙的东西，激发着人们的正义感，使人"见贤思齐"，不知不觉地把自己的感情陶冶得更纯净、更崇高！

第四，悲剧在艺术形式上必须具有完美的语言、逼真的摹仿（表演）、"悦耳"的节奏和音乐，以增加情趣，使悲痛感不致成为纯消极的东西并促使它向审美的境界升华。

亚里士多德以后对悲剧理论作出最大贡献的是黑格尔。他明确地指出了悲剧的基础是两种对立的伦理观念（按：实际上就是两种对立的社会实体）的斗争，这就是他的著名的"冲突说"。但黑格尔又认为冲突双方并非善与恶的斗争，而是各自都是"普遍力量"（作为绝对真理的"理念"）在进入现实生活以后的一个片面代表，他们在冲突中各自都坚持自己合理的那一面而互相否定，这就造成了悲剧的结局。但这悲剧冲突的结果却是两种片面的善的否定之否定，悲剧人物双方最后虽然都遭到了重大牺牲乃至同归于尽，但他们各自所代表的片面的真理原则却通过斗争而达到"和解"。这样，黑格尔在事实上就把悲剧冲突双方都看成了善的代表；而悲剧的审美效果就是从这冲突双方最终（以死亡为代价）的"和解"（对立统一）而显示出来的"永恒正义的胜利"。①

把黑格尔与亚里士多德作一个对比，我们就可以看出：后者侧重于从伦理的角度来揭示悲剧的本质和审美效果；而前者则着重从历史的特别是认识的角度来揭示悲剧的本质和审美效果。从对悲剧本质的认识来说，黑格尔比亚里士多德深化了一步，他事实上看出了悲剧的基础是两种对立的社会力量的必然冲突（尽管他用的是唯心主义的语言），并且深刻地分析了悲剧的历史内容和巨大的认识价值，这在美学史上有不可磨灭的功绩。但是他把悲剧冲突双方的斗争看成是善与善的斗争（尽管

---

①　黑格尔用以证明自己观点的实例主要是古希腊悲剧，特别是索福克勒斯的《安提戈涅》。

他认为双方也各有"有罪"的一面），这在某种意义上说又比亚里士多德后退了一步；特别在悲剧何以能够产生特殊的审美效应方面，他主要是对悲剧所表现的历史必然性的认识价值特别感兴趣。把规律性强调到过分绝对的程度，就必然导致忽视个体和偶然因素在赋予悲剧以审美情感价值方面的重要作用，所以，他对悲剧本质的某种深刻理解以及带有乐观主义色彩的论述就遭到了以叔本华和尼采为代表的悲观主义的批判。

　　叔本华的悲剧观是建立在把客观世界当作人的意志和表象的主观唯心主义基础上的。人的意志（欲望）行动，使人永无休止地追逐功名利禄，但永远也得不到满足，因此人生必然充满痛苦的挣扎，人生就是一个大悲剧。怎样摆脱这种痛苦的人生悲剧呢？他认为唯有在审美静观特别是通过对悲剧艺术的表象（形象）的观照，忘掉由盲目的意志追求所造成的人世纷争与烦恼而从中解脱。从上述基本观点出发，他批判黑格尔教人从悲剧中寻求"永恒正义"是根本不懂得悲剧的本质，因为悲剧充分表现了人间生活根本不存在真理或正义，悲剧的审美价值就在于教导人们深刻地领悟人生的痛苦从而主动地退出人生舞台，这就是所谓"苦海无边，回头是岸"。因此，在叔本华看来，悲剧的本质就是苦难的象征，它的审美价值也就在于使人从感受这种苦难中产生恐惧而乐于"退让"，进入一种摆脱名缰利锁的精神自由的闲适境界。叔本华引证了许多悲剧人物，如《浮士德》中的玛甘泪，《哈姆雷特》中的丹麦王子等来论证他的关于人生之所以充满罪孽（基督教的"原罪"），就是由人生而有欲（意志）的结果；然而，悲剧的作用却能使人从芸芸众生的痛苦纷争中得到解脱，使人通过观照和领悟人生的苦难而自觉超越它们，而悲剧之所以产生崇高感，正是由于它使人领悟并超越苦难所产生的一种精神愉快。因此，他得出结论：人们在对悲剧的观照中从噩梦中醒来，从而把人的精神提高到超越了以生存欲望为基础的利害冲突之上，使"作为意志的清醒剂而起作用的认识带来了清心寡欲，并且还不仅带来了生命的放弃，甚至带来了整个生命意志的放弃。所以我们在悲剧里看到那些最高尚的（人物）或是在漫长的斗争和痛苦之后，最终永远放弃了他们此前热烈追求的目的，永远放弃人生的享乐；或是自愿的，乐于为之而放弃这一切"。从而达到与世无争的和谐宁

静的心境。^① 这就是叔本华关于悲剧及其审美价值的"退让说"。十分明
显，这是掺和了佛教和基督教的虚无主义与悲观主义的一种反理性主义观
点，是对亚里士多德的"净化说"与黑格尔"永恒正义胜利说"的否定和
反动。实际上，真正的悲剧艺术绝不是宣扬和引导人们"退让"，相反，
倒是使人从悲痛中振奋起来。不过，在叔本华的荒谬理论中仍包含某些可
供批判参考的成分。悲剧的确也可起到使人从庸碌烦琐的功名利欲中得到
"净化"或"退让"的作用。爱因斯坦有时喜欢读叔本华的书，但并未走
向悲观厌世，却加强了他宽容与幽默的乐观主义态度。他有一句名言：
"人们只能做他所要做的，却不能要他所想要的。"这话对于许多热衷于个
人名利而不择手段的人来说，不也是一帖清凉剂吗？

　　叔本华的悲剧观被其崇奉者尼采所继承和发展。但尼采在认定悲剧表
现了本来就是一场痛苦的噩梦的人生时，却并未像叔本华那样完全采取
"退让"和逃避的态度，相反，却提倡在观赏悲剧时的一种超然的乐观奋
进的态度。为什么需要和可能采取这种态度呢？因为在尼采看来，整个人
类历史和现实的人生都充满了残酷的压迫、征服、流血和无穷无尽的苦
难，道德（善）在历史发展中是没有地位的。在观赏悲剧时采取一种纯道
德的态度也就是不足取的；因为不管历史和现实的人生充满了多少的
"恶"，它毕竟存在并且不断发展。悲剧不过是把作为原始情欲及摆脱（亦
即满足）这种情欲折磨的痛苦的"酒神精神"（作为人的原始欲望的野蛮、
狂放和沉醉），给予美丽的形象装饰使之体现在成为一种可供静观和欣赏
的"日神精神"之中。因此，悲剧的本质就是人生痛苦的形象化，用尼采
的话说，就是作为抒情诗（包括音乐精神）最高表现的"酒神精神的日神
化"，它的审美特质就在于使人在静观（旁观）这悲剧所反映的人生苦难
中，认识到人生就是在一种永恒痛苦中不断变幻的大梦，从而得到一种
"玄思的安慰"——"在形象中得到解放"！忘却现实的苦难而振奋起来，
无可奈何而又痛痛快快地活下去！^②

————————

　　① ［德］叔本华：《作为意志和表象的世界》，石冲白译，杨一之校，商务印书馆 1982 年
版，第 351 页。

　　② 伍蠡甫主编：《西方文论选》（下册），人民文学出版社 1964 年版，第 353—364 页；朱
光潜：《悲剧心理学》，第 144—153 页。

尼采对悲剧的上述看法，显然是建立在他的"超人"哲学基础之上的。它否定了历史是不断向"善"发展的基本趋势，而把"恶"在历史上的作用绝对化了，他鼓吹人们抛弃一切使自己变得"软弱"的道德考虑，而不顾一切地去作"恶"。因此，这是一种反理性主义的哲学。但我们历来只严厉批判尼采哲学消极的一面，而没有注意到在尼采鼓吹"重新估计人生价值"的言论中事实上也包含着对统治阶级和基督教文明的罪恶和伪善的批判成分。大家知道，正是在这后一种意义上，鲁迅曾经把尼采看成是"轨道（按：统治阶级秩序）破坏者"。

如果说叔本华和尼采针对黑格尔的以理性主义为基础的乐观主义，对悲剧进行了悲观主义的和反理性主义的解说。那么，车尔尼雪夫斯基则从革命民主主义立场出发，对黑格尔的悲剧论进行了批判，并对悲剧作出了革命的乐观主义的解释。他的主要功绩首先在于把黑格尔建立的唯心主义基础上的悲剧观挪回到了唯物主义基础上，从"美是生活"的基本意义出发，指出了黑格尔悲剧观中的"理念"（"永恒正义"）实质上等于宿命论式的"命运"。这样，车氏事实上也等于对叔本华和尼采的悲观主义进行了批判。车氏认为，"悲剧是人的伟大痛苦或者是伟大人物的灭亡"，[①] 对悲剧的审美效果，他虽然基本上沿用了亚里士多德的以"怜悯"和"恐惧"为基础的"净化"说，但他没有强调造成悲剧主人公不幸结局的"过失"说，尤其反对黑格尔认为悲剧主人公都"有罪"的观点。从后一方面说，车氏的看法不但直接是从反对沙皇专制制度的革命立场出发的，而且也是对悲剧主人公的合乎情理的正当辩护。但是车氏在批判黑格尔的宿命论和强调"人定胜天"的革命乐观主义时却走到了另一个极端：过分注重偶然，否定了产生悲剧的必然性（规律性）基础。这样，他就在这个关系到悲剧本质的根本问题上比亚里士多德特别是黑格尔大大后退了一步。这一点，也就使他虽然较明确地把悲剧与崇高联系了起来，但对悲剧的具体审美特质仍不可能发挥更多的新意。

马克思、恩格斯从历史唯物主义的观点出发，揭示了悲剧冲突的本质即悲剧发生与发展的必然性（规律性），这集中表现在恩格斯把悲剧的社

---

① 车尔尼雪夫斯基：《美学论文选》，缪灵珠译，人民文学出版社 1957 年版，第 109 页。

会本质扼要地概括为"历史的必然要求和这个要求事实上不可能实现的悲剧冲突"。这虽然忽略了偶然性在悲剧中的重要作用，并且也还不是对悲剧的完全准确的定义，但仍对我们有参考价值。所谓"历史必然要求"，主要指符合历史发展规律并正在成熟的改革和革命的愿望与要求，例如16世纪的德国农民战争，李自成、洪秀全乃至巴黎公社革命这样的历史悲剧。在艺术作品中则表现在诸如《哈姆雷特》（莎士比亚）、《强盗》（席勒）、《浮士德》（歌德）、《红楼梦》（曹雪芹）、《英雄交响曲》（贝多芬）、《加莱义民》（罗丹）之中。此外，"历史的必然要求"还包括那些尚未成熟甚至是超越了历史发展的早熟要求，但它们仍然在相当程度上反映或代表了人民群众的愿望，例如中外历史上那些虽然"知其不可为而为"的英雄行为，某些人民的起义活动乃至普通群众为争取人道待遇而矢志不移、以身殉志（情）的悲剧。在艺术作品中，中国的《孔雀东南飞》、《梁山伯与祝英台》、《水浒》乃至《三国演义》等都属于这一类。但是，以上两类"必然要求"都因客观条件的制约、旧制度尚有其存在的合理性以及悲剧主人公们自身的局限（"过失"）而"事实上不能实现"，这就是亚里士多德到黑格尔都不曾了解的造成悲剧的最深刻的社会历史根源，亦即悲剧的本质所在：在善与恶的斗争中，恶作为一种巨大的历史力量毁灭了作为善的代表人物：规律性压倒了目的性。然而，悲剧的客观实际效果却并不形成对"恶"的肯定，相反，恶以自身的反正义行为事实上在暂时的或表面的胜利中否定了自身，从而反射出善的不灭光辉。因此，从哲学上看悲剧的本质就表现为在善恶斗争中对人类实践所进行的否定之否定——这就是悲剧艺术肯定自由的方式。

但恩格斯将历史上所发生的悲剧过多归结为必然，而国内长期以来论悲剧时却几乎完全忽视了偶然（性）及其在历史和悲剧中的发生原因。马克思、恩格斯都十分重视偶然，并指出个人的性格、天赋、素质以及微不足道的其他因素有时都可能影响历史的进程，造成包括悲剧在内的无法改变的种种后果。例如，太平天国如不决策失误（不北伐而西征）就极有可能直捣北京取得胜利；又如洪秀全不杀杨秀清等就不致引起不可收拾的内讧而最后走向失败。再如1917年的俄国十月革命的胜利就带有偶然性，据现在公布的档案材料和回忆录，当时俄国正处于十分软弱混乱的境况，但资产阶级临时政府仍有相当力量，在这种情况下坚决主张起义夺取政权的只有列宁、托洛茨基等少数人，连斯大林也是持消极甚至反对态度的。但由于列宁等人的坚持终于决定起义并夺取了政权。问题很明显，列宁等人是抓住了最佳时机而进行了带有冒险性的革命行动。能取得胜利显然就有一定的偶然性，如果没有列宁这样的革命领袖（这也带有偶然性），十月革命就未必会发生，发生了也未必就会取得胜利，在胜利后的长时期内，如果没有斯大林的极"左"政策和经济的极不发达，苏联也未必就会这样迅速的崩溃。再以辛亥革命为例，如果当时武昌的清政府官员不逃跑，革命军也未必能站稳脚跟并在全国引起那么迅速的"多米诺"效应。可见历史并不那么绝对必然而是充满偶然性的（自然不能因此否定必然性），至于人民群众和无数的个人（包括英雄和凡人）所遭遇的悲剧更是充满偶然性的。因此，通过对必然与偶然的关系的深入研究，将使我们的历史学和悲剧理论大大提高和深化。同时也警醒和启迪着现实中的个人要尽可能避开过失或抓住机遇——它们是无处不在的偶然。关于偶然性在历史上所起的作用，马克思曾十分明确的指出："如果偶然性不起任何作用的话，那么世界历史就会带有非常神秘的性质。"[①] 恩格斯也说："人们自己创造着自己的历史，但直到现在为止……他们的意向是互相交错着的，因此在所有这样的社会里，都是那种以偶然性为补充和表现形式的必然性占统治地位。"[②] 李泽厚特别强调偶然性也是对必然性的补充，其实恩格斯早已指明。但如前所述的恩格斯所说的悲剧是"历史的必然要求……"的论断却不免有些绝对，因为不论在生活（历史）中和文艺中，悲剧及其发生并不那么"必然"和绝对，而也可能是纯粹的偶然。因为偶然既然不只是"必然"的表现而同时还是必然（规律性）的"补充"，那偶然就具有相当的独立性，并不一定与必然性相关。否则，人生及其可能发生的悲剧不就完全是一种"宿命"（论）了吗？因此，悲剧也可能表现为纯粹的偶然和这种偶然出现的"可能性"，它充满了人生和历史，这才是对"必然"的"补充"。它也许同样具有深广的意义，并且同样甚至更加使人"怜悯"和"恐惧"，这就是所谓的

---

① 《马克思恩格斯选集》第四卷下，人民出版社 1972 年版，第 393 页。
② 同上书，第 506 页。

"命运"！也正因如此，人类就应更好的发挥自己的"主体性"的能力，尽可能把握住自己的"命运"从而把这种偶然性的悲剧减少到最低限度。正是在这个意义上，李泽厚强调"补充"也确有见地。

那么，悲剧的审美特性有什么具体特点呢？

悲剧的审美特性具体表现为下列两点：对真与善的热情探求（相对侧重于作为审美对象的悲剧艺术本身）和对人的心灵的净化（相对侧重于审美主体）。先说第一点。作为悲剧基础的"历史的必然要求和这个要求事实上不能实现之间的冲突"，是人类进入阶级社会后必然产生并不断重演的"悲剧性冲突"。作为有规律性的历史必然最终都会有所体现；人类在这个过程中，每向目的（一定历史形式的自由）迈进一步都要付出很大的甚至极惨重的代价。在这个意义上说，历史既是无情的（充满了"恶"）又是有情的（不断发展为更高的"善"）。悲剧艺术正是通过一定历史时期的规律性（例如封建社会的规律）暂时压倒目的性（例如农民或新兴市民的要求）的矛盾冲突和充满了整个人类历史的和难以预测的偶然（事件），深刻地反映了历史发展中的巨大悲剧性质。作为善的代表人物暂时被毁灭了，但他虽死犹生，精神不朽；恶势力虽然制造了巨大的灾难，但它也难逃其本身"多行不义必自毙"的惩罚，他们虽生犹死！看来，以往数千年的人类社会不过是以后真正人类理想社会的"史前时期"，这本身就是一个大悲剧。而敢于直面这残酷的人生者，不论他所代表的是已经成熟或尚未成熟的"历史的必然要求"，或因各种原因所造成的偶然性结果，都是在一种舍生忘死的刚毅行为中显现出崇高美的光辉。因此，悲剧的审美特征突出地体现为人类对真理的探索和对伦理目的的追求相互交融的激情状态。悲剧艺术启发人们思索通向自由善境的必由之路，鼓舞人们振奋起来，不要被苦难和牺牲所吓倒！因此，悲剧中的正面人物虽然毁灭了，但他们所代表的正义和人道主义理想却是长存的。

悲剧所反映的历史上的善与恶（正义与邪恶、必然与偶然）的矛盾冲突在观众（读者）心理上突出地表现为亚里士多德所说的"怜悯与恐惧"，即同情与畏惧的对立统一。但是正像悲剧本身中的善恶斗争并不是一种简单的，而是体现在一系列由若干复杂内容和表现形式（如情节结构、艺术语言、形体动作乃至舞台布景……）所构成的一种典型的艺术形象整体一样，它在心理上引起的两极对立统一反应，也是在调动了人的全部心理功能基础上产生的，它使人的道德的、认识的、情感的心理功能全都处于非常活跃与激荡的状态，使作为人生和艺术永恒主题的"爱与死"在历史的具体形式中得到最深刻的表现，进而升华为一种"我不入地狱，谁入地狱"式的以天下为己任的崇高精神，产生极为强烈的怡神悦志的最高审美愉快。悲剧之所以比任何艺术种类和审美范畴具有更强大的艺术魅力和审美效应，显然还有其社会生物学方面的根源：人的命运的难以预测，生命的短暂（必有一死），生存的偶然和艰辛，幸福与自由的难以企求，情欲动荡所带来的无穷烦恼和负罪感——希伯来文化和基督教文化正是深刻地抓住了人类这种与生俱来的痛苦（所谓"原罪"），才向人们提供了信仰上帝从而获得"拯救"（calling）的道路。这一切，给西方的悲剧艺术注入了浓重的阴影，又使它具有了东方艺术所缺少的超凡脱俗的外在超越性。正是由于悲剧最集中地反映了人生的苦难和对这种苦难的抗争，深刻地揭示了由这种苦难现实所造成的隐伏和积淀在人类心灵深处的错综复杂的矛盾、痛苦与摆脱这种苦难处境的强烈愿望，所以悲剧才成为最崇高的艺术品类。悲剧是人类苦难生活和对这种苦难的否定行为在心灵上的最深刻的对应物。古往今来，那些最伟大的悲剧之所以能以那样强烈的艺术魅力激动着一代又一代的读者（观众），其根本原因也在于此。在具有"乐感文化"传统的中国，虽然没有西方那样发达的悲剧艺术，但从屈原到唐宋诗词和《桃花扇》、《红楼梦》等明清小说，也大多渗透着一种壮志难酬、人生如梦、流光抛人、慷慨悲歌的苍凉感。《红楼梦》这部作为中国古典文学光辉总结的巨著之所以产生那么强大的审美效应，正在于它准确、深刻地反映了那个时代的基本矛盾和正在形成的新思潮的某种萌动，描写了一曲少女生命和青春美的毁灭，把真假、美丑、善恶的矛盾冲突表现和融化在灵与肉、爱与恨、色与空、好与了、理想与现实、出世与入世等丰富的人生体验之中。在这里，时代风貌、人生经验、禅宗哲理与诗情画意达到了最完美的结合。它的卓越艺术技巧（包括言语等形式因素），把上述诸因素几乎天衣无缝地集中为意蕴无穷的悲剧冲突。《红楼梦》使我们在对极其丰实的人生体验的观照中来感受"悲凉之雾，遍被华林"的巨大时代悲剧。这样，它所产生的审美效应，就调动了人的以怜悯和恐惧为中心的全部心理功能，并在感伤和悲愤中升华为一种特殊的优美感和悲剧感。在《红楼梦》特别是其中的最重要的主人公如贾宝玉、林黛玉等人身上，我们几乎不断地、丝毫不差地听到了哈姆雷特的著名提问：生存，还是毁灭，这是一个问题！《红楼梦》和《哈姆雷特》所反映的巨大的思想深度和朦胧地意识到的历史内容以及它们的莎士比亚—曹雪芹式的情节的生动与丰富性，不正凝聚在这句对人生的根本性问题的提问中吗？它是多么深刻地体现了对特定时代和人生的怀疑、忧郁和犹豫，却又是多么执著而顽强地体现了他们的不满、追求与抗争！是的，正是旧私有制社会使人在感性和理性两个方面都同时发生了异化。人不但不认识他生存的环境了，而且也迷失了自己的本性！在这样的社会中，人生还有意义吗？人还值得活下去吗？也许，歌德的《浮士德》对这个问题作了最好的回答：值得！但这个"值得"活下去的决心与行动是要付出巨大的代价的，它只能在一系列的悲剧冲突中以顽强的奋斗来走完这人生的旅程，最后才能达到灵魂的飞升。作为悲剧的《浮士德》的审美价值和效果并不是简单的善恶冲突的形象演绎，而是在这一基调中交织了几乎一切人生体验的生活的海洋。主人公浮士德在这个"永恒的海洋中"表现了一个"有光辉的生长"过程，他在经历了学术悲剧、爱情悲剧、政治悲剧、美的悲剧以后，终于在填海造陆，为千百万人建造理想国的实践中找到了作为真与善结合的最高形式的美，尽管他的事业也以悲剧告终，但这却是立下了永垂不朽的德行、功业和言教的悲剧——乐观的悲剧！哈姆雷特和贾宝玉等人虽然没有浮士德那样顽强和幸运，然而他们仍然属于"太上立德"——审美中的正义者们的行列！

综上所述，悲剧的审美特性就在于通过善与恶的斗争，最深刻、最集中地表现了人生的苦难和对这种苦难的抗议，"悲剧把人生有价值的东西毁灭给人看"（鲁迅语）的同时，使人在同情与恐惧的对立统一中，受到"全人格的震颤"，激励人们为自由而斗争。悲剧净化着人性中一切卑微的东西，它使我们的灵魂升华到悲壮的崇高境界。

作为审美自由中的一个基本范畴，悲剧还可从不同的角度划分为不同的种类系列。例如从悲剧本身的历史发展着眼，可分为"命运悲剧"（古希腊型）、"伦理悲剧"（古典主义型）、"性格悲剧"（文艺复兴型）、"环境悲剧"（近代型）和"心灵悲剧"（现当代型）。从悲剧的效果来划分则可分为悲壮型、悲愤型和悲悯型。从内容的实质来划分，又可分为新事物的悲剧（这是悲剧的主流）和旧事物的悲剧两大类。而后者又可分为两种，第一种是在新旧斗争中尚有一定存在理由的旧势力及其代表人物的悲剧（如《桃花扇》）；第二种是两种以上的旧势力（往往表现为统治阶级内部的矛盾）都各有其存在理由，而其中一方由于"过失"而遭到毁灭（如《济金根》中的同名主人公，《三国演义》中的刘备、诸葛亮），它们都具有不同程度的悲剧性。以上诸种分类法都有一定道理，即都在一定程度上符合"悲剧"这个概念。但都具有相对性。此外，我们觉得，还可以按照悲剧主人公的性格将悲剧划分为英雄悲剧、凡人悲剧和强人悲剧三大种类。英雄悲剧是悲剧的正宗和主流（从古希腊的《普洛米修斯》、《安提戈涅》到文艺复兴的《哈姆雷特》、《奥赛罗》、18、19 世纪的《浮士德》和若干浪漫主义作品乃至贝多芬的音乐如《英雄》、《命运》和罗丹的雕塑，等等），它深刻地体现了人们探索真理与追求崇高道德境界的英雄主义精神。至于凡人悲剧主要以表现普通人或"小人物"的遭遇为内容，这在19 世纪以来的批判现实主义和某些现代派作品中（如荒诞派、黑色幽默等）都占有突出的位置，它的思想内容和审美价值往往比英雄悲剧更加丰富和深刻，因为它是最贴近现代人的，它提出了与现代人的生存和命运息息相关的重大问题，更为发人深省。第三种悲剧即强人悲剧，这已经超出了亚里士多德对悲剧的传统规定，其主人公并非"好人"但亦非天生的恶棍，例如《马克白斯》中的同名主人公和《静静的顿河》中的格里戈里，通过他们从一个有建树、有才华的强人如何由于各种原因而走上邪路，最后"多行不义必自毙"而自取灭亡的过程，同样可以在震撼人心的情感形式中体现出深刻的审美性内容。

　　最后，悲剧还应分为旧时代的悲剧和新的即社会主义时期的悲剧。社会主义时期仍存在悲剧已是无可否认的事实。从理论上说，社会主义时期的悲剧艺术的悲剧根源也不仅仅是因为还有旧文化的残存；这种悲剧还往往是在"革命"的名义下发生的。其情节的复杂性和思想的深刻性绝不亚于旧时代的悲剧。例如《日瓦戈医生》、《阿尔巴特街的孩子们》、《绿化树》、《血色黄昏》，等等。当前，金钱和权力的交易，遍及全国的腐败现象和严重的社会不公将会导致什么样的后果，真是让人担忧！那么社会主义时期的悲剧究竟要怎样才能体现出和旧时代悲剧在性质上的不同呢？这还是一个令人深思的问题。也许，不同的只是在表现形式方面吧!？是否艺术家自觉意识到这悲剧的根源是可以逐渐消除的就能写出真实的悲剧呢？看来这需要有胆识。在我国或其他一些国家都纷纷掀起的改革浪潮中，新与旧、真与假、善与恶的矛盾冲突在某种意义上说，是更为普遍而深刻的，情况也更为错综复杂。如何反映初级社会主义阶段生活中也必然存在的悲剧，鼓舞人民为一个更为公正和美好的前景而斗争，这只有寄希望于艺术家们的天才、智慧、良知和胆识了！

三 喜剧(滑稽)

喜剧（comic）的特征在于它的可笑性，从哲学层次上看，喜剧的本质既不像悲剧那样表现为善恶斗争的严重冲突，也不像优美那样显现为排除了丑与恶的单纯的和谐，而是由无力为害的恶转化为丑的一种自我否定，是现实肯定人类实践自由的一种轻快形式。如果说丑与崇高的联系在于它不合"尺度"（宜人的规则），而使对象表现出一种强力和险怪，在审美观照中引起惊赞感；那么，喜剧中的丑的显著特点则突出地表现为违背生活的常规而又自命不凡，因而产生滑稽或可笑性（在审美主体的反应中就是笑）。因此，喜剧的本质和审美属性同丑与笑就密切相关。

最早对喜剧研究作出了重要贡献的仍是亚里士多德，他在《诗学》第五章中指出：

> 喜剧所描摹的是比一般人较差的人物。"较差"并不是通常所说的坏（或恶），而是丑的一种形式。可笑的对象对旁人无害，是一种不致引起痛感的丑陋或乖讹。例如喜剧演员的面具既怪且丑，但不致引起痛感。①

---

① ［古希腊］亚里士多德：《诗学》第五章，罗念生译，人民文学出版社1982年版，第16页。此处采用朱光潜译文。

这段论述事实上说明了丑之所以能成为喜剧的内容和具有可笑性的两个重要条件：第一，喜剧中的丑已经是一种无力为害的恶；第二，这种不致引起痛感的丑还须表现为一种"乖讹"（亦可译为"错误"），即荒谬悖理性。亚里士多德所指出的喜剧中的丑的这两个特点，是对他的老师柏拉图的批判继承。柏拉图不但反对悲剧，更反对喜剧，认为喜剧所引起的笑是本应消除的人们的一种"幸灾乐祸"的心情；但他也看出了喜剧中的可笑性根源于形式与内容的矛盾，指出了凡"不美而自以为美，不智而自以为智，不富而自以为富，都是虚伪的观念，这三种虚伪观念，弱则可笑，强则可憎"。① 亚里士多德抛弃了他老师"幸灾乐祸"的谬说，但吸取了笑在喜剧中的重要性的合理见解，并进一步把喜剧中的可笑性与丑明确地联系了起来。根据上引亚里士多德的那段言论，喜剧中的丑虽然已不表现为给人造成痛苦的恶，但事实上丑仍是一种无力为害的恶的蜕变形式，当它表现为一种无自知之明的"不美而自以为美"的"乖讹"即荒谬悖理性，从而当众出"丑"时，就具有了滑稽可笑性，并在欣赏者的反应中引起笑的效果。可见，丑成为喜剧性的审美基础是有条件的；如果丑还是一种强大有力的东西，或者被表现为一种并非"乖讹"而是正常的、可爱的东西时，它就不但不具有喜剧的审美特质，而且甚至根本不具有审美属性。因此，我们不赞成一般地把丑说成是喜剧的"本质"。有人援引车尔尼雪夫斯基"丑乃是滑稽的根源和本质"来支持"丑是喜剧的本质"的观点，但车氏接着就进一步解释说：丑并不是无条件地可以构成喜剧性的，"只有当丑力求自炫为美的时候，那个时候丑才变成了滑稽"。② 此外，一般地把丑看成是喜剧的本质，尤其无法解释在传统的（讽刺）喜剧以外的歌颂型喜剧和幽默喜剧乃至闹剧。并且，自 19 世纪末以来，丑已发展为一个独立的审美范畴了（详后）。

那么，不美而自为美并从而在行动中显出其荒谬悖理性的丑，为什么

---

① ［古希腊］柏拉图：《文艺对话录·斐利布斯篇》。转引自《朱光潜美学文集》第一卷，上海文艺出版社 1982 年版，第 263 页。

② ［俄］车尔尼雪夫斯基：《美学论文集》，缪灵珠译，人民文学出版社 1957 年版，第 111 页。

具有可笑性并引起人们的笑呢?

西方近代美学曾对此作过长时期的理论探讨。它们在不同程度上对柏拉图特别是亚里士多德的论点有继承关系。近代对喜剧性的笑作过较有价值的探讨的首推英国的霍布斯,他在《论人类情感》一书中指出,人们之所以见到滑稽的事物而发笑,主要是由于发笑的人在心理上和精神上突然发现了自己比可笑的对象优越,因此,他认为笑的特征就是"一种突然的荣耀感"。他说:"凡是令人发笑的必然是新奇的、不期然而然的",其根源就是"在见到旁人的弱点或是自己过去的弱点时,突然念到自己的某优点所引起的突然的荣耀感觉"。① 这里,霍布斯不但从审美心理学的角度指出了喜剧性的笑根源于审美主体比对象优越,而且抓住了这种笑的特点是一种不期然而然的"顿悟"式的心领神会。显然,他对笑的这一看法比柏拉图和亚里士多德更加具体和深入。但霍布斯的看法却遭到了康德的反对。康德在《判断力批判》一书中认为,喜剧性的笑固然带有不期然而然的特点,却并非是一种"荣耀感",而是某种意外的突然失望感,即"一种紧张期望的突然消失"。他举了一个著名的例子来证明自己的看法:一个印第安人在一次酒会上看到从刚刚打开的啤酒坛中突然喷出高高的泡沫时,他发出惊呼。当别人问他为什么惊呼时,他出人意料的回答说:坛子里喷出泡沫倒不令人惊讶,奇怪的是它们事先是怎样被装进去的!康德指出,人们在听了这样的回答之后所以发出大笑,并非由于发笑的人自认为比这个印第安人更聪明(优越),而是因为他的回答出乎人们意料之外地荒唐,于是本来急迫地期待着某种合理回答的紧张心情,因突然而又无害地消失便发出了笑声。康德的说明从另一个侧面揭示了笑的心理根源,这在生活中艺术中确是常见的。但康德上述关于笑的"失望说"又遭到了叔本华的驳难。叔本华虽然承认喜剧的笑起源于紧张期望的消失,但他补充和纠正说:这期望消失所引起的笑是根源于一种概念上的"乖讹",常常表现为把不相干的两件事物似是而非或似非而是地联系在一起。的确,这种情况在诸如相声艺术的庄谐交错的言语中表现得很突出。概念中是非含混所形成的"乖讹",往往把严肃的东西与荒唐的东西交织在一起,这种

---

① 转引自《朱光潜美学文集》第一卷,上海文艺出版社 1982 年版,第 265 页。

情况所可能造成的滑稽效果的确是一个较普遍的事实。我国古代的司马贞在司马迁的《史记·滑稽列传》的索引中就从语义学上对滑稽一词作过很好的解释，他指出："滑，乱也；稽，同也。以言辩捷之人，言非若是，说是若非，能乱同异也。"这就是由似是而非和似非而是的概念"乖讹"所造成的一种幽默、诙谐和滑稽的可笑性效果。可见，不论西方东方，对滑稽和造成其可笑性的"乖讹"这一重要审美特性，在认识上自古以来就有共同之处。

除以上主要从心理学角度来探讨喜剧的笑的本质以外，还有黑格尔主要从哲学角度进行的探讨（喜剧的根源是形式大于内容，表现了理念的空虚，是理性对对象的"自由戏弄"）以及主要从生理学角度所进行的探讨。后者的主要代表人物除弗洛伊德外，较重要的是英国的斯宾塞。他虽然也赞成"乖讹"说，但对此作了重要修正，把它纳入了他的"艺术起源于游戏"的"精力过剩说"的理论系统之中。斯宾塞认为，笑正是一种过剩的精力向"抵抗力最小"的部分即口部和呼吸器官发泄的结果。他把这种过剩精力所发泄出来的笑称之为"下降的乖讹"。例如一个喜剧演员以充分准备好的精力要越过一个障碍物，但当他猛跑近障碍物时，却并不跳过它而是突然停下来仅仅抹去上面的一点灰尘，这种类似"大山生出小老鼠"的行为就是一种"下降的乖讹"，常常引人发笑。这种情况就像原先充满了气的皮球突然一下子泄了气，即原先积蓄的饱满的"精力"因无所用而过剩，这过剩的精力于是便从身体器官中抵抗力最小的部分即呼吸器官中发泄出来，于是就形成了笑。这种说法虽然也有些道理，但这种把"乖讹"所引起的笑侧重从生理角度加以界说的论点，比起上述诸说来，带有更大的局限性乃至荒谬性。

柏格森对笑作了较深入的研究。他的哲学思想和美学思想虽然是主观唯心主义的，但在对作为喜剧的笑的研究中，他比较突出的强调了笑的社会性，柏格森指出了笑的三大特点：

第一，在真正属于人的范围以外无所谓滑稽。第二，通常伴随着笑的乃是一种不动感情的心理状态……滑稽诉诸纯粹的智力活动（按：这准确地指出了喜剧的理性感相对突出的特征，但认为完全不带感情则是不合实际的极端看法）。第三，如果一个人有孤立的感觉，他就不会体会滑稽。

看起来笑需要有一种回声……要理解笑，就得把笑放在它的自然环境里，也就是放在社会之中……笑必须有社会意义。[①]柏格森根据以上基本观点，得出了笑根源于人们对生活中显出机械性的东西，即对"镶嵌在活的东西上面的机械的东西"的一种反应。例如一个退伍的士兵充当餐馆服务员，有一次当旁人向他突然喊"立正"时，他竟忘掉了手中正端着的杯盘，立刻两脚并拢双手下垂！这就是生活机械化的一种表现。它立即引起人们的哈哈大笑。中国的"守株待兔"和"刻舟求剑"也是思想僵化（生命机械化）的一种表现。因此，柏格森认为，喜剧人物都表现为与变化的社会生活不相适应的某种社会类型。而人们对这种滑稽性发出笑声也就具有匡正谬误的作用，即纠正那些脱出生活常规、思想僵化和心不在焉的人，使他们不要脱离社会，不要"不合社会"，同时也促使发笑的人本身省察自身，不致违反社会的公共准则从而有益于社会。

总括以上种种关于喜剧的可笑性和笑的各派学说，不外哲学—心理学、生理学和社会学这几种不同的方法或角度。应该说，它们都有某些合理的内容，尤其在揭示喜剧和笑的心理特征方面，它们确有贡献，至今仍具有真理性的因素，值得我们批判地吸取；但另一方面，它们又各有偏颇。且不说诸如"紧张期待的消失"，精力过剩的"下降的乖讹"并不一定必然只产生笑的效果（它们也可能引起人们的单纯的失望感或鄙视的消极反应），就是柏格森等人从某种意义上的社会学角度进行的研究也都带有表面性，即没有从人类社会的实践活动及其历史发展的总体中来把握作为审美范畴的喜剧的笑与可笑性的本质，因而也不能从根本上揭示喜剧和笑的社会根源。

从历史唯物主义的观点来看，喜剧的社会本质仍与两种对立的社会力量的矛盾冲突相关，只不过这种冲突不采取悲剧的严重形式，而是表现为一种轻松愉快的形式。悲剧中的矛盾冲突体现了人类为争取自由并坚信自由必将实现而进行的严重斗争和所付出的巨大代价，在这个意义上说，悲剧中所体现的精神还是一种有待争取的理想；喜剧则标志着自由即将来临或已经成为现实。"历史不断前进，经过许多阶段才把陈旧的生活形式送

---

① ［法］柏格森：《笑——滑稽的意义》，徐继曾译，中国戏剧出版社1982年版，第6页。

进坟墓，世界历史形式的最后一个阶段就是喜剧……历史为什么是这样的呢？这是为了人类能够愉快地和自己的过去诀别。"①

这就是说，当人类进入私有制以来，一切剥削阶级都经历了自己的悲剧阶段和喜剧阶段。在悲剧阶段，某一剥削阶级作为一个新兴的革命的阶级，他们都必须为自己的合乎历史发展规律的要求而斗争，因而他们常常是（英雄）悲剧中的主角；而当他们走上没落和腐朽阶段后，剥削阶级及其代表人物也就开始演出自己的喜剧并在其中扮演了极不光彩的历史丑角。这些"丑角"们都"不美而自以为美"，妄图"用另外一个本质的假象把自己的本质掩盖起来，并求助于伪善的诡辩"。② 然而他们已开始成为无力为害作恶的历史小丑，其无自知之明而又不自量力的"乖讹"言行便不期然而然地引起人们的哄然大笑；而这种喜剧的笑和可笑性正是"为了人类能够愉快地和自己的过去诀别"。马克思的这句话似乎十分简单平凡，但却深刻地体现了他和恩格斯在评论文学艺术时的历史观点与美学观点的统一。它说明了对丑的笑作为人们精神愉快的集中表现，产生于喜剧丑角已经失去存在根据而又偏偏不愿自动退出历史舞台的自我否定的行为。正是在历史丑角们用自己的言行撕破自己身上"无价值的东西"的过程中，人们终于在不期然而然的理性顿悟中，以愉快的笑声批判和否定了这"陈旧的生活形式"，从而显示出自己比这些被嘲笑的历史丑角无比高明、优越和荣耀！所以，拿破仑在回忆录中也曾说过：1784 年上演的《费加罗的婚姻》，"已经是正在进行中的革命了"，它表明人民群众正在用愉快的笑声来否定封建制度，迎接正在到来的法国资产阶级革命高潮。

这里需要指出的是，任何理论都不可能完全概括极其丰富的生活和艺术万象，以讽刺喜剧来说，其主角也并非在任何情况下都是历史的丑角，而同时也有形式上以丑表现出来的肯定形象，他们往往外丑而内美。这种情况不仅出现在歌颂型喜剧中，在讽刺喜剧中也并非绝无仅有，例如卓别林的《摩登时代》中那个被资本主义机械化生产折磨和扭曲得变态了的工人的表面行为，似乎是丑的，然而这个工人实际上却心地美好善良。像这

---

① 《马克思恩格斯选集》第一卷，第 603 页。

② 同上。

类讽刺剧所讽刺的对象就不是主角本身而是造成他的不幸的社会了。西方现代派中的"黑色幽默"也往往带有这一特点。在这种情况下，喜剧的滑稽往往就通向了悲剧和崇高。因此，卓别林说："我从伟大的人类悲剧出发，创造了我的喜剧体系。"普希金也说："崇高的喜剧往往是接近于悲剧的。"这也就是别林斯基等人针对果戈理的《钦差大臣》和《死魂灵》中的那种"含泪的笑"。反过来看，某些悲剧有时也同样因喜剧因素的渗入而显得更加深刻，例如对《红楼梦》中黛死钗嫁的场面以及鲁迅的《阿Q正传》便可以作如是观。

喜剧作为一个完整的审美范畴，它的表现形式除讽刺喜剧外，至少还有肯定型的歌颂喜剧和幽默喜剧。如果说，讽刺喜剧中的丑作为丑自身的自我否定是在一种突出的乖讹中显现出强烈的可笑性，因而在人们（欣赏者）的反应中往往表现为哈哈大笑的话，那么，幽默喜剧则可以说是丑的自我否定的弱形式，并且同时以这种弱形式反映生活中肯定的东西。在幽默中，丑表现得更加轻松无害，因而它的乖讹就不像讽刺喜剧那样辛辣、强烈和突出，在欣赏者中所引起的反应也不一定是哈哈大笑，而往往是一种会心的微笑，含蓄的讥笑或无可奈何的苦笑。它带有更多的乐观、诙谐和风趣的色彩。例如，华君武的表现一个人戒烟"决心"的漫画：画中某公似乎决心很大，毅然决然地把正抽着的烟斗从楼上扔了下去，但立刻又拼命飞跑下楼像宝贝似的把烟斗接住。这里有通过夸张手法对缺乏真正戒烟决心的人的讽刺，但程度轻松，表现诙谐，这就产生了幽默的效果。又如戏曲中对某些书呆子气十足的好心秀才的揶揄，也充满了幽默情调。车尔尼雪夫斯基曾经指出："幽默感是自尊、自嘲与自鄙之间的混合。"《决心》等作品中的人物在相当程度上正表现了这种复合情绪。但在车氏往往混淆幽默本身与幽默感的界限。其实，作为幽默感，是从审美的角度而言的，它往往突出地表现为一种审美的人生态度，这种态度帮助人们在暂时无力与之抗争的丑恶和困苦面前保持一种自尊和乐观的态度。例如高尔基1905年访美时曾遭遇尴尬，但他并不曾因此产生愤世嫉俗的颓丧，而始终保持着幽默的人生态度，而这种幽默的审美态度在旁人的观照中自然又成为幽默本身。所以当列宁听了高尔基对这段"有趣"的经历的叙述时，竟"像小孩似地"笑得"流出眼泪来"，接着就称赞高尔基真是个幽默家，并且指出："这是好的，你能用幽默去对付失败。幽默是一种优美的、健康的品质。"①

　　喜剧的第三种形式是歌颂（肯定型）喜剧。在西方传统中，较少纯粹的歌颂型喜剧。但是当旧社会已经或面临崩溃时，讽刺喜剧中的直接性肯定内容就会明显的增加。例如前面说到的博马舍的《费加罗的婚姻》，从剧中封建贵族的角度看，它是讽刺喜剧。如果从剧中平民代表人物费加罗的角度看，则也可以说是歌颂喜剧。这种情况，在莎士比亚乃至莫里哀的作品中都屡见不鲜。在某些音乐、舞蹈和漫画中则可以表现比较纯粹的歌颂态度（例如莫扎特的某些喜剧曲调、狂欢舞会和对好人或杰出人物的歌颂型漫画，等等）。在社会主义社会中，这种肯定型喜剧有了进一步发展的可能性。问题在于，在这种肯定型的喜剧中，它的可笑性在本质上是由什么因素构成的呢？这还是一个有待深入探讨的问题。但有一点可以肯定的是：这类喜剧的特点更突出地表现为"寓庄于谐"，即严肃的内容通过某种荒唐的形式表现出来。例如利用有意扭曲、夸张以致丑化了的外在形式与美好善良内容的倒错矛盾而产生滑稽效果。在具体表现手法上则更为众多（诸如误会法、惊讶感与夸张笨拙的姿态，等等）。如果肯定型喜剧只是单纯直接地歌颂，那就不会具有喜剧的可笑性，就会是另外一类审美范畴或者成为非审美的单纯的说教。没有冲突就没有戏剧，这对喜剧也不例外。例如电影《今天我休息》、京剧《徐九经升官记》，前者的主人公马天民的美好品质是在把他置于某种窘态和似乎无可奈何的形式中（这从美学上说，也就具有某种形式"丑"）反衬出来的；后者则突出地以外貌和姿态的丑与内在美好的品质的不协调一致而显现为可笑和滑稽的效果。因此，歌颂型喜剧的可笑性仍与"丑的自我否定"有内在联系。但同讽刺喜剧相比较，这种被否定了的丑只是一种外在的偶然形式，却肯定了它的内在本质，从这个意义上说，歌颂型喜剧就不完全表现为人类"愉快地和自己的过去诀别"，而同时也可以表现为人类愉快地迎接自己更美好的未来。

　　综上所述，滑稽（喜剧）作为一种审美范畴，是以轻松愉快的形式来否定丑恶的东西，亦即对人类实践的一种轻松愉快的肯定形式，因而在各

① ［苏联］高尔基：《回忆录选》，巴金、曹葆华译，人民文学出版社1959年版，第20页。

种美学范畴中，它是更突出地体现了美的趣味性方面的。它虽然没有悲剧那样深刻和崇高，也没有优美那样高雅，但它的原型和基础既然是历史和现实的生活中的一种客观存在，在艺术中也就必然会被反映出来。作为一个美学种类，它对于调剂人的情感，满足人在审美上的多样化要求方面，也就是不可缺少的。喜剧使人在笑声中忘掉烦恼，在笑声中批判陈旧的生活方式，在笑声中迎接自身更加美好的未来，使人们生活与工作得更健康、更美好、更自由。

四　荒诞

"荒诞"（absurd）是否可以与优美、崇高、悲剧和喜剧并列而成为一个新的美学范畴或基本种类呢？美学界对此有不同看法，我们却对此持肯定态度。什么是荒诞呢？答曰：荒诞是 20 世纪工商与科技文明同现代派艺术相结合而生成的一个新的美学范畴。其基本特点是将非理性和无意义看作生活的本质，并通过对这种生活的批判来呼唤社会正义和人的生存自由。这与黑格尔"凡是存在的，都是理性的"名言恰恰相反，它认定"凡是存在的，都是荒诞的"，这就是说：社会生活在本质上就是荒诞和非理性的，而作为新时代生活之反映的现代派艺术将反常悖理与荒谬怪诞作为自己的主要内容并加以突出表现就是顺理成章的事情了。荒诞引发了人们对生存状态的惊异和震撼，但又不得不生活于由艺术所反映出来的这种现实生活的荒诞之中，这既表现了人们的无可奈何，又激发了他们对工业文明和传统理性的反叛和深思。

荒诞的根源是理性异化为对心灵自由的否定以及信仰的失落，近现代工商文明所导致的高度的物质繁荣而使人的生活完全物质化、外在化并从而失去了内心生活，也就是说按科学理性化组织起来的工业文明，使人的生活机械化物质化外在化，却把人的精神世界变成了一片荒漠。本来，人们希望在他们所崇信的古希腊和启蒙时代的理性精神的导引下建设一个合乎人性的使人得以全面发展的社会、一个温暖的家园。但大工业机器和严密的社会组织规章却把人变成了机械的一个个部件和社会组织中的一个

"他者"。人最终被抛了出来，成为无家可归的"局外人"，人与社会与自然、与他人甚至与自己都日益疏远，终于异化为失落了人的本性的非人。人生的价值和意义消失了，人的存在被严严实实遮蔽了——所谓"知识（理性）就是力量（权力）"，从对自然的征服异化为人本身的精神剥夺。于是，人们对知识理性是否能给人带来幸福产生了极大的疑虑——与此同时，作为西方人生存的另一精神支柱——对上帝的信仰也就在工业文明所赖以存在的科学技术的驱赶下受到了极大的震撼和动摇。正是在这种情况下，在理性变态和人性异化的现实面前，尼采在19世纪末发出了惊天动地的呐喊："上帝死了！"说明了西方人的精神支柱已开始动摇。大家在茫茫人海中、在一日三餐中、在追名逐利之余产生了一种莫名的孤寂、惶恐和畏惧，"我们从何处来？我们往何处去，我们这终有一死的人如何打发日子，这种生活又有何意义"？这样的处境和心境使人成为无家可归的漂泊者！

　　可见传统的古希腊精神（理性）和希伯来精神（信仰）在工业文明中的双双失落使当代西方文化与古典的西方文化发生严重的断裂，于是便从19世纪初中期的晚期浪漫主义文艺中蜕变出一种新的审美形态——荒诞。

　　荒诞作为新的美学范畴，其突出特征是返回自我的深度内省，这内省的结果之一：是自认为发现了优美、崇高以及一切艺术的秘密和根源不过是弗洛伊德所发现的以性欲为核心的潜意识的表现——这才是人的真正的"自我"—"本我"或者表面合理实则桎梏人性的社会规范，这样，荒诞派便以摧毁一切传统的荒诞的认知和手法把美好、严肃、崇高的东西嘲弄得令人啼笑皆非或表现得离奇怪诞而使人惊讶和震撼。在这派荒诞艺术家笔下，例如最早的如波特莱尔在《恶之花》中把罪恶丑陋描写得像花朵一样美丽，以致被雨果大加赞扬，认为是一串令人产生震惊的美丽的星星。他在诗中写卖淫、写通奸、写尸体，而用诗化的语言表现出来就显出了强烈的反差，引起人们的注意和思考。又如美国诗人艾略特在《荒原》中将古代圣杯的故事传说与当代生活相互交错，将大地写成荒原，反映出了第一次世界大战后弥漫于西方世界的失望、厌倦和恐慌心绪。在爱尔兰作家詹姆斯·乔伊斯的《尤利西斯》中，荷马《奥德赛》中坚贞的碧娜曼（杨译为潘奈罗佩，奥德塞的妻子）变成了现代型的荡妇摩莉；在卡夫卡的

《变形记》中作为宇宙精华的人变成了甲壳虫,出淤泥而不染的茶花女重又陷入色情的泥潭(《茶花女》),加缪《局外人》中的自我则反而成为局外人,萨特更认定"他人是我的地狱",而海勒的《第二十二条军规》则是根本不存在也不可能兑现的人的牢狱。

在绘画中荒诞更感性:蒙娜丽莎被画上胡子,维纳斯被穿上三点式游泳衣……古典音乐被改成流行音乐;瓦格纳的歌剧《尼伯龙根的指环》中的人物则穿着西装、端着冲锋枪;普契尼的《图兰朵》中元朝的人竟身穿军装打扮成红卫兵……这种后现代派的"作品"中已明显带有反艺术倾向。

荒诞作为一个美学范畴的具体起源,是作为一种文艺体裁在荒诞派戏剧中得到了最集中的表现,这又与存在主义的哲学的流行相关。美国荒诞派戏剧家阿尔比说:"荒诞派是对某些存在主义哲学概念的艺术吸收。这些概念主要涉及人在一个毫无意义的世界里试图为其毫无意义的存在找出意义来的努力。这世界之所以毫无意义,是因为人为了自己的'幻想'而建立起来的道德、宗教、政治和社会的种种结构都已经崩溃了。"[1] 荒诞派戏剧主要兴起于法国,第一部有巨大影响的作品是法人尤涅斯库的《秃头歌女》(1950)。其实剧中并无歌女也无秃头,写的是一个无情节的象征剧:马丁夫妇在一起生活了一辈子,却始终互相把对方当作陌生人。但对荒诞派戏剧起奠基作用的是贝克特发表于1952年的《等待戈多》。剧情十分简单:黄昏时分,在一条乡间小路上,两个流浪汉狄狄和戈戈在等待戈多,每晚都有一个小孩来告知"戈多先生不来了,可明晚准来"。但等了无数天最终没有等到。这剧是所谓无情节的"静止的戏"。剧中什么也没发生,却震撼了整个西方世界。甚至在美国给囚犯们表演时效果也奇佳。这就是因为它表现了第二次世界大战后人们生活的艰辛,心中的烦闷和支撑人活下去的对未来的期望。狄狄和戈戈代表人类,而戈多则代表希望。剧中主人公最终没等来救星,相反却有象征暴力(波桌)和痛苦(幸运儿)不断来到他们身边——从而典型地概括和象征了那时人们普遍的期待焦躁的心情。所以反响巨大。但荒诞作为一个美学范畴,不只得益于荒诞

---

[1]   引自爱德华·阿尔比《哪家剧派是荒诞剧派》,袁鹤年译,《外国文学》1981年第1期。

剧，它还有更早的源流。这一点前面已经讲到，这里只补充一个十分重要的人物，即奥地利作家卡夫卡，他 1916 年发表的《变形记》和在他死后三年（1927）发表的《城堡》等小说，可说是比荒诞剧更入木三分地表现了生活的荒诞。此外，还有往后的法国作家加缪的《局外人》（1942），主人公莫尔索的一句名言："在这个被骤然剥夺了幻想的宇宙里，人感到自己是一个局外人。"其哲学随笔《西西弗斯的神话》更是把人生的荒诞说透了。此外，形形色色的抽象派绘画和存在主义哲学也为荒诞的美学特征展现了自己的力量，提供了哲学基础。

　　荒诞作为一个美学范畴的主要特点是价值虚无。一切所谓的好坏美丑、善恶在荒诞中都无所谓区别。时间没有了顺序，不再是矢量，而是三维的无序交织，空间也没有了常态的包容性与有序性，作品不再有头有尾有中部的结构，显得杂乱无章——生活令人感到莫名其妙！但人们既然发现并在艺术中充分表现了荒诞，这实际上就意味着人类正同时寻找着摆脱这荒诞处境的出路。因此，现代派艺术和荒诞这一美学范畴不仅大大丰富了人类艺术地掌握世界的手段，而且也促进着人类更好的摆脱这种荒诞处境的出路。荒诞在艺术作品中主要以象征手法表现，这是由它要表现抽象的痛苦所使然。荒诞在形式上的特征还近似喜剧。但它不能引人发笑，因为荒诞是理性的窘境和失败；另一方面，它又近似悲剧，但又少了悲剧的壮美与崇高。喜剧使我们有突然的喜悦感，悲剧使受压抑的情绪得以宣泄。但在荒诞中则是一种引人深思的不可理喻的困惑，使人在深思中既担当这人类命运的不幸，又期待走出荒诞而作出可能的努力。

五　丑

　　如果说，优美（grace）是完全排除了"丑"的美学范畴（种类、形态），那么，"丑"（ugliness）则是完全排除了优美的美学范畴；但它却与其余所有的美学范畴喜剧、悲剧、崇高、荒诞都有某种内在联系，即作为一种必然因素参与其中。作为美学范畴的"丑"，也是近代工业文明的产物；但作为一种审美范畴，则早在两千多年前就由亚里士多德所揭示。他在《诗学》中论及喜剧时，明确指出因为"丑"具有可笑性，是构成喜剧的滑稽可笑的不可或缺的因素。虽然美学界有一些人（例如克罗齐）不承认审美对象中可能包含"丑"的因素；但实际上早在古希腊神话的审美宝库中，"丑"已占有一席之地。朱光潜先生就曾指出："就艺术史所提供的例证来看，不但绘画中的一些杰作，例如英国的伯莱克以但丁的——地狱篇为题材的作品就连古希腊关于林神、牧羊神、蛇神之类丑怪形象的描绘也都证明造型艺术并不排除丑的材料"，[①]"希腊留下来的苏格拉底和柏拉图两位哲学家的雕像面貌也很丑陋，但仍不失其为成功的艺术作品，足见绘画的最高'法律'是美而美又仅限于物体形式的看法是大有问题的"。[②] 到了 18 世纪，英国的伯克在论崇高时又把它与"丑"联系起来，认为"丑"（虽然它正好是美的对立面）与崇高是部分一致的。[③] 似乎可以这样认为：如果说"丑"在喜剧中是一种"丑陋"，在崇高中则是一种"丑怪"，那么，在悲剧中"丑"则以"恶"的形态表现出来，可谓之"丑恶"；而在"荒诞"中，"丑"作为反常悖理的东西竟大行其道，简直就是荒谬加怪诞的直接表现。"丑"具有这么广泛的能量，使我们不得不提出这样的问题：究竟什么是"丑"，它和美与审美究竟是一种什么关系？

从现实生活和美的本质论这两个层面看，所谓"丑"就是美的反面，丑因此是遭到普遍拒斥的。我们知道：美是对人的自由（真与善即合规律性与合目的性的统一）的感性肯定形式，是人的价值和本质力量的对象化。"丑"则相反，它是对人的自由感性的否定形式，它削弱乃至否定着人的价值和本质力量。那么，这种非属人的性质在其化为具体的东西以后又何以能进入艺术和美的王国，并且有时还是艺术创作与欣赏、创美和审美中并非罕见的现象，具有肯定的审美价值呢？问题颇为复杂。首先，像对"美是什么"很难界定一样，"丑是什么"也很难给出具体的界定。而当美或丑从一个一般理念化为具体对象时，它们的属性（是美的还是丑

---

① 朱光潜：《西方美学史》上卷，人民文学出版社 1979 年版，第 315—316 页。

② 同上。

③ ［英］鲍桑葵：《美学史》，张今译，商务印书馆 1985 年版，第 265 页。

的）有时也难以判定。因为它受历史条件、民族文化、社会风尚、人的审美心理及个人主观爱好的制约和影响。简单地说，人与现实的审美（包括"丑"）关系正是这样历史地发展变化着的现象——美、丑在一定条件下互相转化。单从丑而论，它从古希腊直到19世纪初，还只是作为一种因素参与艺术和审美，而到了浪漫主义、颓废主义特别是形形色色的现代派和后现代派文艺中，"丑"逐渐从一种"因素"发展为独立的美学范畴。其主要特点就是不仅反叛了古典的和谐与静穆，而且进一步悖逆了常规（比例、匀称、秩序）而专注于塑造令人嫌恶和引起人们某种反感和痛感的形象〔各种机械式的或怪诞丑陋的人体和物象、波特莱尔的《恶之花》、罗丹的《老妓》（欧米哀尔）和贝克特的《等待戈多》、尤涅斯库的《秃头歌女》等等〕。但随着时间的推移，广大受众（观众、听众、读者）终于渐渐接受了这种新型的艺术，从而事实上宣告和认可了"丑"作为一个独立的美学种类的存在。

　　以上可算是对"丑"及人类对"丑"的审美评价的一个极简单的概说。下面再从三个方面进一步述说"丑"之所以能成为审美对象的原因。

　　第一，"丑"之在艺术作品中变成具有美学属性的审美对象，在于被摹仿和表现的丑令人震撼和惊诧，它与我们在生活中所见到的丑既不完全一样但又"似曾相识"，是一个"熟悉的陌生人"（别林斯基语），使我们不由自主地被这种——反艺术常规但又真实生动地显像的人物所震撼，产生一种既厌恶又惊奇而欲罢不能的探究心理。正如亚里士多德所说：丑的"事物本身尽管引起痛感，但惟妙惟肖的图像看上去却能引起我们的快感，如尸体和最可鄙的动物形象"。① 如果这主要是从心理学上所作的解释，那么罗丹则从艺术和审美本身着眼发表了下述著名看法，他说："自然（按：主要指社会生活）中认为丑的，往往要比那些认为美的更显露出它的'性格'，因为内在真实在愁苦的病容上，在皱蹙秽恶的脸上，在各种畸形与残缺上，比在各种正常健全的相貌上更加明显地呈现出来。既然只有性格的力量能够造成艺术美，所以常有这样的事，在自然中越是丑的，

————————
　　① 〔古希腊〕亚里士多德〔罗马〕贺拉斯：《诗学·诗艺》，罗念生、杨周翰译，人民美术出版社1987年版，第11页。

在艺术中越是美。在艺术中，只有那些没有性格的，就是说毫不显示外部的和内在真的作品，才是丑的。"① 这段话既是对上述亚里士多德强调艺术真实的发展，也可以看做对德国美学家希尔特和法国文艺美学家丹纳的"特征说"的卓越发挥。它强调了艺术作品一定要表现人或物的真实的"与众不同"的个性"特征"，而这种真实的性格和特征，往往是在被常人视为"丑"的人物身上表现得最为突出。关键是艺术家要有一双善于"发现"美的眼睛。罗丹所塑造的雕像《巴尔扎克》，特别是《老妓》（欧米哀尔）正是以不寻常的眼光发现与表现了它们的独特性并在丑中发掘出了它们的美的魅力的代表作。它们作为审美对象，并没有优美的单纯雅致，也少有崇高和荒诞的怪奇，它们就是以最能表现人物性格特征的"丑"来凸显美，它的耐人寻味，召唤着更有思想的审美观众，并给他们留下极深刻的印象。这说明了"丑"作为一个单独的审美种类的魅力。但应强调的是，丑之所以能变成富有性格的美，是与艺术家本身具有崇高的审美理想和非凡的艺术表现力分不开的；没有理想和技巧，是绝不可能塑造出震撼人心的艺术上品的，也正因为如此，观众和读者在以审美的眼光凝神观照那些看起来很丑的作品时，能发现它具有的独特的美，并在这美丑对立统一中形成一种审美"复调结构"，这比起欣赏单纯的优美要更为复杂、丰富和耐人寻味。

第二，"丑"之所以能够成为一个美学种类或样态，还在于"丑"的东西是一个自我批判和自我否定的形象，并在它的展现中更加反衬出美的光辉。如果说上述第一点着重说明了"丑"作为美学范畴是以反映和表现"真"为条件的；那么，现在要强调的是，"丑"还必须以各种各样的方式反射善的光辉。我们已经说过，美就是肯定着、对象化着人的本质的感性自由形式，那么，"丑"则是一种舍弃着、否定着人的某种本质的一种非自由的感性形式。既然如此，"丑"何以反而能具有审美的价值和功效呢？这一点在前面已作了概括的说明。现在我们便不得不以具体的"丑"的东西来说明"丑"本身了。事实上，谈美也只能如此谈法。"丑"的艺术形

① ［法］罗丹口述，葛塞尔（P. Gsell）记：《罗丹论艺术》，沈琪译，人民美术出版社 1987 年版，第 23—24 页。

象或艺术中的丑之所以也能在某种意义上具有正面的审美价值，如上所述乃在于其自身的自我批判与自我否定，这也就是说，艺术家是在某种审美理想的引导下塑造这"丑"的形象的。这类"丑"的形象以自身的不和谐、反常态甚至反形式（美）非自然（自由）的表现而自己否定着自己，这就是有形而无意地从反面折射出美的光辉。例如前述罗丹的《老妓》就是恰当的例子：看着她那悲哀和绝望的丑陋形象，难道不正展示了她在青年时代恣意作践自己，浪掷青春的可怕后果吗？它（她）似乎在向无数的观众现身说法，沉痛而又无可奈何地进行着自我批判。这就从反面肯定了美之珍贵，美的丢失和毁灭是多么可怕！另一方面，观众面对艺术家把这个丑的形象能表现得如此精致、卓越和高度个性化更会赞叹不已。这时，也正是在观众对这一丑的形象的观照、沉思和欣赏赞叹中，这个丑东西终于变成了美的一种样态，具备了特殊的审美价值。早在两千多年前，古希腊哲人普洛泰戈拉曾经说过："人是万物的尺度，是存在者如何存在的尺度，也是不存在者如何不存在的尺度。"[①] 欧米哀尔既是一种"此在"（缘在）的"存在者"的尺度，也是非存在者的一种尺度。作为"存在之光"的美过去、现在和将来从来没有朗照过她的存在。她与之无"缘"。她被金钱和肉欲"遮蔽"和沉沦了。而作为一个人，假如从青春年华直到老年，都实质上不曾真正存在过，那人活着究竟还有什么意义呢？这种海德格尔式的追问实际上在现当代哲学和文学艺术中早有深入的体察。在这个意义上，我们也许还可以在"死"、"畏"、"烦"之外再增加一个"丑"，它不仅只是让人嫌恶和逃避的东西，更是使人生意义和美的质地显得更加丰盈、宽阔和深刻的东西。正如"烦"与"畏"并非完全消极而更使人强化了生命的张力一样。

　　"丑"作为美学范畴，其更为普遍的表现形式还在它与美的对比中更直接地反衬出美的光辉（这在现代派艺术中尤其如此）。雨果在其针对假古典主义的浪漫主义宣言《〈克伦威尔〉序》中鲜明地指出："她会感到，万物中的一切并非都是合乎人情的美，她会发现丑就在美的旁边，畸形靠

---

　　① 北京大学哲学系外国哲学史教研室编译：《西方哲学原著选读》，商务印书馆 1981 年版，第 54 页。

近着美，丑怪藏在崇高的背后，善与恶并存，黑暗与光明相共。"① 他的上述理论在他的创作《欧那尼》、《巴黎圣母院》中得到了充分的体现。这种情形在中国文艺中也并不例外，京剧中的丑角自不必说，小说如《红楼梦》中美丑对立的人物和同一人物身上美丑并存的情形更为常见（如王熙凤之体貌美和内心颇为毒辣；刘姥姥的质朴与村气）。鲁迅曾高度评价曹雪芹写人不是好人纯好，坏人纯坏，事实上就涉及丑的因素在塑造人物中的意义。它使人物更接近真实和更有意味。至于我国当代文艺中以写丑来反衬美的作品就不胜枚举了。但须指出的是，以丑来反衬美的丑其自身虽有美学价值，却并不都像《老妓》之类那样本身就是美的。

　　第三，如果说在艺术和社会生活中有美丑之分，并且两者可以在一定条件下互相转化，那么，在自然美中亦复如是。但须指出，离开人的自然界是无美丑可言的，正如亦无真假善恶可言一样；只有当大自然与人发生实际的和审美的关系时，才有功利的或审美的判断，才成为实践和审美的对象。简要地说，凡是对人不利的自然，就是丑恶的，例如穷山恶水、自然灾害、环境污染、生态破坏，等等。这一切只有通过人类的实践活动才可以使其变为对人有利的和具有审美价值的。当人们厌倦了喧嚣的和机械化的城市生活，而来到大自然中时，他就会有一种全身舒畅和精神解放的体验。而且人们不只满足于观看青山绿水，也日益对荒漠沙丘、奇山怪石、森林洞穴等险境都青眼相加，把它们作为旅游和审美的圣地；甚至越是险怪就越能提高人们观赏的好奇心和观赏欲。正是在这个意义上，生态旅游和探险活动才日益广泛地具有了某种审美的含义。因此已有男女富翁宁愿接受痛苦的宇航训练，并花几千万美元买一张"门票"，为的是到太空中待上八九天，看一看蔚蓝色的地球和在地球上不能观看到的各种天象，这真是人生一大快事！总而言之，人生的短暂性和社会的日益异化为人的对立物终于使人们亲近自然、靠近蛮野、走进荒凉。于是，历来被视为丑陋、甚至凶恶的东西，现在却反过来成为人们新的审美取向。那古旧、朴拙甚至怪奇、危险的境界，事实上日益成为人们摆脱城市文明和超

---

① ［法］维克多·雨果著，柳鸣九主编：《雨果文集》第 17 卷，河北教育出版社 1998 年版，第 35 页。

越凡俗之理想的秘境和宝地，似乎只有在这些原生态的境遇中才能寻回他们心灵中失落已久的精神家园，并进而体悟那神秘的生命和存在的意义，领受存在之光的照临和洗礼！——从这一切可以得出结论：美与丑是历史地发展变化着的东西；当然也有在变化中相对不变的东西，这就是人对真与善之统一的感性自由形式的永恒追求！"永恒的女性，引我们飞升！"①丑是令人嫌恶的，但有一些丑的东西将永远与美相伴。

---

① ［德］歌德：《浮士德》，钱春绮译，上海译文出版社 1989 年版，第 737 页。

形式美及其根源和规律

  如果说"自由的形式"是对美的本质的概括和界定，那么，美当然是内容与形式的统一，而单纯地提出形式美，则基本上不涉及内容的纯形式因而不是美的本质论。但由于美和美的东西都离不开感性形式，所以形式美问题就与美的本质、范围和种类总有难以分隔的关联；另一方面形式美作为美的形式（二者的意思并不等同）乃是无数美的事物的种种不同特征的抽象概括，这又使形式美问题接近对美的本质的探讨。因此，从以上两方面而言，研究形式美可以加深我们对美的本质的理解。探讨它对深入、具体地把握艺术、自然和社会美颇有助益。下面对此作扼要论述。

  首先要说明的是，形式美的形式包括内形式和外形式两个方面。内形式主要指内容诸要素之间的结构状态（例如一幢建筑物内的梁柱关系和框架结构），这种结构状态（内形式）与内容本身是内在地结合在一起的，因而它本身就是内容的存在依据。内结构形式的变化会直接导致内容本身的变化，同时也会引起外形式的变化，但外形式的某种变化却不一定引起内容及其内形式的根本变化。例如维纳斯雕像和达·芬奇的《蒙娜丽莎》等空间艺术品，在很长时间中经过种种外在原因的影响，其外形式虽然已受到某种磨损和剥蚀，但作为美的内形式结构比例关系基本未变；至于断臂的维纳斯的美，那是一种特例，有人说她具有一种"残缺美"（类似古文物的破损或斑斑锈迹更使人平添了更多的沧桑感），其实正因为她失去了双臂，反倒突出了她的主要特征。倘若把这位现在通高 215 厘米、胸围 121 厘米、腰围 97 厘米、臀围 129 厘米的美人即使按比例缩小为身高 160 厘米以后，其"三围"则分别为 90、72、96 厘米：那就变成了一个肥胖的市井少妇，这说明结构比例的改变导致形式美的变化或消失。另一方面，外形式的重大变化同样也会引起内容和与之相联系的内形式的变化，使美的形式受到损毁，甚至丧失美的属性。例如：失去了头部的画像和已模糊的字画就是如此。因此，与内容有机联系的内形式虽然必须通过外形式才能够存在，但外形式与内容及其内形式的联系又不是绝对必然的，甚至可能发生矛盾。例如绚丽多姿的毒菌，其色彩甚美，但不具有善的内容；又如某些诗画也有韵律和色彩之美也不一定具有善的内容；某些心灵空虚甚至丑恶的女郎可以用雅致入时的服装把自己打扮得具有形式美，流氓也可以摆出一副温文尔雅的姿态。在文艺作品中，形式与内容发生矛盾更是常见的事。这说明外形式具有相对的独立性，对这种具有相对独立性的外形式的研究，就构成了对形式美的研究，这种研究可以说从古希腊和中国春秋战国时代开始便受到人们的重视。其原因就在于形式美虽然不一定与内容必然一致，但它有自身相对独立的规律，并且一般说来它又总是表现内容，并构成赋予对象以审美属性的必要条件。总之，美必然附丽于形式。正因如此，从文艺复兴时期开始特别是近代以来出现了许多专门研究形式美的专著，如达·芬奇的《论绘画》，荷加斯的《美的分析》，歌德的《色彩论》，康定斯基的《论艺术的精神》以及格式塔学派的若干专门探讨形式的专著，等等。在我国，先秦时的《乐记》，特别是魏晋以来出现的数量众多的书论、画论、诗论、文论……都对形式美的规律性作过专门和深入的探讨。我们这里着重讨论三个问题，即构成形式美的感性材料、形式美的根源以及形式美的基本规律。

第一个问题，关于构成形式美的感性材料。形式美的感性物质材料主要包括色彩、形状和声音。它们既是构成美的形式的质料和元素，同时，它们各自也可单独表现出形式美的属性。

先看色彩。色彩是自然界中普遍存在的，也是一种具有最大众化的审美属性的感性物质。例如红日、蓝天、青山、绿水，等等，都可以成为审美的对象。色彩之所以成为审美的对象固然与人的生理属性有内在关联，但更重要的是由于它们与人的生活实践发生了内在联系的结果。这一点我们最后再谈。

从自然科学观点来看，色彩不过是一种电磁波，具体表现为光的不同波长。作为光波，它是一种客观存在；但作为色彩，它只有通过感受这种不同波长的动物,尤其是较高等的动物的视知觉才能得到显现,而作为审美对象,只对于人才存在。人所能感受到的光波(可见光),只占整个自然光谱中的 1/70 弱,即一般说来,人只能感受到波长 400—760 微毫米之间的光波所显现的不同色彩。例如,在波长 700—760 微毫米时,人就会感受到红色,当波长在 760—400 微毫米之间时,人们可依次感受到赤、橙、黄、绿、青、蓝、紫这七种色彩。这七种色彩的不同配合,又会形成千差万别的复合色彩或中间色彩,表现出各不相同的审美属性。因此,所谓色彩,就是基于人对可见光的生理反应基础上的一种心理经验,除了科学家专就发光体本身所进行的分析以外,包括艺术家在内的日常生活中的人,并不依靠太阳光的直接经验获得色彩感,而主要是靠人生活环境中大量非发光体(它们本身并无色彩)所反射出来的不同光波经验到色彩的。

从审美的角度看,色彩往往能表现某种情绪、情感,因而色彩似乎有某种性格。美国美学家帕克曾引述过"移情说"的代表人物立普斯的看法,分别列举了各种不同色彩所表现的不同的情感,例如黄色使人感到明朗、欢快,红色热烈,蓝色沉静,等等。但这也不是绝对的,例如有人觉得紫色使人沉思,康定斯基却认为它表现的是悲哀、虚弱和死亡。中国人则把紫色看成是高贵和华丽的象征。这说明色彩所表现的情绪情感还受到民族心理乃至个人趣味的影响。但一般说来,几种最主要的色彩所表现的情感性质是具有全人类的普适性的,例如红色的热烈,黑色的庄严或恐怖,白色的纯洁和轻盈,米黄色的柔和可亲,等等。

色彩的第二种功能是可使人产生冷暖、轻重、大小、远近等不同的感受。一般来说,红色和趋向红色的色彩(如纯红色、黄色)使人产生热烈或温暖的感受,被称为"暖色";蓝色和趋向蓝色的色彩使人产生冷感或凉意;黑色和趋向黑色的色彩有沉重感;较明亮的色彩如白色、嫩黄色使人感到轻盈。蓝色的沉静产生收缩感,红色的热烈产生扩张感,在同样大小的红蓝两种色块中,人们所经验到的红色的面积或体积感明显大于蓝色。

正由于色彩所具有的上述表现功能,就给绘画(尤其是西洋画)提供了表现生活与情感的极大可能性,特别是印象派画家,更充分表现了人和自然在阳光照射下极为繁杂微妙的色彩变化,而后印象派则更进一步利用色彩抒发了自己的强烈感情。诗人利用色彩感，既可写出诸如"两个黄鹂鸣翠柳，一行白鹭上青天"这样情趣盎然的句子，也可因色彩引起丰富的联想和想象（"记得绿罗裙，处处怜芳草"、"裙拖六幅湘江水，鬓耸巫山一段云"），从而创造出千姿百态的形式美。

再看形状。形状作为物的空间存在形式，是由点、线、面、体所构成的。如果说，由于色彩和色彩感是自然界和人的生理（视知觉）功能所本有的，因而它是一种较早的、较初级的审美对象，那么，构成形状基础的线条作为形式美的对象则晚于并且高于色彩，这一点康德早已指出。其原因有二：一是线条作为审美对象，即具有形式美的审美属性不像色彩那样直接，它是由人从现实对象的操作中抽象出来的，而人的这种抽象能力的产生大大晚于对色彩的直观能力。二是线条中所包含的意味，要远比色彩深刻、复杂得多。也就是说，它可以作为表现具有广泛和多种信息量的符号，因而当线条和由线条构成的形状作为审美对象时，就具有比色彩更为深广的表现力。

任何形状都是由两种基本的线条即直线和曲线构成的，直线包括竖直线、横线、斜线、折线；曲线则有波纹线、蛇形线、螺旋线、弧线，等等。这些线条和由它们组成的形状一般都表现着某种意味和情感。单从线条本身而论，竖直线挺拔有力，横直线平稳，折线生硬，曲线柔和流畅。毕达哥拉斯和英国美学家荷加斯认为圆形、蛇形即波浪形的曲线最美，但这实际上主要限于优美。要表现具有力度的形式美就要与直线相关。形状的不同意味是与线条本身的意味相关联的，但不同的形状所表现的意味已远非单纯的线条。它已是由线条扩大组合的"面"和由面的二维向三维发展的"体"即从二维平面到三维立体，例如由直线组成的平面正方形可表示稳重、公平、大方，但也可显示呆板。而按照黄金分割律构成的长方形则给人以适度、舒展、惬意的感受。正三角形给人以稳定、有序、上升感；倒三角形则使人感到危险和不安。在艺术中，例如中国书法，王（羲之）赵（孟頫）的字形较为婉曲，流动娟秀，犹如美女簪花；颜（真卿）柳（公权）的字则刚劲端庄，有如仁人志士的刚正不阿。怀素和张旭龙飞凤舞的草书，既像那无限自由的云烟，更仿佛是一曲一泻千里的乐章。点、线、面、体在美学范围和其他艺术种类中的表现也是无穷无尽的。例如高山大海的巨大体积，宏伟的建筑结构，等等。当然，线条和由面、体所构成的形状所具有的上述表情性特征，也并不是绝对的，这与线、面、体形本身的含义同样具有某种不确定性有关，同时也与不同民族和时代的情境有关，还与个人的审美趣味有关。这种种情形在现代派艺术中尤其如此。

再看声音。从物理学角度看，声音是物体在运动中所产生的一种振动，是空气和水中的各种粒子在受振后所产生的运动，它以波的形式传播，称为声波。早在公元前1世纪，古罗马的建筑工程师维特鲁维已懂得声波的概念，并提出了声在空气中的传播与水面的水波相似。而在公元前6世纪，毕达哥拉斯已认识到物体的振动频率与音调相关。就声波来说，主要有振幅、频率和波形这三个方面，而与发声体的振幅、频率和波形相一致的心理经验就依次构成了音强、音高和音色的听觉感受，并在生活实践中逐渐产生和形成了对自然声音及人为声音的意义的领悟和认知能力。

从审美角度看，声音作为形式美的重要感性质料，声音的强弱、高低、快慢、纯杂等等大都具有一定的意味，表现一定的情感。一般说来，强音使人振奋，弱音使人感到柔和；高音激昂，低音深沉；快速产生急促或流畅感；慢速则使人舒缓；单纯明快的声音往往悦耳动听，混杂高强的声音则使人烦躁不安。因此，正像色彩能最直接地表现某种情绪和情感一样，声音也具有同样的性质和功能。其次，声音除上述的表情性能外，其高低、强弱也可能唤起色彩和冷暖的感觉。这就是所谓的"通感"，类似心理学上的"联觉"。实验美学曾通过实验证明，有的人从听低音到高音（1234567）的过程可依次产生黑、棕、紫、红、橙、黄、白等不同色调感。这个例子当然不一定具有普遍必然性，但自然的音响或社会生活中的种种声音的确可唤起对冷暖、色彩的感受。例如，喜鹊或云雀的叫声可产生热烈或清亮的感觉，而乌鸦的聒噪使人感到沉闷、阴冷，等等。

正由于声音本身（不依赖联想和想象）具有上述的表情性能以及由此而引起的丰富的联想，它便是构成音乐的形式美的唯一物质素材。音乐美虽然在美的形式之中包含了丰富的社会情感内容，已不同于单纯的声音本身的美。但音乐美所赖以存在和显现的感性物质基础却离不开声音和声音本有的某种表情属性。音乐作为把声音有规律地组织在一定的旋律、节奏与和声中的听觉艺术，是人的心理结构中的某种情感模式的直接对象化。正因如此，钟子期才能欣赏伯牙琴声中志在高山流水的不同情调，贝多芬的朋友才能在他《F大调弦乐四重奏》中"听到了一对情人的离别"，而托尔斯泰从柴可夫斯基的《如歌的行板》中"听到了俄罗斯的灵魂"。这一切固然与音乐家的创作水平和听众的欣赏水平有关，但就其纯形式方面而言，也是与声音本身所具有的表情属性分不开的。当然，单纯的自然声音乃至音乐，其表情性都具有极大的宽泛性与不确定性。因此，不论作为艺术家或一般的欣赏者，既要了解声音在一般情况下所可能具有的表情特性，但又不能过分刻板，否则作为形式美的感性材料的声音乃至色彩就成为类似纯实用的物质材料那样呆滞了。

　　声音的形式美与文学也有密切关系。虽说文学的感性材料是语言，并且须通过想象才能被接受，因而它根本区别于一般的声音。"声音在诗里不再是声音本身所引起的情感，而是一种本身无意义的符号"，只有当它作为字词句时才有表现概念的心灵的意义。① 但文学作为想象艺术既然依赖于语言，因而自然就与声音不可分离（文字是语言的书写符号）。最早的文学作品都是口头文学，要靠声音来表现，写成或印成文字后，实际上主要不是"看"而是默读，从这个意义上说，文学也是一种听觉艺术，或者说是听觉—想象艺术。这种情形在诗歌中表现得最为明显。诗歌讲究韵律、节奏，中国古典诗词（特别是近体诗）还特别重视声调（平仄）和对仗。因而它的形式美也是同作为语言物质基础的声音分不开的，是构成文学作品尤其是诗歌形式美的一个要素。好的诗歌一般都具有声韵的形式美或音乐美，当然，这已不是纯自然的声音了。

　　以上是第一个问题，即关于构成形式美的感性材料。从上面的叙述中，我们看到作为形式美的感性材料的色彩、形状和声音似乎仅仅与人的视听两种感官发生联系，但事实上并非完全如此。毫无疑问，视觉和听觉是人接纳信息的两种最主要的感官，也是两种最主要的审美感官，但是人作为一个血肉之躯的有机统一体，各种感觉之间常存在着互相依存、互相制约、互为一体的关系。例如，一定的色彩、声音、形状之所以在耳目的

----

① ［英］鲍桑葵：《美学史》，张今译，商务印书馆1985年版，第623—624页。

审美感受中产生快感，就与人的触觉、机体觉、动觉、静觉、时空感等有不同程度的联系。毫无生理欲望或一个重病在身的人即使面对最美的形式也将无动于衷。又如静觉（平衡觉）和动觉（运动感觉）不健全，人就难以自主身体的动作和感受自我受力的方向，还会引起内脏反应失调，这就很难产生审美感受。这说明，视听感官固然是领悟形式美的主要器官，它们的功能是长期社会实践的产物，因此成为一种超生物性的审美感官，但同时也不能忽视它们与人的其他官能或机能的内在联系。因此，美感是与心理学所讲的"联觉"错综复杂地联系在一起的。正因为这样，人才可能例如在看到红、橙、黄等色彩时引起热烈的温暖的感觉；看到蓝、绿等色彩时产生冷、静或收缩的感觉。天低云暗，使人有重压感；春光明媚，似可咀嚼出太阳的香味。当代西方的所谓"色彩音乐"，也正是利用这种"联觉"，使听觉产生视觉形象，使人仿佛进入了一个万花筒般的奇妙境界。

现在谈第二个问题，即形式美的社会根源。作为感性物质材料本身的形式美所显示出来的种种不同情感意味，绝不能仅仅归结为生理性快感，从根本上说，它们的审美属性仍根源于人的生活实践之中，它们互相之间的具体相关的发展过程目前虽然尚未完全弄清，但一般来讲，还是可以得到某种说明的。形式感的发生首先是以劳动工具的使用与制造为基础的，工具的功能必须与特定的形式相适应。例如，树的枝干和劲直的兽骨可以作为武器或工具，砍砸切割的石器要能适用，就必须在长、宽、厚、圆之间形成一定的比例；弓要有弹性不仅要依靠弦的韧性和张力，而且弓背必须成半圆形或双弧形；而箭要能平稳地射出，不仅要长短适宜，箭尾有呈对称状的平衡造型，箭头两侧也必须与箭杆成对称状，一般是等腰三角形或底边略呈内凹的两个小三角形。对线条和形状的感受能力正是在这种制造工具以征服自然的过程中产生的。对色彩的感受和自觉利用，情形也不例外。例如红色之所以被喜爱，其中所包含的热烈、亢奋乃至吉祥的意味，就与激烈的斗争实践（捕猎野兽和部落之间的战争）以及在牺牲、获取、胜利中所付出的鲜血的代价直接相关；同时也与旭日东升时给原始人带来的光明、温暖和有利于生产劳作有关。而绿色的安详平静感则可能与森林、植物为古猿和原始人提供了安全的环境与生活资料有某种联系。至于声音，要具有某种审美属性，必须是悦耳的乐音；而作为音乐要素之一的节奏，也是为了使劳动过程与人的生理属性相适应，从而减轻劳动的紧张度而逐渐为人们领悟和掌握的。劳动的节律通过工具制作与使用工具，在进一步征服自然时所发出的撞击声响进入了人的感官和心理结构之中，并伴随着自我意识的发生而形成节奏感和对节奏的自觉利用。总之，不论形状、色彩、声音，最先都直接与物质实践相联系，而随着人的自觉意识在实践中的发展，人们对上述形式的体验和领悟就日益脱离对实际操作活动的依赖而形成抽象的形式感，并从对形式的纯生理、纯功利性的快感逐渐升华为美感。而有美感的人又通过物质实践和精神实践这两种活动方式按照人的"内在尺度"进一步为自然赋形。这个过程，也就是马克思所说的"人也按照美的规律来建造"的过程。

综上所述，对纯形式及其审美属性的感知和领悟，是产生于物质实践活动及其实用功利基础之上的，是在这个基础上对劳动过程及其规律和处于实践关系中的对象形式进行模仿、抽象和不断积累、升华的结果。这也就是李泽厚所说的"原始积淀"过程，即物质实践活动的合规律性与合目的性历史地积淀于对象之中，于是形式也就成为一种表现内容的合规律与合目的形式，成为具有审美属性的形式。当然，这个物质积淀的过程必须通过心理积淀这个中介，但精神的东西只能通过有这种精神（人的心理结构）的人的物质实践活动才能成为物化存在的形式。在这个问题上，不论是只孤立地看到精神的作用或把精神从一个完整的人中片面地抽象出来都是错误的。但是，当人的精神（主体性心理结构）一旦形成，它就具有相对的独立性，并且能够从事巫术活动之类的精神生产，从审美范围来说，这种生产的成果之一就是物态化的艺术作品。

现在谈第三个问题，即关于形式美的规律。在前面谈构成形式美的感性材料部分时，已就感性材料本身分别谈到形式美的个别带规律性的特点，现在则是从审美对象的外形式的整体性特征来探究这外形式本身之所以具有形式美的最一般的规律。

形式美究竟有多少具体规律，这大概是永远无法穷尽的。从文艺复兴到近现代，研究形式美及其规律的论著不说汗牛充栋，也是数不胜数的。例如，达·芬奇和米开朗基罗等人毕生都在探索"最美的形式"，他们和其他许多人最后都得出了"美在比例"的结论。荷加斯和温克尔曼在他们的《美的分析》和《古代艺术史》中都把曲线当成最美的形式，他们对形式美的研究的一个显著特点是实证分析，有时难免罗列现象。康德虽然作出了美在形式的结论，但对形式美本身的规律未作简单论断，主要是企图从主客观相统一的角度来说明美的形式所以为美的原因（无目的的合目的性）。到黑格尔，才把形式美从哲学上概括为整齐一律、符合规律（差异中的统一）与和谐三个层次。但整个说来，从中世纪和文艺复兴时代直到黑格尔，他们对形式美规律的研究事实上都没有超出古希腊人所认为的美即和谐这个总的范畴。现在看来，如果不把崇高和现代派艺术的审美特征包括在内，情形确实大体如此。尽管和谐美的具体表现千态万状，但我们可将其概括为两个最基本的规律，即整齐一律和多样统一，下面分别加以说明。

整 齐 一 律

整齐一律是形式美的最基本的规律之一，也是和谐的最初级的表现形式。它主要指多个事物的形式在空间排列上和时间起讫上的对等和相似，表现为一种较严格的秩序，其具体形态又可大致分为单纯性整一和对称性平衡两类。这两种形式都是自然界的结构有序性的表现。

单纯性整一是整齐一律的最简单形式，如单纯的色彩、自由的线条和形状、一碧如洗的蓝天、金黄的麦田、青青的草坪、排列整齐的队伍、整齐划一的街道、规整一律的装饰图案、集体操中从服装到行动的一致，等等，都是单纯性整一的表现。它们或显得质朴、柔和；或规整、浑厚，给人一种单纯、宁静或浑然一体的感受。但这种单纯或严格的形式由于完全没有或极少差异因素，也难免单调或呆板，时间长了就容易使人产生审美疲劳。它的最佳适应范围主要是纯装饰性场合（如室内装饰、会场布置等）、城市建筑的宏观状态、集体队列等方面。在自然美中，绝对孤立静止的单一美事实上很少，往往都有某种动态和变化参与其中。在艺术美中单纯性常常是人们追求的目标，但由于在那单纯的外在形式中往往已包含了深刻的意蕴，因而如果不止于特定的纯形式欣赏的话，那么，在这类美的形式中事实上已超出了单纯性整一的范围。

整齐一律的较高形式是对称性平衡，其主要表现是双侧或多面对等。例如无机界的结晶体（从雪花到水晶石的结构），有机界如植物叶片的左右对称，动物和人的肢体乃至身体的左右对称，等等。但同单纯性整一相比，在某些对称性平衡中已有某种差异介入，这里所说的"差异"，指的是某类形式在大小、地位、形状、色彩、音调等方面在一致性中又显出某种不一致，例如分为三组的大玻璃窗，上层较小，中层最大，下层又略小（或略大），三组在形式上也不完全相同，但从总体上看又显得有序、平衡对称。就是双侧对称的事物，其对称性也不都是两侧绝对相等，例如叶片往往有一侧略大于另一侧，如此等等。对形式美专门作过哲学概括的黑格尔曾对此有过论述，他说："一致性与不一致性相结合，差异闯进这种单纯的同一里来破坏它，于是就产生平衡对称"；"如果只有形式一致，同一定性的重复，那就还不能组成平衡对称，要有平衡对称，就须有大小、地位、形状、颜色、音调之类定性方面的差异，这些差异还要以一定的方式结合起来"。[①] 但应该说明的是，差异在其中显然不占重要地位，因而才可能成为对称性平衡。这种形式特征作为自然界之所以可能具有审美属性的普遍规律，曾引起了达尔文的极大注意，他深刻但不无片面性地指出：各种生命形态的美"完全依赖于生长的对称性"。[②] 把美归之于自然界本身的属性甚至认为动物同人一样也有美感是这位大科学家的失误。我们前面已指出，美和美感都起源于人类的实践活动，但这并不是说人的劳动可以凭空创造出形式美来，美的产生必须是以自然界及其本身所具有的规律性包括结构形式和外观上的对称性特征为基础的，在这个意义上说，人类劳动绝不是万能的。但是，当人类在对自然界的实践改造活动中掌握并利用了它的规律性，使其合乎自身的目的时，包括对称在内的自然属性就变成了具有审美属性的"人化自然"，成了一种重要的美的造型规律。这对社会美，尤其是艺术美，都是必须普遍遵循的法则。例如雕塑、绘画中的

① ［德］黑格尔：《美学》第一卷，朱光潜译，商务印书馆1979年版，第174页。
② 转引自［苏联］德廖莫夫《美育原理》，吴式颖译，人民教育出版社1984年版，第310页。

比例、平衡都是以某种形式的对称为基础的。西方宗教建筑和中国宫殿式结构更是以比较严格的对称形式来突出其稳固、宏伟和秩序的特征的。此外，在叙事性文学作品中结构比例的均衡，中国古典（近体）诗中的平仄对仗，也在一定的变化与差异中表现出一种对称性均衡的形式美。因此，形式的对称性平衡，在人对现实的审美关系中是运用十分广泛的一条基本形式规律。

多样统一

多样统一是各种形式美规律的集中概括，是和谐的最高形式。它既不是见不出任何差异的单纯性整一，也不仅仅表现为有一定差异的一致，而是表现为各种对立因素的统一。举凡形式美的一切具体法则，诸如整齐、对称、平衡、对比、虚实、主从、动静、变化、节奏，等等，实际上都是或可以是多样统一的某种具体表现形式。并且，在审美对象尤其是高级的艺术作品中，上述形式美的具体法则往往可以得到集中的表现。因此，所谓多样统一，就是从审美对象特别是艺术作品的形式中的各种因素的组合关系及其变化中表现出内在的统一性而成为一个有特征的和谐整体。但多样统一的形式规律已不仅限于纯数量的关系，而与质量相关，即它已从量的组合变化显出了质的特征。这就是黑格尔所说的："和谐一方面显出本质上的差异面的整体，另一方面也消除了这些差异面的对立，因此，它们的相互依存和内在联系就显现为它们的统一。"①

如果说单纯性整一和平衡性对称是比较初级的自然规律，那么，多样统一则是比较高级的自然规律，人类也是在劳动实践中逐步感受和领悟到这些由低级到高级的规律及其合目的性的特点的。例如，早期（前古典时期）的希腊雕刻就直接模仿埃及雕刻，带有埃及这个早熟的儿童的过分规整、稳重、呆板和僵直的遗风。到了古典时期，完全形成了希腊自己的和谐风格。如前面说到的公元前 4 世纪（或为公元前 1 世纪）米罗的维纳斯

---

① ［德］黑格尔：《美学》第一卷，朱光潜译，商务印书馆 1979 年版，第 180—181 页。

雕像，她那单纯、宁静、柔和与典雅的风姿，不仅表现在面部表情，更表现在整个身子的S形体态，从这种曲线中透露出一种动态美和不尽的韵味。这就突破了简单的对称平衡，同时更体现了"重力平衡"的法则。人体上宽下细的构造特性常使雕塑家想方设法来克服这一弱点（例如使两腿略为拉开或其他表现技巧）；维纳斯雕像的作者不仅通过S形体态解决了上述问题，更巧妙地用一块裹在腰部至脚面的布料，既起到了遮羞的作用，同时也成功地解决了裸体雕像的上下对称和重力平衡的问题，而裹布的皱褶使这一雕像更加富有质感，栩栩如生，从而整个雕像便使我们感觉在平衡和多样统一中更加典雅，体现着青春和生命的韵律。又如《掷铁饼者》和古罗马时期的《拉奥孔》雕像，也都不限于简单的平衡对称，而是运用了"运动平衡"的原理表现人物从一个动作即将转向另一个动作时的瞬间，即莱辛所说的最富于孕育性的顷刻。从内容上说，这就使审美对象含蓄，耐人寻味。从形式上看，它表明了平衡关系的两极有规律的交替出现，它既不断打破平衡又同时不断重建了平衡，这就形成了不平衡的平衡，在静态中表现动态，又在动态中取得了平衡。正是这两种对立因素的有机组合，形成了一个意蕴丰富的多样统一体。中国古典绘画和诗歌讲究虚实相间，巧拙互用，动静互补以及"妙在似与不似之间"等等，都是用对立统一所造成的独特形式表现内容的含蕴和深刻。在音乐上，春秋时的齐人晏婴就懂得了"和"（偏于互补的对立统一）与"同"（简单的一律）大不一样。而音乐要具有美的属性，就必须使对立双方达到统一，即"清浊、大小、短长、疾徐、哀乐、刚柔、迟速、高下、出入、周疏，以相济也"。又说："若琴瑟之专一，谁能听之，同之不可也如是。"① 晏婴，还有伍举、史伯等人对音乐及其他对象的审美属性及其形式规律的看法，与毕达哥拉斯学派的看法确乎有惊人的相似之处：形式美的基本特征就是多种不同或对立因素的互补、协调和有机统一，这是和谐美的最主要的特点和最高表现形态。

多样统一原则同样是文学和综合艺术所必须遵循的规律，是一切艺术在形式美上的重要表现特征。例如诗歌的由音律构成的错落有致的音乐

----

① 北京大学哲学系选编：《中国美学资料选编》，中华书局1980年版，第4页。

美，语言的色彩美，文字上的建筑美；小说在情节结构上匀称的布局和恰到好处的起承转合以及开头、发展、低潮、高潮与结尾的处理，宏观勾勒与细部描写的结合，一般人物与典型人物的相互关系，都无不体现出多样统一的原则，只有做到这一点，才能形成风格的一致。没有统一性，也就没有风格（现代派艺术则有其特殊性，此处不论）。这一点在综合艺术中表现尤为明显。综合艺术（例如戏剧、电影、舞蹈）要求把动作、语言、音响、色彩、事理、诗情、画意冶于一炉，每一部分都具有相对独立的地位，但各部分之间又互补协调，共同服从或表现一个基本的主题或旨趣，这样才能达到真正的和谐。

多样统一作为形式美的原则，都是以量的适当比例关系为基础的，但这种量的比例关系不能只理解为量的空间关系，还包括量的时间比例关系，这就是节奏。节奏是音乐或某种物体及其某种属性有规律性地在一定时间（空间）周期内交替出现的有规律的强、弱、长、短、大小等现象。当节奏在劳动中被人所感知和掌握，并自觉利用它来协调劳动过程中的动作以后，就开始产生了人与自然之间最初的审美关系，接着便作为规范巫术礼仪及艺术创作的手段被更高地再现出来。节奏作为形式美的最重要的基础之一，其特点就在于它与人的生理节奏、生活节奏（呼吸、心跳、脉搏、劳动的节律乃至日常生活的秩序）以及情感心理节奏有对应契合关系，因而在审美活动、艺术创作和欣赏活动中人能够通过对节奏的合规律与合目的感受而产生生理快感和精神愉悦。节奏既是作为较低级的形式美如整齐一律的基础，也是多样统一的基础，表现于前者时，节奏比较简单、单一，有时甚至难免单调；表现于后者时则往往富于变化，因而丰富多彩。例如，音响的不同组合，高低、长短、单复、强弱、疾徐的有规律的相互交替与重复变化，就能构成优美动听的旋律，使人产生较丰富新鲜的感受，增强形式美的魅力。虽然人对节奏的感受首先来自于听觉对物体在时间中的运动，但随即也发展为视觉对物体及其属性在空间中的比例感。因此，空间的时间化和时间的空间化是相互联系的，不存在绝对的孤立的时间和空间，它们作为物质存在的形式是不可分割的。在造型艺术中，线条、色彩、明暗和面（体）积的形态（如直线、曲线、方形、圆形以及不同色彩的配置和大小）的不同比例和运动形态，它们是否合乎某种规律和变化，都可在人们对这种空间形象的欣赏过程（时间）中被感知和体验，并从而与人的生理和心理的情感的节奏发生对应关系，产生美感愉悦。因此可以说，节奏是一切艺术和形式美的重要基础。节奏过于单调或缺少节奏，就会减弱或毁掉形式美。例如，文学作品和戏剧电影中冗长的描述和对话，无休止的说教，蒙太奇的呆板、松散和混乱，仅从形式这方面而言，也是对节奏的破坏。它不能激起人的心理节奏的共鸣，在形式上没有魅力，其效果自然是使人昏昏欲睡了。

　　应该说明的是，上述整齐一律和多样统一的形式美规律，其适应范围主要是指从古希腊到近代的古典或传统型艺术（包括古典悲剧和批判现实主义）以及自然和社会中的优美，而对自然中的崇高美尤其是以反传统、反理性为特征的现代派艺术却并不完全适用，甚至表现得相反。例如，自然中的崇高，如康德所指出的，是以无形式实即形式突破空间与时间尺度，表现为数量的或力量的宏伟为主要特征的；而在许多现代派艺术尤其在绘画和文学作品中，时空关系被打乱了，形式表现也不再合乎传统形式美的规范，而是以极为抽象和极端变态的形式表现得十分怪诞或丑陋，传统形式美的规律和尺度几乎被彻底打破了。结果，形式美便转向了形式丑。美的形式规律的这种变态，就其根本原因来说，实际上是人对资本主义高度异化现实的一种反应和自觉抗议。生活本身的荒诞、丑恶使包括艺术家在内的许多人深感美的失落和自我的丧失，于是他们便只能在丑怪的形式中寻找和表现他们被扭曲了的心情，并在对这种形象的观赏中，使受压抑的、紊乱的情感得到宣泄，产生精神上的某种补偿快感。因此，如果说以和谐为主要特征的形式美是人们对尚未充分异化和尚未充分自觉认识到这种异化的难以忍受的现实状况的反映，其中包含着人类对能够克服异化状态的信心和理想主义的精神，那么，以丑怪为其形式特征的现代派艺术，则反映了人们的这种理性万能的乐观主义理想的幻灭，但它同时又在这种否定的形式中不时闪耀着人道主义的光辉。还应该说明的是，在一些较优秀的现代派文艺作品中，它们对现实时空关系的有意打乱和特殊建构，虽然并不一定符合人们常识范围内的理性和秩序观念，有时却也在这种新奇丑怪的形式中揭示了更深层次的真与善的理性内容。从这一方面来看，现代派艺术在形式上并非全部毫无规律可循，它们在形式上不和谐，但在内容上仍趋向"多样统一",例如毕加索的《格尔尼卡》和乔伊斯的《尤利西斯》,就绝不能被看做是毫不遵循形式法规的随心所欲的作品。它们创造了一种新形式,其法则也许是"非法"的,但却可能更深刻地揭示出现实与人之间的某种本质关系。不少现代派艺术虽然在形式上往往表现为丑怪,但最终不是教人们走向丑的世界,而是以批判和否定的形式呼唤着美与和谐在人性中的复归。至于其表现形式还有什么具体规律可循,则还是一个有待深入探讨的问题。

对世界的艺术掌握方式

一

马克思在《〈政治经济学批判〉导言》中提出了对世界的艺术掌握方式问题，他说：

> 整体，当它在头脑中作为被思维的整体而出现时，是思维着的头脑的产物，这个头脑用它所专有的方式掌握世界，而这种方式是不同于对世界的艺术的、宗教的、实践—精神的掌握的。[①]

这是被美学界经常引用的一段著名的重要言论。但是，对这段话的理解却众说纷纭，以致除了关于艺术是用形象思维，而理论是用逻辑思维这一点外，几乎都是各不相同的。主要困难集中在这一点上，即马克思说的"实践精神的掌握方式"的确切含义是什么？特别是它与艺术的和宗教的掌握方式究竟有何关系？这个问题不论证清楚，对世界的艺术掌握方式的特点和实质就不可能得到比较深入的理解，也就不可能得到正确的符合马克思原意的解释。

什么是实践精神的掌握方式呢？占大多数的一种看法认为，这是一种既不同于宗教的也不同于艺术的掌握方式的、从实践要求的目的上认识和

① 《马克思恩格斯选集》第二卷，人民出版社 1966 年版，第 215 页。本文在后面凡提到"实践—精神的掌握方式"时，不再保留其中的连接符号。

对待世界并且最终可以掌握世界的一种方式，也就是一种从务实精神上认识与把握世界的方式；另一种说法则认为这是一种在具体的实践过程中的思维方式，近似于心理学上的操作思维或日常生活实践中的思维方式。①应该说，这两种说法都有合理之处，但在解释上都还存在不明确或值得商榷的地方；特别是对实践精神作上述理解的同志，一般都把这种思维方式看成是一种与艺术的和宗教的掌握方式没有联系的具体思维方式，或"思维方式的成果"；如果有联系的话，也主要是对实践精神的、艺术的和宗教的掌握方式从思维形式上加以比较，其结论也不过是说，艺术掌握主要用形象思维，宗教掌握主要用幻想，而实践精神的掌握则是不发达的形象思维与抽象思维的混合方式；至于艺术的，宗教的和实践精神的这三种掌握方式，究竟有什么内在的具体联系，大多避而不谈或语焉不详。例如夏放先生在《论艺术的掌握世界的方式》一文中，就把实践精神的掌握方式仅仅看做是人类求善（功利）的一种方式，并且与大多数人一样，割断了艺术的和宗教的掌握方式与实践精神的联系。这样一来，被称为形象思维的艺术掌握方式就属于一种纯粹的认识活动，并且与理论的掌握方式（科

① 蔡仪先生认为，"所谓实践—精神的掌握方式，首先要肯定是一种认识方式，却又是为实践所要求的、和实践直接联系的认识"，"这种认识方式，与理论的、艺术的、宗教的认识方式，当然是不同的"（《马克思怎样论美》，载《美学论丛》第1期，第7页）。这与夏放在《论艺术的掌握世界的方式》（《美学》第4期）一文中把实践精神的掌握方式理解为"日常思维"有相近之处。但他们都把艺术的和宗教的掌握方式排除在实践精神的掌握方式之外。朱光潜先生认为，"人对世界的实践精神的掌握，同时也就是人对世界的艺术掌握"，而"劳动生产是人对世界的艺术掌握"（见《美学问题讨论集》第6集，第186页）。此说虽然失之含混，但他把艺术掌握方式与实践精神的掌握方式联系起来，这是与蔡仪等人的看法的最大的一个区别；不过在把实践精神的掌握方式看做一种劳动过程和日常生活中的思维（姑且称之为"实践思维"或"操作思维"）。在这一点上，朱光潜的看法似亦与蔡、夏等人接近。胡经之认为，"人对世界的实践精神掌握，是精神与物质掌握的统一"（见《马列文论百题》，第153页）。这与朱光潜的看法比较一致，却有点把"对世界的艺术掌握"与马克思经常使用的"艺术生产"这个概念等同起来了。我们认为，对世界的艺术掌握包含了艺术生产乃至物质生产的某些属性，但并不等同于物质生产和艺术生产本身。因为马克思谈对世界的"掌握"问题时，是着重从精神掌握的角度来谈的，所以，我们在本文中把对世界的艺术掌握理解为一种"带实践性的精神活动和实践活动中的精神"。杜书瀛虽然提出从精神上掌握世界的方式不限于马克思所说的四种，但他也认为，"所谓实践精神的掌握方式，主要是指为具体实践所要求，同具体实践直接联系的一种认识方式"（见《美学论丛》第1期，第128页）。此外，只有李思孝先生对"实践精神"的掌握方式持否定态度（见《马克思恩格斯美学思想浅说》，第238—239页）。

学）的区别，也仅仅是一种纯形式的差别而已。我们认为，这种颇为流行的看法是值得商榷的。

对马克思的上述论述持另一种看法的，就现在所知，除了苏联美学家涅多希文等人以外，在我国则以朱光潜先生为代表。涅多希文曾经提出："马克思在这里把理论思维同他所称为'实践精神'的意识形态区分开来，而艺术和宗教就属于这种意识形态。"但涅多希文对他的这一论断的论证却十分简略而含混，对宗教掌握与实践精神的关系则避而不谈；并且他还把"实践精神"解释为既是一种实践活动，又是一种精神活动，这样，就违背了马克思的原意。① 现在我们着重谈谈朱光潜先生的看法。他在《生产劳动与对世界的艺术掌握》一文中，是这样解释马克思的这段名言的：

> 这段话的要义在于科学用构成抽象概念（"思维到的整体"）的方式去掌握世界，这种概念和思维到的整体不是原来具体事物的整体。艺术的实践精神的掌握方式之所以不同于科学的掌握方式，正在于它所对待的恰是现实世界的具体事物的整体。马克思在这里所指出的分别也就是抽象思维与形象思维的分别。
>
> 这段话的重要还不仅在于明确指出科学掌握方式和艺术掌握方式的分别，尤其重要的是在明确指出艺术掌握方式与实践精神方式的联系。这是马克思的美学观点的中心思想。②

联系到朱光潜先生在另一篇文章中的论述，可以看出他把理论的掌握方式即抽象思维归之为理性认识，而把艺术的、宗教的和实践精神的掌握方式归之为"感性认识"，但也指出了它们各自之间"既密切相关而又有区别"。③ 我们认为，尽管朱先生把艺术生产与物质生产几乎等同起来的看法是不正确的，尽管他对实践精神的掌握方式同宗教的掌握方式的具体联系也同样采取了回避的态度，但他以"感性认识"的提法把艺术的和宗

① 新建设编辑部编：《美学与文艺问题论文集》，学习杂志社1957年版，第68—72页。
② 新建设编辑部编：《美学问题讨论集》第6集，作家出版社1964年版，第179—180页。
③ 同上，及《形象思维：从认识角度和实践角度来看》，《美学》第1期，上海文艺出版社1979年版。

教的掌握方式与实践精神的掌握方式联系起来，却是有启发性的。细究起来，朱先生所说的"感性认识"，看来主要不是他自认为的哲学认识论意义上的、与理性认识（认识的高级阶段）相对应的感性认识（认识的低级阶段），而实际上主要是心理学意义上的、带有鲜明感性色彩的一种认识，即包含了形象直觉、情感、想象和理解诸因素在内的一种实践性认识，也就是形象思维或带有形象思维特性的认识。众所周知，这种认识已经不是严格的逻辑学意义上的纯思维，而是饱和着情感、想象和意欲，并且始终以不脱离感性事物或生动具体的表象为特征的；由于在这种认识中渗透和积淀了逻辑的和理性的认识或这种认识的成果，因而它仍是一种可以掌握事物本质的精神活动或认识活动。从认识能力上说，这种精神活动也就相当于哲学认识论上的理性认识；从认识方式来说，它们又是一种带实践性的认识，即实践精神。现在的问题是，如果说艺术掌握方式是一种实践精神的掌握方式，那么，难道宗教掌握方式也是一种实践精神的掌握方式吗？显然，这个问题是必须给予具体回答的；而对这个问题的回答，又必然是与正确理解"实践精神"的确切含义相联系的。看来，所谓"实践精神"，既不是涅多希文说的那种既是实践又是精神的含混不清的东西，也不是和艺术掌握与宗教掌握不能发生关系的一种纯"务实精神"或"操作思维"，而是一种带有鲜明的实践主体性的精神活动和实践活动中的精神——"实践精神"的这两个特点，正是与从纯理论上掌握世界不同的从艺术上和宗教上掌握世界时必然具有的特点。下面我们且分别加以说明。

　　首先，实践精神作为一种特定的"感性认识"，它们都是一种带实践性的意识。有的论者认为马克思关于"实践精神"的提法似乎只此一处，又未加解释，因而难以理解。其实并非如此。早在《德意志意识形态》中马克思、恩格斯就提出过不同于"'纯粹'理论，神学、哲学、道德等等"的"实践意识"，[1] 这也就是在《1844年经济学哲学手稿》中提到的始终都与"精神感觉、实践感觉（爱，意志等等）"联系在一起的一种实践性的精神或实践思维。[2] 所谓"实践意识"，也就是"实践精神"；而"精神

---

① 《马克思恩格斯论艺术》第1卷，人民文学出版社1960年版，第209—210页。
② 马克思：《1844年经济学哲学手稿》，刘丕坤译，第79页。

感觉"、"实践感觉"即情感、想象和意欲，等等，正是构成与理论掌握
（科学、哲学）方式不同的实践精神的掌握方式的一种特有属性。马克思
对"艺术的、宗教的、实践—精神的掌握方式"的排列顺序并不是随意的
和偶然的，因为对世界的艺术的和宗教的掌握方式都渗透着主体的意欲和
鲜明的感情色彩（马克思说宗教"是无情世界的感情"），这是为"纯粹
的"理论掌握所没有，而为实践精神的掌握方式所必然具备的。因此，实
践精神的掌握方式不但是自身相对独立存在的一种掌握方式（例如操作思
维），而且也是对艺术的和宗教的掌握方式所具有的实践性特点的包容与
概括。因此，否认前两种掌握方式与实践精神掌握方式的联系，或越过宗
教的掌握方式而径直把实践精神的掌握方式与艺术的掌握方式联系起来，
是不合逻辑的，也是不符合马克思的原意的。

　　其次，艺术的掌握方式作为一种想象或姑且名之曰形象思维，在掌握
世界时突出地表现出直接性、具体性与整体性的特点。在它对世界的掌握
过程中，一刻也不脱离对物象的直观感觉或感性事物的具体表象，这也就
是刘勰在《文心雕龙·神思》篇中所讲的"神与物游"；而对世界的宗教
掌握也离不开幻觉中的"物"象。这里需要指出的是，所谓"对世界的宗
教掌握方式"，并不是指从宗教理论上掌握世界，也不是指宗教教义的宣
讲（正像对世界的艺术掌握也不是从艺术—美学理论上掌握世界一样），
而是指的用幻想和宗教形象反映和把握世界。明白了这一点，我们就不难
理解，尽管宗教掌握中的鬼神、天堂、地狱这类形象在现实生活中并不存
在，是一种虚幻的东西，但却可以凭想象力幻想出这些对象，即幻想与幻
觉的对象，从而表现为幻想中的"物象"或"意象"，并且又要通过宗教
实践活动把这种幻想物态化为实在的对象。不论是原始人的巫术礼仪和古
希腊的奥林匹斯神仙境界，直到基督教和佛教的庞大神佛世界，都表现为
具体完整的形象，都要用想象和幻想来创造这样的形象世界。在对世界的
艺术的和宗教的掌握过程中，浮现在主体头脑中的正是这种生动具体的表
象，而不是理论思维中仅仅作为"前提"存在的表象和最终升华为概念的
"思维整体"和"思维具体"，而是"物象具体"或"形象具体"。理论的
掌握方式在如实感知客观世界现象的基础上，通过逻辑分析，把完整的对
象世界加以分割、界定，舍弃其所不需要的具体生动的细节，而只间接地

取其抽象本质,进而从抽象分析再上升到对对象的总体作具体把握,造成一个作为概念体系的"思维整体"或"思维具体"。而艺术的和宗教的掌握方式在感知或幻觉的基础上,凭借想象和联想把对象塑造成为一个渗透了情感、理想和幻想的完整生动的"形象具体";它们不像理论的掌握方式那样是一种间接的、纯客观的反映和认识,而是直接的感性活动,是一种充满了主体性的创造活动。艺术的掌握方式(包括宗教掌握中的艺术手段)既要从整体的生动联系上反映对象,又要在这个同时在实践上即实际上创造一个不同于原来对象的新形象,这样才能实现其对世界的掌握。因此,实践精神的掌握方式又是一种实践活动中的精神,是与实践活动本身密切联系的。

综上所述,马克思所说的"实践精神的掌握方式",既是一种相对独立的具体掌握方式,即带实践性的精神活动和实践活动中的精神,因而不但不同于理论的掌握方式,而且也不完全等同于艺术的、宗教的掌握方式,但又包容和概括了后两种掌握方式所具有的重要特征,即它们作为主要用形象思维掌握世界的形式,都带有实践精神的性质,即不同于抽象思维的纯客观认识,而是在反映客观世界的基础上同时带有鲜明的主观情感、想象和意欲的属性,又要同时在实践活动中把这些精神属性对象化,才能实现对世界的掌握。因此,对世界的艺术掌握与理论掌握的区别,不仅在不同的思维形式(即想象的思维与抽象思维)中同时包含了不同的内容,因而艺术与科学的区别并不仅仅是形式的区别,而且艺术的掌握方式不能像理论掌握方式那样仅仅停留在纯思维活动的阶段,而是必须在实践活动中才能成为现实的一种掌握方式。

二

进一步弄清艺术的掌握方式是一种实践精神的掌握方式,亦即带实践性的精神活动,这对艺术本质的探讨具有重要意义。这个意义首先在于:我们不能只从哲学认识论的角度来看待艺术和艺术掌握的本质,而必须同时从心理学的角度来具体地考察它的特点。

　　我们的一个基本看法是：从根本上说艺术是生活的创造性反映，但同时也是情感的表现，即带实践性的一种精神现象。

　　把艺术的本质界定为"对生活的形象反映"，是有长期影响的一个公式。这个定义在揭示艺术本质的最一般层次上是正确的。根据艺术是一种意识形态，而意识是物质实践活动的能动的创造性反映这个唯物论的原理，上述关于艺术本质定义的正确性，主要表现在这个基本方面：艺术来源于生活，要创作出具有真正价值的艺术作品，艺术家不能脱离现实生活，而必须深入生活，体验生活，感受生活，具有丰富的生活经验，而对艺术作品的领悟与欣赏，也必须以对产生艺术作品的时代和社会生活有所了悟为前提；反过来说，对艺术作品的欣赏和研究，又能使我们加深对一定时代社会生活的认识。

　　上述基本原理，对作为意识形态的艺术来说，毫无疑问是极为重要的一条根本规律，它已为文学艺术的历史所充分证明，不论一个时代的文艺也好，一个文艺家的创作也好，违反了这一基本规律，艺术创作就会枯萎，艺术批评也就可能成为胡说。但艺术不仅仅是狭义的反映和再现，同时也是审美主体的情感的表现，是再现与表现的统一；因为仅仅把艺术当成反映，就不易区别它与其他意识形态的关系，就难以解释艺术之所以为艺术的特殊本质。把艺术仅仅当成是一种反映和认识，那只是从意识与存在的关系这个方面说明了艺术和科学的共同本质都是对生活的创造性反映，而艺术和科学的区别主要只是形式上的区别，即艺术是用形象反映生活，而科学则是用概念反映生活；至于它们各自在另一层次上的本质特性，就不能得到更深入具体的揭示。艺术并不仅是认识，甚至根本不属于认识论范畴，音乐、舞蹈、美术的特性和作用是一种认识吗？听一曲《春江花月夜》和贝多芬的《月光》，我们主要是得到了某种认识吗？凡·高的《向日葵》和齐白石的《蛙声十里出山泉》，其价值是由于它们提供了某种动植物的知识吗？李白的《静夜思》之所以成为一篇千古传颂的佳作，难道是因为它说出了人在异乡的月色中一定会思念故乡这个真理吗？① 显然，它们虽然不能与认识绝缘，并且确

――――――――――

　　① 李泽厚：《美学论集》，上海文艺出版社 1980 年版，第 262 页。

有认识作用，但重要的是它们成功地表现了人对生活的某种典型感受、感情，并使欣赏者受到了强烈的感染，因而才成为美的艺术作品。鲁迅说："诗歌不能凭仗了哲学和智力来认识，所以情感已经结冰了的思想家，即对于诗人有谬误的判断和隔膜的揶揄。"① 欣赏如此，创作亦然；诗（音乐、美术、舞蹈）如此，小说（剧本）亦然。小说是认识因素相对较为突出的一种"再现艺术"，然而，要使一部小说成为真正打动读者的美的艺术品，它所描写的生活与人物，必须是渗透了作家自己充分体验过的情感内容，这才能使作品中的形象成为"活的形象"，正是在这个意义上，黑格尔才说："情致是艺术的真正中心和适当领域。"②

对"艺术不仅仅是认识"抱怀疑态度的人来说，他们担心把情感的表现也当作艺术的本质规定之一，会导致对唯物主义反映论的否定，走向二元论。于是他们引证马克思主义经典作家论艺术（主要是小说）的认识作用的大量言论想说明艺术仅仅是一种纯粹的"反映"这一定理。但他们的担心是没有充分理由的，因为艺术作为情感的表现，并不是纯主观的，说艺术表现情感，也并不违背唯物主义反映论；而不过是说它作为一种特殊的意识形态在反映和掌握世界的时候，并不是像对世界的理论掌握那样纯客观的反映，而是始终带有主体的强烈情感、想象和意欲色彩，亦即实践精神的性质。

那么，怎么解释马克思主义经典作家比较重视艺术的认识作用这一事实呢？我们认为，对他们的言论应该作准确的、全面的理解。不可否认，马克思、恩格斯作为革命家，对艺术作品（主要是小说戏剧）的认识价值曾给予了很大的重视，特别是马克思、恩格斯对歌德、巴尔扎克、易卜生等重要作家作品的论述，对欧仁·苏《巴黎的秘密》和拉萨尔《济金根》的批评，的确是比较侧重于从作品反映生活的真实程度即作品的认识价值进行评论的。但我们应该看到，即使是对这些作家作品，马克思、恩格斯也是把美学的标准与历史的（即社会的、认识的）标准结合在一起进行分析的。例如马克思、恩格斯曾不约而同地尖锐批

① 鲁迅：《诗歌之敌》，《鲁迅全集》第七卷，人民文学出版社1958年版，第348页。
② ［德］黑格尔：《美学》第一卷，朱光潜译，商务印书馆1979年版，第296页。

评拉萨尔对历史的歪曲（不真实），但同时也指责他没有生动准确地表现人物的个性，"而是席勒式的把个人变成时代精神的单纯传声筒"；之所以如此，固然与拉萨尔错误的立场和认识有关，但同时也是与拉萨尔不能准确地揭示人物的心理、真实地表现人物的情感分不开的。马克思特别指责拉萨尔对玛丽亚说了许多不着边际的废话，而不能用"一句话把她的情感一般地表现出来"，尤其使马克思"愤怒"的是，拉萨尔歪曲了少女时代的玛丽亚对爱情与生活的"天真看法"，把她那纯洁天真的情感和憧憬，变成了"关于权利的说教"。① 这说明马克思、恩格斯在强调文艺真实地反映生活的同时，对作家必须真实地表现人物的内心特别是情感是多么重视。实际上，在马克思、恩格斯的现实主义艺术论中，恰恰包含了既要真实地反映生活，又要真实地、成功地表现人的情感这两个方面的内容。马克思对古希腊艺术的那段著名言论，集中说明了马克思的艺术评论是把历史观点和美学观点高度结合的典范。马克思并不满足于历史的分析（艺术发展的不平衡性及希腊艺术与其社会结构的适应性），而同时从美学的观点进了深入的探讨。在这里，美学的分析，突出地表现为与社会历史相联系的心理学的分析，并提出了希腊艺术何以至今仍能满足人们的审美感情这一发人深省的问题。在马克思看来，希腊艺术之所以使人"感到愉快"，并且"具有永久的魅力"，重要原因之一就在于它"真实地再现"了"发展得最完美"的"人类童年时代"，特别是真实地再现了这个时代中的人的"天真"或"纯真"的"天性"，而这种天真的人性，就包括了纯真的情感、美丽的幻想和丰富的想象，正是这种用艺术手段表现出来的处于一定时代条件下的较完美的（尚未异化的）人性，仿佛使我们自己也回到了那纯真的、充满着美丽的憧憬与幻想的童年时代。从而给我们提供了"具有永久的魅力"的艺术享受。我们再来看马克思对夏多布里安的评论。马克思之所以对这个浪漫主义作家特别反感，不仅由于他政治上的反动与反复无常，也由于他的作品"虚伪的深刻"、"拜占庭式的夸张，感情的卖弄"。② 这说

---

① 《马克思致斐·拉萨尔》，《马克思恩格斯选集》第 4 卷，第 313 页。
② 《马克思恩格斯论艺术》第 2 卷，人民文学出版社 1960 年版，第 25 页。

明，马克思关于艺术必须真实地反映生活的原则是与真实地表现人的感情的要求联系在一起的。再看恩格斯对巴尔扎克的评论，结果就更加清楚。关于巴尔扎克，一般都只强调马克思、恩格斯高度赞扬他"对现实的关系有深刻的了解"，但对马克思和恩格斯论及巴尔扎克自身的感情态度对其创作的重大影响这一方面却很少上升到有关艺术本质的高度进行过探讨。其实，在恩格斯对巴尔扎克创作的著名分析中，特别指出了他的现实主义方法和情感的尖锐矛盾，而不论是巴尔扎克对贵族的"同情"还是对资产阶级暴发户的"憎恶"，都是一种强烈的感情态度，正因如此，巴尔扎克笔下的贵族阶级的没落蒙上了一层"挽歌"的色调，而资产阶级的"胜利"则显得丑恶可憎。可见，巴尔扎克对现实社会关系的深刻揭露，不仅是一种客观的反映，也不仅在于作家使他的这种"认识"形象化了；马克思、恩格斯对他的小说在认识价值上的赞扬和批评，常常是和对作家在作品中的情感表现联系起来加以考察的。事实上，没有强烈的爱憎的情感和把这种情感表现在形象当中的本领，包括巴尔扎克在内的一切艺术家都不可能成为艺术家。恩格斯是坚决反对使"个性消融到原则中去"的，他要求倾向性（即作家的思想认识）不应特别说出，而要从情节和场面中自然流露出来，这固然是强调文艺作品必须以生动的形象感人，但同时不可否认地包含着真实地表现情感的内容。真正美的艺术形象都是特征和情感的结合，是渗透了情感的独特个性。席勒的作品并非没有情感，相反，情感很强烈，但可惜在一些作品中的情感和形象分了家；而被马克思高度赞誉的莎士比亚的情节和场面所以具有极大的生动性（与丰富性），其重要原因之一，就是成功地把情感个性高度结合起来。没有真实地、成功地表现情感的艺术品，人们面对它时，只会"无动于衷"，它就起不到艺术品之所以成为艺术的作用。也正因此，像巴尔扎克一样真实而深刻地反映了他的时代的托尔斯泰，在《艺术论》中对艺术的本质作了如下界定："区分真正的艺术与虚假的艺术的肯定无疑的标志，是艺术的感染性"，即"用艺术家所体验的感情感染人"。① 尽管托尔斯泰此说不够全面，但这位作为俄国革

---

① ［德］托尔斯泰：《艺术论》，丰陈宝译，人民文学出版社1958年版，第148、111页。

命"镜子"的伟大作家的这一看法,却不可否认地包含着深刻的真理。人们在谈论马克思主义艺术批评的美学标准问题时,恰恰忽视了作为美学标准的极重要内容的情感问题。其实,美学这门科学,不论从传统上看或从实际上看,都是以研究人的情感和美感为中心的,离开了人和渗透着人的理性(认识)的情感,根本谈不上美感。因此,美学标准中的真实性问题,个性和形象性问题,内容与形式的问题,美的规律问题,这一切都是与感情相联系的。否则,一幅医学人体挂图,现场调查报告之类的东西也都可以成为审美对象和艺术作品了,因为就其"真实性"、"形象性"、"典型性"甚至在内容与形式的结合等方面,都可以达到很完善的程度,然而它们毕竟不是艺术品,其根本原因之一,就因为这类东西属科学的范畴,情感和想象在其中是不占地位,没有渗透到"作品"的具体内容中去。科学的态度是绝不能"感情用事"的,而对世界的艺术掌握则刚好相反。

综上所述,可知马克思讲的对世界的艺术掌握,它作为想象思维与科学思维的区别绝不仅仅在于艺术形象具体、科学抽象(这仅仅是形式区别),同时更在于对世界的艺术掌握中充实着渗透着情感意欲和想象的内容;如果说科学理论以概念的形式反映了纯粹的客观事物的本质和规律,那么,艺术则把客观事物及其本质和规律融化在带有主体情感色彩的创造性想象的艺术个性中。因此,艺术也就不可能像科学那样只是纯客观的反映和认识,而是饱和着情感的独特表现。理论的掌握是纯粹的反映和认识,艺术则是再现和表现的统一;而作为它与科学相区别的特点而言,艺术则是情感的表现,是体现在形象中的情感,也就是王国维说的"真景物,真感情"的结晶体。艺术的特点之一,单就它本身而言,作为创作过程,就是"借景抒情";(按:"景"在这里可理解为自然和社会)作为结果,就是"情景交融",即反映生活与表现感情(包括人物的复杂的内心世界)的统一。从这里可以得出结论:尽管生活是艺术的源泉,但如果艺术家对他所认识的生活没有真实的感受、切身的体验和鲜明的爱憎,没有把情感融合到形象和个性中的能力和技巧,他就不可能创作出真正有美学价值的艺术作品,正是在这一个根本点上,充分表现出了对世界的艺术掌握的实践特性,它是一种带有主体的实践性质（情感、意欲）的精神活动。

三

艺术掌握作为一种实践精神的掌握方式，不仅表现为一种带实践性的精神活动，同时也是一种实践活动中的精神，也就是说，对世界的艺术掌握与实践活动有着较直接的联系，而不是像理论掌握那样只是纯思维性质的。真正艺术的掌握必须创造出一个可供观照的形象——一个实际存在的对象世界。正是在这个意义上，艺术不仅是认识世界和表现情感的一种方式，同时也是人在实践中肯定自己的一种方式。

人必须在实践中才能肯定自己，即在自己所创造的对象世界中才能实现自己的本质。如果说科学研究活动肯定着人的认识能力（真），一般实践活动肯定着人的功利追求（善），那么作为艺术创作的实践精神活动，则肯定着人的情感和精神感觉（美）。

那么，肯定对世界的艺术掌握不仅是一种带实践性的精神活动，而同时也是一种实践活动中的精神，一种人在实践中肯定自己的方式，这种说法有没有进一步的理论根据呢？关于这一点，我们不妨再仔细地研究一下本文开头所引马克思论人对世界的掌握方式的那段名言中的最后两句话，这两句话（我们前面没有引出）是紧接着理论的掌握方式"是不同于对世界的艺术的、宗教的、实践精神的掌握的"后面的，原文是："实在主体仍然是在头脑之外保持着它的独立性；只要这个头脑还仅仅是思辨地、理论地活动着。因此，就是在理论方法上，主体，即社会，也一定要经常作为前提浮现在表象面前。"

在论述马克思关于对世界的掌握方式的一般论文中，几乎都没有引到这两句话，更没有对它作出解释。这两句话究竟是什么意思呢？我们认为，弄懂这两句话，对于理解理论掌握和实践精神的掌握的区别是十分重要的。从马克思上述那段话的逻辑层次和语法结构来看，这两句话显然是指对世界的理论掌握，作为对客观世界的反映和认识（当这种认识还未转入实践活动时），就其掌握结果来说，是不能在实际上改变客观世界的。

就其前提（据以反映的基础）来说，也是以客观对象（作为主体的人类社会）的真实存在和实际状况为基础的；也就是说，作为抽象思维（理论掌握方式）基础的表象因素必须是真实的社会存在在人的头脑中的反映（包括具体的和比较概括的表象因素）。总体来说，这两句话说明对世界的理论掌握必须以客观存在的真实的社会生活为基础，必须是对实际存在的事物和关系作郑重的科学的抽象，而这种作为意识形态的科学认识（掌握）在转变为实践活动以前，是没有也不可能改变外部世界的独立性的。现在的问题是，马克思为什么在这里要说这两句话呢？这首先当然是为了强调他研究政治经济学的方法，根本不同于黑格尔式的唯心主义及其所导致的"陷入幻觉"的推论；相反，马克思完全是以对现实社会的实际情况的科学抽象和具体分析为依据和特色的，是由感性通过知性的抽象分析上升到理性即"思维具体"的，而为了说明这种既不能用化学试剂也不能用显微镜的科学抽象方法的特殊性，就列举了在掌握世界时显然与抽象思维方式不同的艺术的、宗教的和实践精神的掌握方式作为对比。显然，马克思在这种对比中实际上指示出艺术的、宗教的这种带有实践精神特性的掌握方式与理论掌握方式最大的两点不同。第一，外在世界不一定必须作为完全"实在"的"前提"浮现在人的表象面前。为什么呢？这就是因为艺术掌握和宗教掌握都要凭借饱和着情感的想象和幻想；想象和幻想固然从根本上也是客观世界的反映，但它们都不是像科学（理论掌握）那样纯客观地如实反映。在对世界的艺术的和宗教的掌握中，外在世界社会生活不一定以其原样作为表象中的"前提"，而是以想象的或幻想的表象形式出现。列宁指出："人的意识不但反映客观世界，并且创造客观世界"；[1] "艺术并不要求把它的作品当作现实"，[2] 这说明了思维的能动性，也指明了艺术掌握不同于理论掌握。而科学如果不把它的"作品"当作现实的真实反映，那就不再是科学。第二，如前所述，要使艺术的和宗教的掌握成为现实的掌握，就必然要创造一个对象世界（艺术形象和神鬼形象），而这种种艺术的和宗教的对象世界都是原来的对象世界（自然界）所不完全有或

---

① ［苏联］列宁：《哲学笔记》，人民出版社1957年版，第199、49页。

② 同上。

根本不曾有过的，因此，艺术形象和宗教世界的出现必然表现为对"实在主体"，即人类社会的某种程度的改变。也就是说，艺术的和宗教的掌握方式，以想象和幻想塑造形象的方式，在一定范围和程度上改变着外在世界的"独立性"，即创造了一个原来并不完全"实在"存在或根本不曾存在的新的对象世界，即艺术世界和宗教世界，从而在这个实际创造的对象世界中肯定人的某种本质力量——这正是艺术的、宗教的和实践精神的掌握方式不同于理论掌握方式的重要特点。

说宗教掌握与艺术掌握一样能在一定范围和程度上改变对象世界，而理论的掌握（当它还只停留在意识形态阶段时）反倒不能改变客观世界，这岂不是抬高艺术和宗教，贬低科学，大有唯心论的嫌疑吗？如果说很多人对艺术掌握的方式带有实践精神的特点还不太反感的话，对把宗教掌握也看成一种实践精神的掌握方式却是坚决反对的。其实，这是因为他们对改变客观世界的问题只作了单向的、形而上学的理解。人对客观对象的改变不仅有积极的一面（从人类实践的总体上看，这一面是主导的），也有消极的一面；也就是说，人的实践不但有正价值，也有负价值。例如，马克思把旧私有制特别是资本主义私有制下的劳动称为"异化劳动"，在对它的否定理解中包含了肯定的理解，在肯定的理解中又包含了否定的理解。大家知道，原始社会的自由劳动并不是一种值得赞美和留恋的生活，对人类的这种自由劳动后来被私有制条件下的异化劳动所否定和取代，也不能形而上学地仅仅理解为一件单纯的坏事；因为建立在异化劳动基础上的各种价值形态，其本身也无不具有肯定和否定的双重性质。异化劳动既产生了假丑恶，也为真善美的发展创造了必要条件，"……道德、科学、艺术等等都不过是生产的一些特殊形态"，即异化劳动的产物。① 如果说旧私有制下的"劳动创造了美，却使劳动者成为畸形"表明了物质和艺术生产也具有消极的一面，即也产生负价值（这种负价值还表现在艺术中有数量众多的腐朽的作品），使劳动群众蒙受了巨大的牺牲；那么，宗教除了有维系社会人心稳定的正价值之外，还具有一种负价值。例如宗教狂热、教派冲突。然而，不论艺术或宗教所肯定的是人的正价值或人的负价

---

① 马克思：《1844年经济学哲学手稿》，第74页。

值，它们作为对世界的实践精神的掌握方式，则又有其共同之处，即对客观世界不仅作具体的、形象的反映，更通过以饱和着情感色彩的想象和幻想创造新的客观对象，即艺术对象和宗教对象；这种被创造出来的对象是自然界原来并不存在而是由人的艺术活动与宗教活动创造出来的"第二自然"。显然，谁也无法否认艺术形象和宗教形象是自然界不完全有或根本不曾存在的东西，而它们的出现又是人所创造出来的一种客观存在物，亦即对自然的一种改变；尽管这种改变具有正负不同的价值，即（从总体上看）艺术是人的本质力量的对象化，而宗教则是人的本质的异化。因此，我们说艺术乃至宗教也在一定范围和程度上改变着客观对象，并不是要过分抬高艺术的身价，更不意味着要特别抬举宗教，只不过是对实际情况加以说明而已。

对世界的艺术掌握既然是一种在一定程度和范围内改变着外在世界的"独立性"的实践活动中的精神，就必然带有生产劳动属性，而不仅仅是纯认识性的活动。艺术创作之所以被马克思称之为"艺术生产"，这也是一个重要原因。正因为对世界的艺术掌握带有某种生产劳动的实践属性，人们才可能通过艺术创作在现实中实现自己的某种本质，肯定自己作为人的高级本质属性的美感能力。因此，我们可以说，精神生产与物质生产虽然不能混淆，但又是不能绝对分割的。以文学和音乐这两种对物质材料似乎依赖最小的艺术而论，要创造出一个文学形象或音乐形象，也不能只停留在头脑的思维活动中的美感阶段，而必须表现为语言或音响的现实；它不像理论的掌握那样仅仅表现为"思维着的头脑的产物"，而是"注定要受物质的纠缠，物质在这里表现为振动着的空气层、声音"。① 这就是说，通过物质和物质的运动创造一个可供观照的音响艺术形象的对象世界（最初的文学都是口头创作）。只有这样，事实上也必须这样，才能达到对世界真正的艺术掌握，即创造出一个实际存在的文学形象和音乐形象；如果"咏歌之不足"，手舞足蹈起来，就进而创造了舞蹈形象——从形体活动上艺术地掌握世界。可见，对世界的艺术掌握，不论作为一种带实践性的精神活动或实践活动中的精神，它与实践的联系都采取的是一种相对说来最

---

① 《德意志意识形态》，《马克思恩格斯全集》第 3 卷，人民出版社 1960 年版，第 34 页。

直接的形式，或者说，作为意识形态的艺术，它要实现其为艺术或人要实现其对世界的艺术掌握，就离不开实践精神乃至实践活动，而理论的掌握则不具有这种特点。理论掌握的认识内容当然也来自物质世界和实践活动，这与艺术掌握也来源于物质世界与实践活动一样：它们作为精神产品，都可以说是社会存在的反映，但这不是我们这里所说的"实践精神"的掌握方式；同样，理论和艺术也都经过实行者和欣赏者而转化为实践力量，这也不是这里所说的"实践精神"掌握方式的特点。这里仅仅是从理论的和艺术即实践精神的掌握方式本身而言的：理论的掌握方式与实践的联系是间接的，艺术的掌握方式与实践的联系则是比较直接的。

综上所述，人对世界的精神掌握方式最主要的就是抽象思维和想象思维两种方式（此外，还有直觉和灵感等，但它们是在实践经验基础上的思维结果，只不过并不一定表现为某一次思考的必然结果，而是带有较大的偶然性；至于审美观照中的形象直觉，也不过是一种渗透了理性的感性）。对世界的理论（科学）掌握主要用抽象思维，它通过概念对世界作如实的、客观的反映；而艺术的和宗教的掌握方式主要用想象（宗教掌握中的抽象思维更多于艺术掌握中的抽象思维因素，并且带有极大的任意性和虚幻性），它以渗透着情感的想象形象和形象塑造从整体上来掌握世界，因而是一种带实践性的精神活动，又是一种实践活动中的精神。对世界的理论掌握创造"真"，艺术掌握创造"美"，而对世界的宗教掌握则制造着"神"；至于一般实践活动则创造"善"（使用价值），而包含在实践活动中的精神，从思维形式来说，则是尚未高度分化的形象思维与逻辑思维的混合，而不是像艺术掌握中的实践精神那样突出地表现为高度发达的想象力。

审 美 教 育 论

美育是整个教育系统中不可或缺的有机组成部分，是培养全面发展的新人的重要手段。由于种种原因，我国对美育并不很重视；不论是学校教育或社会教育，都比较偏重智育。近年来，教育部决定大力加强中小学乃至高等学校的艺术教育，这是一个很有远见的措施。艺术教育是审美教育的中心和重点，是单纯的德育和智育所不能替代的，其重要性特别表现为"科学发展观"中应有之义的精神文明建设提供一种稳定而持久的内驱力，为广大青少年乃至整个民族素质的提高与升华奠定坚实的心理基础。因此，美育的地位不可谓不重要。那么，同德育与智育等比较起来，美育究竟有何特殊的性质或特点呢？本文愿在前人研究的基础上，对此作进一步探讨。

一

首先是关于美育的性质问题。不论从进行教育的方式、手段或目的来看，审美教育既不同于求知，也不等于行善，更不是为了获利。也就是说，美育的实施既不能靠内在的自我强制，也不能靠外在的压力，更不能通过利欲的引诱，它只能靠生动有趣的直观形象的吸引，使受教育者在自由自在的心境中潜移默化地进行。为什么非这样不可呢？这是由美育在本质上是一种情感教育的特性所决定的。情感是唯一不能强迫的东西，是人的行为的原动力。一个人为善为恶，是美是丑，在很大程度上是由情感所决定的。美育从情感入手，正是抓住了塑造人的灵魂的根本，这样才可能把人陶冶和培养成为真正具有高尚情操的新人。为了深刻地认识美育的这一重要特性，我们不妨结合教育史和美学史来对此作较为具体的考察。

早在两千多年前，不论西方和中国的思想家和教育家，在论及美育时，都把情感的陶冶和净化看做审美教育的核心。例如，柏拉图和亚里士多德虽然代表着两条不同的美学路线，但都认识到艺术和审美教育的关键是对受教育者在情感上进行潜移默化的熏陶，尽可能地净化人的情感中的低级、粗野和动物性成分，使人性变得优美和崇高。在我国，作为大教育家的孔子，虽然有过分强调实用和道德的偏颇，但也十分重视艺术（"乐诗"）在陶冶人的情感方面具有不可替代的作用。至于庄子，则主张采取"顺应自然"的"无为"态度，来涤除人的情感中对功名利欲的过分热衷，这就是要求人摆脱使人性异化的种种束缚，返璞归真，做到"人的自然化"，实现心理情感上的宁静，进入"悦志怡神"的境界。庄子的"无为"，并非无情，而是"貌似无情却有情"。他所谓的"至乐无乐"，就是强调最高的审美快乐是排除了现实功利快乐的一种最高的情感精神状态。中国虽然较少系统的美育理论，但在高度发展了的抒情诗词中，正是以艺术实践体现了以陶冶人的情感为中心的美学思想和美育观的。以上情况说明，早在美学思想的发轫时期，情感的陶冶就被中外思想家们看做是审美教育的主要特点，亦即美育不同于其他方面的教育活动的独特性质所在。

美育的特殊性质，在美学开始成为一门独立的学科时更趋明确。1750年，被誉为"美学之父"的鲍姆加登首次提出了建立"感性学"（Äesthetik），就是有感于自古（希腊）以来的哲学家们只着重研究人类心理结构的知、意、情中的前两个部分，并相应建立了庞大严密的逻辑学和伦理学体系，但对于人的情感即感性方面却缺少专门系统的研究。对此，他指出建立 Aesthetics 的目的，就是要研究人的情感、感性，并通过美学的研究和美育的实践，使人的感情变得美好，即他说的使"感性认识完善"。康德继鲍姆加登以后，建立了按顺序研究人类心理结构的三大系列，这就是关于人的理智研究（《纯粹理性批判》）、意志研究（《实践理性批判》）和情感研究（《判断力批判》），三者构成了严整的体系。西方美学界有人常把康德的美学当成一种形式主义美学（因为康德认为"美在形式"），这是误解。康德从来不承认有无内容的形式，且不说他说的"依存美"是离不开内容的（"道德的象征"），就是他所说的"纯粹美"也是具有主观合目的性的特点，这种"先验的合目的性"在康德看来也不是天赋的，而是在人的长期发展中形成的（但康德并不知道究竟如何形成）。这种合目的性使人作出审美判断并从而产生快感，但这快感又是不带有任何直接功利欲望的，这就是所谓的"无目的的合目的性"，通过审美活动，就是为了在感性上、情感上把人培养成为具有高尚美德的自由人；而且也只有从感性和情感的陶冶入手，才可能达到这一目的（因为人的一切愿望和行为的动力都来自感性和欲望）。纯粹理性的训练（知识）不能使人达到高尚的道德和审美境界，而仅从道德上进行说教也不可能建立起真正的道德自律，只有经过情感陶冶即审美活动的中介，才能使人自觉而又自发地把理性融化于感性之中，并进而达到道德极境的"目的王国"即自由王国。由此可见，作为近代美学学科的真正奠基人康德，也把情感问题当作美学研究和审美教育的中心问题。席勒在批判地继承了康德美学思想的基础上，第一次明确提出了美育（或称审美教育）的概念和系统的美育理论，大力提倡通过游戏活动将感性与理性统一起来，一方面使人既克服了感性欲求的内在强制，又保留了感性的实在性与形象性；另一方面既克服了理性规范的外在强制，又保留了理性的自由创造性。那么，这种使人成为全面发展的有高尚道德的人或曰审美的人的"游戏冲动"的心理动力来自哪里呢？显然，它只能来自情感，因为要使人参与"游戏"，使人对"活的形象"作纯外观的欣赏，既不能靠单纯的感性欲求的吸引，更不能靠纯理性的说教与强制，只能靠有趣味的活的形象吸引和激发人的情感，从而很自然地达到"寓教于乐"的目的。

可见，艺术和审美教育的中心应着眼于人的情感方面。所谓美育，也就是对人的情感的审美培育。美育的这一基本特点，中国近现代的许多教育家和美学家也曾对此作过较深刻的阐释。例如，梁启超说：

> 情感的作用固然是神圣，但他的本质不能说他都是善的，都是美的。他也有很恶的方面，他也有很丑的方面。他是盲目的，到处乱碰乱进，好起来好得可爱，坏起来也坏得可怕。所以古来大宗教家，大教育家，都最注意情感的陶冶，老实说，是把情感放在第一位。情感

教育的目的不外将情感善的、美的方面尽量发挥，把那恶的、丑的方
面渐渐压服淘汰下去，这种功夫做得一分，便是人类一分的进步。①

　　梁启超的上述看法先后与王国维、蔡元培的类似看法互相呼应。王国
维与蔡元培都认为美育的本质就是"情育"，是感情的"陶养"，其最终目
的是"使人感情发达，以达完美之域"。所谓"感情发达"，指感情的健康
发展。这既不能靠知识教育，也不能靠道德说教，只能靠艺术和审美教
育，即情感教育。因为"情感上之疾病，非以情感治之不可。必使其闲暇
之时，心有所寄而后得以自遣。夫人之心力，不寄于此，则寄于彼，不寄
于高尚之嗜好，则卑劣之嗜好所不能免也"。② 王国维、蔡元培继承了中
国古代美学思想特别是庄子的美学思想，又吸收了以康德、叔本华为代表
的德国古典美学关于审美无利害计较的观点，还进一步分析说明了审美的
普遍有效性在培养人的非占有欲和高尚情操方面的作用。蔡元培除了指出
"美育毗于情感"、"美育应该绝对的自由，以调养人的情感"③ 以及"美
育者，应用美学之理论于教育，以陶养情感为目的者也"④ 外，还更深刻
地论述了艺术和审美具有无个人利害的普遍情感愉悦的功能。正因如此，
美育才能消除人们损人利己的观念，使人"超绝实际"的利害打算而共同
和谐相处。他论证说："食物之入我口者，不能兼果他人之腹；衣服之在
我身者，不能兼供他人之温；以其非普遍性也。"但审美却完全不同："北
京左近之西山，我游之，人亦游之，我无损于人，人亦无损于我。隔千里
兮共明月，我与人均不得而私之。"⑤ 美育不仅在消极方面有这种优美怡
情作用，从积极方面看，更可使人达到道德的高峰和崇高的极境，以致
"当着重要的关头，有'富贵不能淫，贫贱不能移，威武不能屈'的气概，

---

　　① 梁启超：《中国韵文里所表现的情感》，转引自北京大学哲学系编《中国美学史资料选
编》下册，商务印书馆 1981 年版，第 417 页。
　　② 王国维：《去毒篇》（鸦片烟之根本治疗法及将来教育上之注意），《王国维文集》，燕山
出版社 1997 年版，第 61 页。
　　③. 蔡元培：《蔡元培美学文选》，北京大学出版社 1983 年版，第 22 页。
　　④ 同上书，第 164、221 页。
　　⑤ 同上书，第 70 页。

甚至有杀身成仁而不求生害仁的勇敢，这是它全不由知识的计较，而由于
情感的陶养，就是不源于智育，而源于美育"。① 这是非常有见地的。蔡
元培不但特别重视"美术"（按：指艺术）的特殊教育作用，而且深刻地
指出："我们提倡美育，便是使人类在音乐、雕刻、图画、文学里又找到
他们遗失了的情感。"② 这话是黑格尔说过的，也是对康德、席勒思想的
发挥，它强调指明了人类可以通过艺术和审美教育使自身被扭曲了的心灵
重新得到陶冶，使人性在更高层次得到复归。继王国维、蔡元培之后，朱
光潜也肯定了"美感教育是一种情感教育"。我们当然同意这样的看法：
情感问题应是艺术和美育的本质特点，其最终目标是建立凝聚了理性的
"新感性"，从而为建设社会主义精神文明奠定长治久安的心理基础。一般
地加强思想政治教育固然重要，但只靠政治的、道德的训诫是无力彻底改
造"国民性"的。

二

由以上所述可知，美育的本质是情感的陶冶，同时也可知这情感的陶
冶又绝不是与理性和道德无关的。在艺术和美的形象中，渗透和积淀着真
（合规律或纯粹理性）与善（合目的或实践理性）的内容，因而可以说是
一种"自由的趣味形式"，这样，通过对艺术和美的鉴赏与实际参与，即
通过审美教育活动，就对人的全面发展起着十分深刻而有益的功用。李泽
厚曾将美育的重要作用归纳为"以美启真"和"以美储善"，我们在沿用
这两点的基础上增加为五点，同时作出"自以为是"的叙述。

1. 以美冶情

审美教育的本质既然是一种特殊的情感教育，那么，从美育的功能角
度看，首先就表现为冶情作用。人作为血肉之躯的感性存在，追求感性快

---

① 蔡元培：《蔡元培美学文选》，北京大学出版社 1983 年版，第 164、221 页。

② 同上书，第 215 页。

乐是他的本性；人同时又是一种有理性的社会动物，因而更追求精神的愉快与自由。但是，如果只是单纯地追求感性快乐，这只能使人禽兽化；相反，如果只单纯地局限于理性追求，那又将导致感性的萎缩，使人变成一部会思考的机器。可见，单纯地追求感性快乐只会使人成为自身生理属性的奴隶，而单纯的理性追求则使人变成劳作与社会规范的附属物，两者都使人成为片面的不自由的人。审美活动的功用就在于使这两个对立的方面统一和协调起来，在感性与理性的统一中成为真正的自由人，这就是以美怡情。冶情，又包括两个方面，即冶情（狭义的）和怡情。冶情侧重于把感性的人变成理性的人，主要消除人的情感中的低级成分，使之升华和净化，这就是我们前面着重谈过的陶冶感情，也就是黑格尔曾指出的："按照席勒的看法，美感教育的目的就是要把欲念、感觉、冲动和情绪养成本身就是理性的。"[①] 这就是以理节情，使人成为具有高尚情操的人。也就是李泽厚说的"积淀了理性的新感性"。"冶情"同时还有另一方面的功能或作用，这就是"怡情"，它侧重于把纯理性的单面人、枯燥的人变成全面和充满生活情趣的人，使人能享受人的存在本身的趣味和意义。

美育的怡情功能具体表现为给人提供健康的娱乐和消遣。人们每周工作五天，每天工作八小时，还有相当的闲暇，不能就是吃喝拉撒。如何度过这些闲暇，对一个人的情感状态和身心健康都颇为重要。如果在紧张劳动之余能参与一些多少带有点审美趣味的娱乐活动，就可以更好地消除身体的疲劳、内心的烦闷和情感上的空虚，这就将大大有益于人性的和谐与自由发展，从而不但提高生存的质量，而且也可能延长生存的时间。当前，西方一些发达国家有的实行每周四天工作制；在我国，随着现代化建设的日益发展和劳动生产率的提高，广大人民群众的闲暇肯定也将逐渐增多，从而为人的全面发展提供更好的条件，正是在这个意义上，马克思、恩格斯都曾说过：将来的共产主义社会，不再是以每天能创造多少产品，而是以创造多少闲暇作为衡量这个社会发达水平的标志。因此，从社会角度来说，如何使广大社会成员的闲暇得到最好的利用，就成为一个具有重要意义的问题。从个人来说，除了充分利用这日益增多的自由和闲暇进行

① ［德］黑格尔：《美学》第一卷，商务印书馆 1979 年版，第 78 页。

新的知识技能的学习以外，如果同时也参与一些审美游艺活动，对于培养自己成为全面发展的人就是不可缺少的。在当前条件下，自然还须把大量时间投入劳动与工作，但八小时以外的时间仍然可以充分加以利用。例如，可以听音乐、习绘画、练书法、欣赏诗文、看影视剧，或者养花喂鸟、打太极拳、到郊外或外地旅游……都可以收到怡情悦性的功效。总之，利用闲暇培养一两种有审美情趣的爱好，进而掌握一点艺术创作的技巧，就可以开发自己的潜能，使人生变得更加丰富。

2. 以美启真

艺术和美是积淀着理性的感性形式，其特点是以情动人。因此，审美活动既能增强人们探索真理的热情，激活科学研究中的创造性想象，又能启迪人们的智慧，拓展思维的空间，诱导科学家把对自然规律的探索体现在最合乎目的性的形式中——这就是以美启真。

每一个想要在世上做成功一项事业的人，都需要有饱满的热情和相当的想象力：科学研究本身虽然不能内在地包含任何主观的情感内容，但在研究过程中却又需要有情感的外在推动。一个毫无热情和完全缺乏想象力的人，大概很难做成功几件实际的工作，更不可能期望他在科学研究中有重大发现了。科学研究的情感因素主要来自对真理的执著追求，在这种情感中，同时也往往包含着深刻精妙的审美情感。大量事实证明，许多有重大发现的科学家在探索真理的过程中，都怀有某种宇宙秩序与天人合一的审美情感，而这大都与他们自青少年时代就受过一定的审美教育有关。例如爱迪生自幼就受到母亲极为精细的有计划的审美教育。爱因斯坦酷爱音乐，又拉得一手好提琴，还很喜欢阅读文学、美学和哲学书籍，其中特别喜欢康德、叔本华和陀思妥耶夫斯基的作品。1905 年他发现狭义相对论时，是正在弹钢琴时突然灵感来临，便一气工作了两周而最终完成的。所以后来他曾说："我的科学成就，有很多是从音乐启发而来的。"为什么审美情感能对科学研究发生这种积极作用呢？这是与审美对象的完整具体的感性形式联系在一起的，它促使科学家在对规律的高度复杂抽象的探索中尽可能地通过整一简洁和对称和谐的形式将其表述出来。因此，审美情感就以具体生动的感性力量补充了抽象思维活动的不足，推动科学家不懈追求在科学发现上的最完美的表现形式。另一方面，审美情感所特有的对心灵的松弛作用和自由感还适当消除了科学研究中过度的紧张与疲劳，从而为创造性想象的充分展开提供了条件。

美和审美情感的非功利性快感特性还陶冶了科学家为追求真理而不顾个人利害、不计报酬、不为功名利禄所动的高尚心灵和坚韧毅力，古今中外有众多的科学家和艺术家，为了坚持他们的理想，为了追求真、善、美而宁愿终身贫困、默默无闻。居里夫人有一句名言：在科学中最重要的是事，而不是个人，因而她像躲避瘟疫一样地躲避个人名利。爱因斯坦认为：把人们引向艺术和科学的最强烈动机之一，是要逃避日常生活中令人厌恶的粗俗和使人绝望的沉闷，是要摆脱人们自己反复无常的欲望的桎梏。科学家们这种为探求真理而不计名利的卓越品格，在相当程度上是与艺术和审美教育的熏陶密切相关的。

艺术与审美教育对科学研究的启发作用，也许更集中地表现在使主体对客观事物的内在规律性具有一种无意识的或直觉领悟的能力上。无意识和直觉在创造发明中的重要作用，现在已经被普遍承认。其实，早在200多年前，康德就极为深刻地指出了这一点，他认为科学发明和艺术创造并不能完全依赖线性逻辑思维，还须有"模糊观念"（按：指"无意识"）的参与和具有"判断力"（按：指审美直觉）。他说："知性在模糊不清的情况下起作用最大，模糊观念要比明晰观念更富有表现力……在模糊中能产生知性和理性的各种活动……美应当是不可言传的东西。我们并不总是能够用语言表达我们所想的东西。"[①] 积淀在美的形式中的规律和理性，确乎是难以靠逻辑思维、日常思维和语言文字所能把握的，正像科学至今也难以穷尽宇宙和生命的奥秘一样。然而，人们却可以通过形象直觉（直观）领悟其中的奥妙，这就是审美判断力。审美活动和审美教育的重要作用就在于它可以培养人们在纷繁复杂的现象或者似乎十分简单的形式外观中把握和领悟隐藏于其中的内在规律性和对人生的无穷意味，这就是对科学研究有极重要意义的"理智直观"（康德），即"自由创造"（爱因斯坦）

---

① 转引自〔苏联〕古留加：《康德传》，贾泽林、侯鸿勋、王炳文译，商务印书馆1981年版，第115页。

的能力。按照彭加勒的说法，这种自由创造能力实际上就是一种自由选择的能力，而选择的标准则是是否使人感到美，即按照美感或至少把是否产生美感愉快作为一个重要的参照系来进行选择的。而"谁没有美感，谁就任何时候也不会成为真正的科学家"（彭加勒）。

艺术美不但开阔了科学家对社会、自然和人生的视野，还补充和加深了他们的知识和智慧。这种情形，在社会科学家身上表现得尤为突出。例如《诗经》和荷马史诗对于历史学家和考古学家乃至自然科学家都具有重要的参考价值。古希腊雕刻、文艺复兴时期的绘画、莎士比亚的诗剧、曹雪芹、巴尔扎克、托尔斯泰的小说，电影《魂断蓝桥》、《芙蓉镇》和《红高粱》，电视剧《渴望》、《潜伏》，等等，它们的构造和形式特征，它们所提供的典型形象和境界，对于人们认识不同时代的社会生活，领会某种人生哲理，都具有不可替代的作用。作为美的集中表现的艺术作品，能不断地鼓舞人们去探求真理，为实现美好的生活与理想而奋斗。《马赛曲》、《国际歌》、《义勇军进行曲》、《钢铁是怎样炼成的》、《最后的晚餐》、《格尔尼卡》这样一些艺术杰作，不知激励过多少人勇敢地追求真理，为创造一个更加公正和美好的社会而不懈努力。近年来一批有艺术魅力又有思想深度的文艺作品和影视节目，不是也在促使亿万中国人为当前的改革，为更好地建设社会主义的精神文明以及民主与法治进行更深刻更广泛的思考和探索吗？这就是艺术的力量，是以美启真的最直接的表现。

3. 以美储善

艺术和美作为一种自内到外都体现着自由的感性形式，其中不但积淀着真，也储藏着善。艺术和审美教育的最重要的作用之一就是在潜移默化中使人的良知良能得到积累和增储，并进而凝聚、积淀为一种自由的道德心理结构和行为模式，使人变得更加纯真和善良。

善作为道德范畴，起初是一种为了维持群体和社会的存在和发展而形成的一种外在规范，是"他律"的东西，在长期的历史发展中，逐渐成为人们心中自觉遵守的"自律"。但是，在旧私有制条件下，并不是所有的人在一切方面都能做到"道德自律"，人与人之间往往充满着尔虞我诈，个人与社会始终存在着矛盾与冲突。要解决这种社会冲突当然得首先改革社会的经济结构和政治结构；但另一方面，社会的改革又不能不同时伴以包括道德和其他价值观念在内的文化改革。恩格斯在晚年充分看到这后一方面问题的重要性，列宁也强调指出"千百万人的习惯是最可怕的势力"。鲁迅、托尔斯泰和陀思妥耶夫斯基一贯坚持用文学艺术来"改造国民性"、"实行道德上的自我完善"和"首先拯救自己的灵魂"。在已取得革命胜利后的国家，上述主张就显示出更加明显的意义。我国改革开放 30 年来，许多方面都取得了很大的成绩，但最大的失误就在于忽视了包括道德与审美教育以及整个文化心理建设在内的教育事业。在一个以不择手段的方式把牟取私利当成主要追求的腐败和愚昧的环境中，要想完成社会主义的现代化是难以想象的。因此，必须大力发展教育事业；而在德智体美劳五育中，德育与美育关系到一个民族的灵魂和命运，而要使德育和美育真正在每个人的心灵深处扎根，传统的政治灌输和道德训诫已不能适应当前的形势了，要想在较短的时间内很快就提高全民族的素质最终也只会使教育的功效流于形式。我们的目标应该是通过教育培养出像雷锋、焦裕禄、张志新、蒋筑英……那样在高度的道德自律中显现出崇高美的光辉的新人。在这方面，思想政治工作固然重要，但审美教育更具有特殊的意义。这是因为审美教育既不带有强制性，也不带有功利性；既能培养人的高尚情操与道德规范，又能使个性得到自由的发展。从这个意义上说，席勒的这个论断很有道理："要使感性的人成为理性（按：指道德）的人，除了首先使他们成为审美的人，没有其他途径。"①

4. 以美塑形

以美塑形就是按照美的规律来塑造人的形体（包括装饰）和劳动产品及生产生活环境。以美冶情、以美启真和以美储善，主要涉及的是外在美所作用于内在的心灵以及在这种美感的启迪和激发下所发展起来的理性直观能力。这是审美活动的主体方面，是作为人的本质力量的主体性的内在自由形式，它的基础是人的物质实践和审美实践活动在人的心灵中的内化与积淀；另一方面，这种主体审美能力又是指导和规范人的进一步实践活

---

① 席勒：《美育书简》，徐恒醇译，中国文联出版公司 1984 年版，第 29 页。

动的内在依据和动力。作为后者，就表现为具有完善的审美心理结构的人通过新的实践活动，按照美的规律来塑形，即按照积淀了真与善内容的美的形式规律来改造包括人本身在内的整个客观世界，使主体与客体都符合美的规律，具有美的形式外观，这就是以美塑形。

以美塑形包括两个方面：一是劳动产品的结构工艺和形式外观（艺术也是劳动产品，本书已有专论，此不赘述）；二是人的行为和形式外观。概而言之，也就是本书美的本质论中提到的工艺美和人的美这两个方面。从美育的角度说，就是要让审美情感、审美能力和审美理想既扎根到心灵中，又表现在实践行动上。就以美塑形而言，就是要促使人们形成一种由自觉到自发的表现美和创造美的愿望、要求和实践能力。从这个意义上说，是否能自觉乃至自发地以美塑形，是检验审美教育是否真正达到了冶情、启真和储美目的的标志。按照马克思的理想，共产主义社会是在生产力高度发达、物质财富极端丰富从而使人可以过着全面发展的自由生活时才是可能实现的。物质财富的匮乏只能导致人的精神的匮乏；丑陋的社会环境只能导致人性的扭曲。生活在艰难困苦中的人也可能在搏斗中或相互同情关怀中迸发出人性美的光辉，但这只能在一部分人中并且只能在不经常的条件下保持短暂的或低水平的美。从当前西方发达国家在物质产品的精美到人的生活、穿着、仪表的形式美来看，从我国人民在近几十年来对生活美的热烈追求来看，由于物质财富的丰富和增长正在不断促进人们更加迫切和自觉地表现出对"以美塑形"的强烈要求。不断增长的物质财富，新技术新工艺的采用，正在把我们的城市、乡村，以及从生产手段（如从机器到人体医疗美学技术）到日常生活领域（如从服装用具、化妆品到人际交往关系）改造得具有更多实用功能和更美的形式外观，使生活变得更美好。而这美好的生活又反过来进一步促进着物质生产和精神生产的进一步发展。当然，我们不能把物质生活的享受等同于美，也不可将单纯的外表形式悦目说成等于美的形式，重要的还需使自己的精神从物质享受中升华为心灵的更高追求，从形式中感受到某种合乎理性的内涵，既扬弃单纯的占有欲，又不沉溺于表面的形式炫耀。要做到这一点，就应在心灵美的基础上使自己的行为和仪表符合美的要求，从而使人的生活从内容到外观都变得优美和高尚。

5. 以美促劳

劳动创造了美，也创造了人的审美能力；美反过来又促进着劳动生产的发展。美之所以具有这样的功能，首先就在于劳动过程和劳动产品本身就是按合规律与合目的的本性来操作和赋形的；而自觉的审美要求和审美理想又大大地促进了操作过程和劳动产品的美学属性——这就是以美促劳。因此，是否具有一定的审美能力和审美理想，是能否实现以美促劳的关键。在剥削制度下，劳动对于劳动者来说往往是一种奴役和沉重的负担，劳动者只是迫于生存才不得不按照合规律性与合目的性的客观要求从事劳动并从而创造了美。但由于劳动者在这种异化劳动中丧失了自我，丧失了对美的享受能力，因而他们不可能以完全自觉的审美态度对待劳动及其产品，这不但限制了劳动生产率的提高，阻滞了美的更快发展，而且更使劳动者本人成为外形丑陋甚至畸形的人。而现代文明社会的发展，正逐步改变着恶劣的劳动条件和只把劳动者当作工具使用的情形，异化正处在扬弃之中。随着人的觉醒和人的主体性地位的确立，如何合理地组织劳动，如何按照美的规律进行劳动生产，已日渐成为从劳动者到生产管理者共同关心的问题和自觉要求。合理、美好的劳动条件，首先是使劳动者感到愉快，认识到自己的尊严和价值，使外在强制的压抑与不快感减少到最低限度，从而也就为调动劳动者进一步发挥聪明才干和工艺方面的审美创造力提供了良好条件。在这方面，劳动环境、劳动条件、工时安排、附属设施（如娱乐场所、妇幼保健等）的合理化与美化具有重要的意义；而在克服管理工作即人事安排调度等方面的恶劣的官僚主义并使人与人（特别是管理者与被管理者）之间的关系具有民主性和公正性，在处理人际关系中更富有同情心和人情味，更是特别重要的。当然，现代商品经济在创造美好生活的同时也会带来大量的丑陋甚至罪恶。如何把这种丑陋和罪恶减少到最低限度，如何使劳动条件的改善和管理原则与方法的优化与美化进一步提高，使美能够更好地促劳，从而使人们不仅仅把劳动和工作当成谋生的手段，而且也日益具有乐生的趣味，这原本是马克思关于共产主义理想的一个极深刻的内容，是人在按照美的规律和要求建造客观世界的过程中所需要认真考虑的重要课题。我国当前虽然还处在社会主义的初级阶段，但采用的是市场经济，因此毫无疑问地应该从现在就逐步有所准备、有所行动，否则，就谈不上实现向自由王国的大同社会过渡的伟大目标。

以美促劳不仅是单纯地提高征服自然的生产率，它还包括另一个重要方面，即促使人类劳动不致破坏生态环境，而是在人与自然之间形成一种日益协调的和谐关系。也就是说人类劳动还必须从总体上顺应整个宇宙自然的规律，而不能只顾眼前利益无限制地对自然进行掠夺式的开发；如果忽视了问题的这一方面，人类劳动只会走向反面——这本是"人化自然"题中应有之义，这里特别提出不过是为了更引起我们的注意。

综上所述，如果说我们的教育应包括德、智、体、美、劳这五个方面，培养真正全面发展的人；那么，美育又恰好最内在地把这五个方面结合起来、包孕起来而又体现出来，正因如此，美育是任何一个想要上进和发展的民族所绝对不能轻忽的！我们必须从娃娃抓起，从青少年抓起，并让美育贯彻到家庭、学校和社会的每一个方面，使中华民族以一个具有更高审美素质的群体进入现代文明世界之林！但如果我们不能减少和遏制无处不在的腐败，尤其是教育机构（主要是学校）的腐败，那以上所论，则皆为毫无用处的（美学是无用而有大用的）空谈。

中　编

海德格尔的存在主义美学

第一部分　存在之思

海德格尔的存在主义哲学美学十分晦涩，甚至极为怪僻，如果完全按照他的用语讲，这很困难，恐怕也很少有人能听懂。所以我们在可能的范围以内，尽量讲通俗一些，但不能违背他的原意。为了较全面清晰地了解他的学说，我们分三次讲，第一次讲"存在"；第二次讲"此在"即人的个体性存在；第三次讲"诗意"。今天是第一次，着重讲"存在"这个问题，哲学性稍强。因为美学本属哲学，康德就是近代美学的奠基人，所以不能不讲点哲学了，没有点哲学头脑是很难深刻领悟美学和艺术的，但具体知识不多，主要是想使大家多思考，思考人的存在意义。日本的今道友信曾说："艺术把探求存在的奥秘作为最终对象"；认同海德格尔的法国的梅洛·庞蒂把存在看做美学的核心概念，断言："艺术是提示存在的一种手段"；① 加缪则认为，生活本身就是荒谬的，"艺术的本质就在于摹仿存在，揭示荒谬的，伟大的小说家都是哲学家"。② 现在就开始我们的第一讲，首先作些背景材料简介——

从 17 世纪的法国哲学家笛卡尔（1596—1650）和英国的弗朗西斯·培根到 20 世纪的罗素、维特根斯坦和海德格尔、萨特，西方哲学就分成

---

① 阎国忠主编：《二十世纪西方美学名著选》（下），安徽教育出版社 1991 年版，第 23 页。

② ［法］加缪：《西西弗的神话——论荒谬》，杜小真译，生活·读书·新知三联书店 1998 年版，第 140 页。

两大流派，一是从英国经验主义演变发展成为当今的科学主义哲学，一是从笛卡尔、康德、黑格尔到海德格尔的大陆理性主义演变而来的人本主义哲学。海德格尔（1889—1976）是当代人本主义学派中最重要的代表，他是堪与柏拉图、康德、黑格尔等巨人并列的德国存在主义哲学家，而维特根斯坦（1889—1951）则是科学主义学派的最重要代表。这两大哲学派别的主要区别是：科学主义哲学和美学重经验和语言分析和逻辑实证，较少玄思式的抽象议论，其优点是具有一种理智的清晰性和实用性，不会把人引入迷狂，但美学论著较少，甚至往往有反美学倾向。而人本主义哲学则相反，它对于一切与人的存在状态无关的具体问题不感兴趣，认为一切具体的实际问题（如人要怎样说话才合乎逻辑，这话是否可以证实，逻辑中又有哪些矛盾或悖论，等等）都不需要哲学家来关注，而完全是科学家的事情。因此科学主义哲学还很难算是哲学。但反过来存在主义哲学又被科学主义哲学挖苦为"空谈家"，认为他们所研讨的问题如存在和人的命运问题都是不可实证的空话——当代西方哲学就是在这两大派别的矛盾对立中形成了一种巨大的张力，呈现出一派生机勃勃的景象，有力地推动着人类对真善美的探求不断向更高的境界发展。因此，这对立的两派事实上起着互补的作用。并且，更值得注意的是，它们至少还有两点共同处，一是两派都反对传统的以主客对立为基础的形而上学，尽管它们事实上本身也成为一种新的形而上学。所谓形而上学（Metaphysics）指物理学之后之上，然而美学艺术上之形而上学指"超越（世俗）性"，因此其原意是指非实证的、纯抽象思辨的理论，即"形而上者谓之道，形而下者谓之器"。但现在说的形而上学除上述含义外，更主要的是指主客两分，现象与本质不一致：如现象与本体、理式、理念与具象、上帝与人世。上述两大派的第二个共同点就是都十分重视语言问题，并在20世纪初不约而同地分别完成了著名的"语言学转向"，这不仅对哲学，而且对美学、文学艺术都具有十分重要的意义。因为不论在哲学、科学、历史、文艺（如诗与小说）中，语言就是"本体"而不只是交流手段，例如历史学，有人就将其称为一种叙事学，纯真的历史并不存在。在人本主义的存在主义哲学中，它对美学和文艺的影响更加直接、深刻、巨大；不言而喻，离开了由语言构成的概念和意象，哲学和诗都不可能存在。而不少存在主义哲学家本身

就是作家。如萨特、加缪、梅洛·庞蒂，等等（有人把表现主义者卡夫卡
与荒诞派戏剧作者贝克特的《等待戈多》和黑色幽默派的海勒的《第二十
二条军规》等流派也都看做存在主义）。那么，究竟什么是"语言学转向"
呢？对于科学来说，是强调一个判断和问题必须可以由经验证实，例如，
"人必有一死"或 $E=mc^2$（能量＝质量乘光速的平方）是真命题和可证实
的判断，相反，像时间是物质存在的形式或美是什么，美在理式，美在形
式之类的判断则被认为属假判断和假问题，哲学史、美学史上充满了类似
的"假问题"，因此就需要进行"语言批判"来为哲学治病，所以维特根
斯坦就认为"全部哲学是语言的批判"。他后期从人工语言学派转变为
"日常语言学派"，认为语言的意义就在用法中，例如"火"这个词，只有
当它被理解为正在燃烧的（火焰、火苗）、热烈的情感（火热）、恼怒（恼
火）、事业兴旺（红火）之类时，其意义才是确定的，对人本主义者来说，
情形也大体类似。例如，把存在与存在者明确区分，从而指出了由于长期
将这两者混为一谈所导致的严重后果：使人从追求真理之路走上了迷途。
海德格尔的名言"语言是存在的家"[①] 可代表他对语言的极端重视。又如
我们所熟知的另一些"语言"命题，像"迄今存在的历史都是阶级斗争
史"，"资本主义必然灭亡"之类，恐怕都是由革命激情驱使所说的过头
话。阶级斗争在历史上和现实中确实存在（剥削、压迫和反抗），但如果
只斗争，人类怎么生存与发展？不是说生产力的发展才是社会发展的最终
动力吗，而要生产，是不能只斗争而不合作的。所以，也许历史是各阶级
既合作又斗争而以合作为主的发展过程，更加符合历史真实。以上所述，
自然不只是语言问题，但又的确与语言密切相关。过去，中国人是不敢随
便说话的，大家都只能讲官方规定的话语，连字词句几乎都完全相同，结
果，不但生产发展不起来，人也活得没一点儿生气，没有意思，可见，语
言不仅仅是交流的工具，不仅仅属认识范畴，而是在相当程度上就是生活
实在，就是本体。所以，哲学家们才抓住它不放，并对一些传统哲学的

---

　　① 此言在《诗人何为》中首次提出。在《关于人道主义的信》中，海德格尔再次强调：
"存在在思中形成语言。语言是存在的家。人栖居在语言所筑居之家中。思者与诗人是这一家宅
的看家人。"见《海德格尔选集》上卷，孙周兴译，上海三联书店 1998 年版，第 358 页。此处引
文据陈嘉映《海德格尔哲学概论》，第 301 页。

"语言"进行了批判，例如，某种"理念"果然就是最高真理吗？我思，果真就能证明我真的"存在"吗？也许颠倒过来说：我在，故我思，才更为正确。因为如果我只是一个肉体的存在（例如奴隶）而没有自由思考和自由选择的权利，只能按某种话语霸权去思与做，那么，这样"思"和"在"着的人几乎是不存在的。所以，对于"我是否存在以及如何存在"要得到证实，就必须对人的存在状态从现象学上作存在论的分析，要分析自然就要用语言。但这语言既不是传统的形而上学语言，也不是科技语言或意识形态语言；人如果完全限于这种语言，就几乎近似一种会说话的工具，是形而上学和技术的囚徒，因为它遮蔽了人的本性和人的存在。科技"语言"自有它的功用范围，它甚至有时还可引导人们走近存在。但离开人文关怀而只教人们向大自然索取的"语言"可能还低于人们日常生活中的语言，在这后一种语言中还流露着人之为人的生活诗意的闪烁，尽管它们已几乎是"精华尽损的诗"。真能显明人之为人和具有神性的语言只存在于真正的诗和诗性的言说中，只有在诗和诗性的言说中，人才会找到自己的精神家园。正是在这个意义上，海德格尔才说"语言是存在的家"，确实深刻。这用中国俗话来说，例如"酒逢知己千杯少，话不投机半句多"之类，就有点这个意思。的确，人与人之间，能够做到"促膝谈心，月下歌吟，恋人情话……"这都是极富诗意的，家人好友的聚会有"天伦之乐"，其中一个重要的因素就是都讲真话，并且，"陶然共忘机"，在互相关爱、理解的语言交流中温暖着每一个人的心，真是心灵有了依托，灵魂得到了抚慰，有一种"在家"的感慰。现在的问题是，20 世纪的科技与工商文明的迅猛发展，尤其是后现代的享乐主义和中国当前的官商勾结的腐败现状、拜金狂潮以及民主法治的缺失，已经使诗情几乎丧失殆尽，而过早地进入了黑格尔所谓的"散文时代"，除了金钱和个人的享乐能激发人的情欲外，很少有值得人们去奋斗、去献身的目标了。现在的中国真是如有人所言：六星高照［歌星、影星、球星、节目主持人（星）、形象代言人（星）、学术明星］，七情飞扬，思者日少，这样中国人的精神将何以安顿？人类将向何处发展呢？再加上由技术发达所带来的严重的日益紧迫的生态危机，人类可能面临死无葬身之地的险境。如果西方的救赎之道仅停留在教堂里，中国的天人合一以及贫富悬殊未被高度重视，和谐社会是难以建构的。中国眼下官僚资本主义的势力格外强大，我们要建构平等社会尚需特别努力，因此，我们必须改变早已不适于人存在的话语系统，认真落实以人为本的路线。对西方人来说，同样面临精神空虚的困境。正是基于类似以上的这种全球性情景，海德格尔才竭尽全力反对单纯的技术控制并大声呼吁人们回到质朴的、原生态的、直接与人的神性打交道的语言中去，也就是说将技术及其运用控制在一定限度内。人类本应该栖居在非技术性语言所构筑的大地上的精神家园中，诗人和思想者应该作为这个"家"的守护人，站出来大声疾呼：你们应该回头看看了，不仅要发展，也要返璞归真（包括生态保护和人性复归两个方面）！它们都是我们需要的"硬"道理、"软实力"。

以上就是所谓语言学转向和它的意义。这一转向是从 17 世纪笛卡尔使哲学由古希腊和中世纪的本体论（理式、上帝、灵魂不死）转向认识论以后的又一重大转变。但存在主义哲学是通过语言批判和现象学继续深入本体论（对最终实在、存在、是、万有的探究）研究的，他们的美学也是一种新本体论美学（Ontologicol Aesthetics），即追问存在本身及人的存在及其意义的哲学美学，在一定意义上是对传统美学的反叛。

正是从上述语言学转向中特别是对传统形而上学的反叛中，海德格尔创造性地运用胡塞尔的现象学方法终于发现：西方哲学从古希腊的柏拉图以来就已"误入歧途"，为什么会这样呢？根源就在于他们误把 beings 当成了 Being，即把存在者当成了存在（本身），从而导致了对"存在"（德语 Sien，英语 Being）的遗忘。他的任务和使命就是要从根本上纠正哲学史上的严重失误，探寻和彰显这被遗忘了两千多年的"存在"——这就是他在他的主要著作《存在与时间》一书中所要做的事情，即所企图全力解决的根本问题。这也就是他所谓的"基本本体论"，其要害是通过此在的人来彰显存在。按照海氏的看法，不论是柏拉图的"理式"（Idea）还是基督教的上帝（God），也不论是唯物主义的"物质"（matter）和唯心论的灵魂（soul）都不是最终实在，即不是"本体"，而都是一些现象性的事物即"存在者"，即 beings 而非 Being，Being 不是物而是真正的本体。也就是说，Being 不是任何具体的现成的事物，而是永远有待人不断开发、追寻和主动（上手）建构的一种无形的境界，而这种境界又是可无限接近而不可穷尽的。之所以如此，一个重要的原因是人生短促，时间有限，但根本上是因为存在本身就是无限和永恒，永远无法穷尽。但另一方面，存在之所以存在，又恰恰是因为有了必有一死的人这个短暂者的存在，存在才得以存在，才会在人的存在中存在和显现。如果没有了人（海氏将人称为"此在"，即德语 Dasien，英语 there-being），存在也就无所谓存在。他说："若无此在在世，便无世界在此。"但存在既不等于人的存在，更不是大自然如地球宇宙之自然性存在。那么，"存在是什么"呢？——这一提问本身就是不允许的和错误的，人们不能这样提问，这样问，"存在"就溜走了，剩下的实际上只是"存在者"。这样，"存在"这一概念就颇为神秘，但如就这一词的词义本身而言，似乎说的是关乎人与自然（包括社会）的某种关系吧？总之，海德格尔的存在概念带有很大的神秘性，并且它在汉语中无对应词翻译。因为中国只有一个世界即人的世界，而无神界。只有 becoming（生成、发生）而无 being。只有有一定抽象度的"有"与"无"，但无纯抽象的"在"与"是"（Being），但这又不是说海氏的 Being 是完全不可捉摸的。刚才说过，它是某种有待人追寻和建构的境界，即有待人在其生存的过程中主动发现与主动建构的非现成状态的某种人生意义和境界。它并不是一种作为存在者的具体东西，是作为此在的人在世之中存在或在起来的过程中通过"上手状态"（新译本又译为"上手事物"，（Ready to hand）的努力奋斗不断思悟和因缘际会而得以打开、开启、领悟和建构的一种境遇或境界。总之，存在不是某种具体的现成之物（Present at hand），而是一种在不断追求中发现和建构的一种对存在之意义的敞开、呈现、照亮和顿悟。这些颇有点玄乎的说法如果换作日常语言来说，实际上讲的就是对人类命运和生存处境的关怀，就是人活着有什么意义的问题，关键是人要怎样才能摆脱当代技术文明和消费文化的困境而活出意义来，总之，人的存在的意义不是现成的、唾手可得的而是在上手状态中自己建构的！这问题看似简单明白，但做起来十分不易，要终身追寻，要"克己复礼"即克制过分的私欲以明心见性，这谈何容易？大概只有当我们自己去实践、去存在，并对活在世上的烦忧，对死亡和不存在、有所畏惧和冲刺并从而有所领悟时，我们对存在及其意义才会深有所思，才会有所领悟。总之，存在及其意义的问题是一个永恒的、极富有魅力的问题，因而是西方哲学家们所最关心的问题。例如，柏拉图说："当你们用到'是'或'存在'这样的词，显然你们早就很熟悉这些词的意思，不过，虽然我们也曾以为自己是懂得的，现在却感到困惑不安。"①柏拉图最终以"理式"（Idea）这个对象性存在取代了 Being（非对象非实体），即用"存在者"取代了"存在"。亚里士多德在《形而上学》中也说："存在之为存在，这个永远令人迷惑的问题，自古被追问，今日还在追问，将来也会永远追问下去。"②但哲学家们对这个问题的问法，使我们这些凡夫俗子觉得简直有些摸不着头脑，不好理解，甚至稀奇古怪。例如海德格尔就问道：为什么科学只研究存在者而不研究存在（无）呢？③德国哲学家莱布尼兹也说："为什么存在者存在，而无却不存在？"④这等于是问"有"是从哪里来的，我为什么会存在？宇宙为什么会存在？为什么"无"即"不存在"却不存在呢？这似乎是语言游戏，实际上这正是哲学之为哲学的根源。哲学就是起源于惊奇、问题和对这一连串问题的追问与思考中产生的。语言哲学大师维特根斯坦也曾十分认真地说："可惊异的不是世界是怎样存在的，而是世界竟存在。"⑤这样问问题仿佛是已经走火入魔了，其实则不然。因为存在即整个人间世界到宇宙时空都是不可最终认知的，这就是康德讲的，人只能认知现象界，而不可能认知本体，但美学哲学却可以给我们神秘体验，并有所悟，所以人才觉得活得有意义，这意义就在于可以通过与各种不同的存在者（天体、物理、化学、历史、经济、艺术……）的"交谈"便可不断逼近存在和它的意义。如果有一天，一切问题都没有了，一切都弄明白了，一切都无须用大脑思考，那人类活着还有什么意思？人根本不能活也不必活了！当然，我们要说明的是，海德格尔所问的不是大自然和无穷宇宙的"存在"。这个"存在"从总体上说是一个无时间性的永恒，是人的思维和语言所无法企

---

① ［德］海德格尔：《存在与时间》，陈嘉映、王庆节译，生活·读书·新知三联书店 1987年版，第 1 页。

② 转引自陈嘉映《海德格尔哲学概论》，第 29 页。

③ 参见《形而上学是什么》，《海德格尔选集》，上海三联书店 1996 年版，第 138 页。

④ 转引自陈嘉映《海德格尔哲学概论》，生活·读书·新知三联书店 1995 年版，第 29 页。

⑤ 同上。

及的。海氏所问的大概是人及其与人共存的人与自然（包括社会）的关系问题，以及转瞬即逝的人生究竟有何存在意义？这个"存在"的问题在中国哲学中虽不曾这样提问（因为中国语言中无作为抽象名词的"是"或"在"，如有，都是具体所指）。但老子的"道"却与"存在"有相通之处，即它们都不是实体性、现成性的东西，都是有待人们去追寻、去修炼的一种境界。且看《老子》第一章开宗明义的话："道可道，非常道，名可名，非常名。无，名天地之始，有，名万物之母。故常无，欲以看其妙；常有，欲观其徼。此两者，同出而异名，同谓之玄，玄之又玄，众妙之门。"这"无"既是宇宙本体（无穷），也是其运动规律，"无"即是"道"（它是看不见的），但这"无"并非绝对的空虚和虚无，而是以无载有，又以有显无——这是否与海氏从"存在者"特别是"此在"中显现"存在"有相通之处呢？这"无"（道）是否近似"存在"，而"有"则近乎"存在者"呢？似乎不能完全这样说，但总还可以研究，因为连海氏也特别赞赏老庄甚至禅宗。所以如果撇开语言学上的考证，就更实质性的方面来看，恐怕就不能说中国古人没有对存在及其意义的思考。最显著的证明是中国古代经典《易经》中的两段话："天行健，君子以自强不息"，[①] "……作《易》者，其有忧患乎"。[②] 这种"自强不息"的精神和"忧患意识"以及庄禅淡泊宁静的心态，正是中华民族最宝贵的生存论哲学。与此相适应，中国人对时间、对生命也有很强的紧迫感，也很清醒地知道自己在世的时间非常短暂，但并不因此而浑浑噩噩，得过且过，所以虽然"生年不满百，常怀千岁忧"。忧什么？忧家事、国事、天下事。要在短暂的一生中做出一点事情来，活出一些意义来，这就是要"立德、立功、立言"。为了追求存在的最高真理，"朝闻道，夕死可矣"。而为了理想，甚至可以"慷慨赴死"（荆轲）、"从容就义"（谭嗣同）。而诗人屈原的深情和最终自杀更有十分突出的文化意义，对中国诗文和文人的人格有极深远的影响。他也是中国历史上第一个对"天地日月"发出系统提问的伟大诗人。到汉魏六朝时期，更开始出现了人作为个体性存在的觉醒，从文学自觉到人的

---

① 《易经·象辞》。
② 《易经·系辞下传》第七章，第一节。

个体存在的自觉，这种自觉的根底其实就是深感人的生存的极其短暂因而极其可贵——这在某种程度上就提出了存在与时间的关系问题。在唐代，经济发达、社会安定，但诗人和艺术家并未醉生梦死，而是仍在追问人的存在的意义：例如张若虚的诗："春江潮水连海平，海上明月共潮生……江畔何人初见月，江月何年初照人，人生代代无穷已，江月年年只相似。不知江月待何人，但见长江送流水。"这是对以人的存在及其与宇宙的关系所发出的叩问。人不能两次踏入同一条河流，大约也很难每次观看同一个月亮！因为物在变，人也在变，心情也不同。对人生短促而宇宙神秘的思考，中国人并不比西方人少，这种对人的存在的感叹，在大动乱之际尤为突出，所谓"生年不满百，常怀千岁忧"，其实哪能有百年存在，四五十年而已，杜甫的诗句"人生不相见，动如参与商，焉知二十载，重上君子堂。访旧半如鬼，惊乎热衷肠……"这变化是多么的快啊！同样的思索与感叹在宋词元曲中也很多见，而到《红楼梦》中则达到了新的高度。所谓"千红一哭，万艳同悲"，实际上是对以林黛玉为中心的那一大群青春美丽的少女们的挽歌，是对美的毁灭的沉思和抗议。但即使撇开造成她们不幸生命的具体原因，她们的生命和美最终也仍将归于虚无和消亡。正因为人都必有一死，是一个短暂的存在者，所以作者才会发出对永恒的存在的种种惊奇和疑问。假如人是不死者，青春常在，鲜花常开，金玉满堂，长生不老，那就不再有悲哀、痛苦，也不会有什么困难等待人去克服，没有什么障碍让人去超越，那当然很好了。只可惜果真这样一来，同时也就丧失了人生的乐趣，也不会有诗与美，因为没有了死亡和不幸的压力，生命也就不会在张力中富有意义，存在的问题也就一笔勾销了。由此可见，死亡、拼搏斗争和流血并非绝对的坏事（从生物学上看是与进化相关）。不过人毕竟是不可替代的个体性的一次性存在，他有精神和情感需求，不可能不在死亡面前动心动情。不要说诗人、哲学家会想这些问题，就是被认为是草民的普通老百姓在近代以来也开始觉醒，知道他也有人的权利。他们作为普通人、常人，虽然很少思考"存在为什么存在"这样的怪问题，但面对人的必有一死也不时发出感叹，甚至也常常自觉或不自觉地提出人活着究竟有什么意思、意义？富贵如浮动云，人间似梦幻……但毕竟与《金刚经》的"一切有为法，如梦幻泡影，如露亦如电，作应如是观"

并不相同，因为它否定一切作为。如果老百姓都如此，人类就将灭绝了！
但能去做"大事"的毕竟只是极少数（他们最终仍归于虚无），而草民只
能以艰辛的劳作度日也就是混日子罢了！——这看似消极无奈的说法其实
已触及存在的意义问题。[①] 一般说来，我们这些普通常人也就满足于这样
无可奈何的状态和感叹而已，或者再人云亦云地故作放达：钱多了也无
用，生不带来，死不带去嘛！但也不过就这么想一下，说一下也就过去
了，已经接触的"存在"问题一溜烟儿地逃逸出去了，要紧的还是要去解
决如何生存的实际问题。也就是说，要去买柴米油盐，要去找一份工作，
挣一份工资和奖金，要婚恋，要去解决住房和职称的问题，等等。而为了
解决以上这些问题，同时也就得与各式各样的人打交道。总之，为物忙、
为人（上级、朋友、父母、儿孙）而忙。幸好有了这种繁忙和操心，才使
得我们能在"混"中忘掉了我们的存在和我们之必将不存在。终于还能忧
乐参半地有所作为地或浑浑噩噩地活下去而不知老死将至。但是，对于哲
学家和精神高度发展了的人，情形就不同了：他总爱沉思，非要刨根问
底，特别是要对他的精神和思想进行反思。反思大大高于"反省"，但能
"反省"已接近了"反思"一大步。苏格拉底说："未经过反省的人生是不
值得活的！"如果说能自觉反省是道德修养的基础，那么，精神的反思就
是哲学本身了。而在反思中居然提出像"存在为什么会存在"、"人活着有
什么意义"这类看似极其愚蠢的问题就更不简单了。这究竟是真问题还是
假问题，从中西方两千多年的哲学史、思想史、文学史、艺术史来看，从
人生的苦恼和无聊看，从不断有人出家、发疯、自杀等现实情况看，这个
存在及其意义的问题不是假问题，它实际深深植根于人的心灵和人性的最
深处。但是这又是一个永远也不可能有现成答案的问题，正因为它是一个
无解的真问题，是人类精神的巅峰，是一个永恒的神秘——存在之谜，所
以它才永远激励和鞭策着人类去思考、去猜测、去求索，去自己建构生存
的意义（不可能有现成的，也不可能靠别人恩赐），从而使人类不致只陷
入饱食终日、无所用心的日常生活泥沼中。试想，如果人类只满足于解决

---

　　① 张龙祥：《海德格尔思想与中国天道》，生活·读书·新知三联书店 1996 年版，第 334—
338 页，论《红楼梦》部分。

饮食男女的问题，或者只对 X＋Y＝N 之类自然科学感兴趣，那么人类的文化精神状况会是一种什么样子呢？要知道，人是在劳动和巫术礼仪活动中才成长为人的，如果没有文艺、没有哲学、没有人文关怀，人类能"存在"下去吗？当人的"存在"完全被实用需求和人的欲望所完全遮蔽时，当人蜕化为酒囊饭袋和准机器人时，当人的价值都要以官位的大小进行换算时，存在及其意义就被消解得无影无踪了。但是，我们这样讲解存在及其哲学含义，在常人看来，尤其在当今商业大潮中拜金主义大行其道，腐败已成一种日常生活状态，技术又大显神威的 21 世纪的中国，是不可避免要被认为脱离实际的、愚蠢而可笑的。实际上说穿了，存在主义不过是为急于征服对象世界以满足自己狂热欲望的人提供的清凉剂和清醒剂，为人的存在及自然美和艺术美留下一片澄明的领地。但要沿着海德格尔为我们指引的这条追寻本真存在的道路走下去，就必须具有战士的勇气、诗人的激情和哲学家的睿智。我们不能要求人们都这样做，只希望人们也知道：人的思想精神可以达到多么艰险和高超的境界！在攀登和观赏领悟这境界时需要的是勇气，不要怕被"他人"嘲笑和讥讽。这正如老子所说：修道和学哲学的人，他只能向慧心人言说，对于哲学和哲学美学的误解，大可不必大惊小怪，听之任之得了。所以老子说："上士闻之，勤而行之；中士闻之，若存若亡；下士闻之，大笑之，不笑不足以为道。"① 不仅是学哲学或美学，不论学什么都一样，要在选择好了以后，坚定不移地走自己的路。就海德格尔的"存在主义"哲学美学而言，其基本意向就是希望人们不要被工业文明所物欲化、机械化，而是能在这种以技术征服自然界的狂热和物欲中保持一种较为宁静的心态去为人做事，并从中获得对人的存在非功利意义的领悟，达到一种"澄明"的境界，也就是"淡泊以明志，宁静以致远"，这实际上就与老子"无为而无不为"和"与物为春"（庄子）的说法相当靠近了。美学中的美与美感在本质上就是一种"无所为而为"的自由的形式和自由的游戏，是"无私欲、非功利"的活动，即人在对自由形式的感性直观中达到一种极大乃至最高的精神愉悦（合规律性与合目的性的统一），有点类似于禅宗的明心见性的大自在境界。相信

---

① 《老子·四十一章》。

在我们今天的学人和群众中，仍然还能向这种最高自由境界攀登的还不乏其人。

第二部分　此在之在

上次讲了"存在"，今天讲"此在"。这两个方面结合起来，就构成了海德格尔的存在主义哲学的基本内核——"基本本体论"。为什么叫"基本本体论"呢？这就是强调这是他对自柏拉图以来的西方传统本体论的反思和批判的结果。因为自柏拉图起，西方哲学尽管也标榜存在问题为研究中心，即所谓本体论哲学。但事实上两千多年来的西方哲学史只研究了存在者而放走了存在；而近代哲学则偏向了认识论，到海德格尔，才真正抓住了存在和人的关系这个中心，而这个中心是哲学的根本问题，所以称为基本本体论。那么，"存在既不可定义"，我们对存在的"思"究竟从何着手呢？海氏认为，唯一的切入点就是从"此在"开始，即从作为此在的存在者的人入手，因为在所有的存在者中，只有作为此在的人是唯一会对存在进行思索、叩问和寻求的存在者，也只有在人的操劳和追求中，存在才会显现、亮相、澄明。所以，只有人可以说："我有一个世界"，"我生活在世界之中"。动物则不能，因为它们没有自己的世界。因此，如果用一句话来表达海氏哲学，可以说就是通过操劳中的人来寻求、显现存在及其意义，又在这有意义的存在亮光中生活。

需要说明一下的是"此在"这个词。这个词是一个被海氏赋予了全新意义的旧词（德语 Dasein），它最初由 18 世纪德国哲学家哥特舍特用来翻译拉丁语 existen 即英语的 Existence 而创造出来的，后来在康德和黑格尔哲学中表现事物的"定在"、"有限存在"，是一个普通的哲学用词。例如黑格尔举例说，当你面对一棵树时，这棵树就在你面前，此即定在；如果你一转身，这棵树就不在了。因此 Da 的意思就是在"在那儿"或"在这儿"的意思。但海氏的 Da（sein）完全不是这个意思，而是专指人的亲自存在，因一定条件而存在。这样，这个意义上的 Da，不论在英文和中文中都没有与此相对应的词和相应的译法。所以有的英译本就沿用德语

Dasein。有的则将它译作 there-being 或 here-being，中文则译作"此在"，还有的译作"亲在"或"缘在"，现在"此在"较通行。我们暂且撇开从语文学上的解释，仅就 Dasein 这个"能指"的"所指"而言，它表示的是一种特殊的存在者即人（一切生物和非生物如太阳月亮乃至一切具体物件都是"存在者"，但却不是"此在"），只有作为"此在"的人，是唯一会对存在及其意义发出疑问并进行追问的"存在者"。人以外的生物也存在于世，但它们并不拥"有"这个世界，只有人能说"我有一个世界"。虽然我们作为个体的人的存在极其短暂，但在其生存的几十年中，他总要使自己在其"去存在"的时间内"是"个什么，也即总要"有"点什么。例如有良知、有志气、有成就，"有"什么就"是"什么，不能"一无所有"或"一无所是"。动物例如老虎就是老虎——一个普通的"存在者"。它终生"一无所有"，而人不但拥有一个世界，因为人在劳作与交往活动中，在"上手状态"中可以不断改变自我及其处境，不断调整我和世界的关系，并使世界不断显现出它的价值、意义和光辉。

由上所述，可见只有作为此在的人才可能与存在"照面"，所以仔细分析此在在世的存在状态，便可挖掘出蕴藏着的存在真理及其意义。也就是说，存在不是孤立静止的一种对象性东西，不是唾手可得的现成事物，而是只在人的操劳中现身的一种真理亮光、一种境界和意义，即它是在人的上手状态中显现的。总之，只有当此在的人在存在的过程中，在自行主动构建他与世界的有意义的关系中，存在才会对你敞开、显现和闪光。就此而言，作为此在的人，永远都是一种有多种被解释和认可的可能性的"能在"，即他永远处于解释学的情境中。因此，对"人是什么"这个问题，不能像传统形而上学那样表面而僵化地进行规定，而只能用现象学"直接面对事物本身"的单刀直入的方法，才能说明作为此在的人究竟是什么，并从而达到对存在的真理的领悟。那么，作为"与他人共在"的此在，它的最明显、最触目的特点是什么呢？海氏用一个词将其点破，这就是"烦"sorge（德语）英语译为 care，汉语可译为"操心"、"牵挂"——关于这点，我们将在后面作重点说明，现在不妨先对作为"此在"的自我作些反思。首先碰到的一个大问题就是：我从哪里来？到何处去？我究竟是谁？表面看来，似乎很简单：父母生育了我们，我能吃能喝活下来了，然后上学读书、做事成人。实际上一切并非如此简单。我们当中的每一个人来到这个世界上都是相当偶然的。我来到这个世界上既偶然但又无可选择地不由自主。我既然降生了、成人了，我就得"入乡随俗"、"与世浮沉"，我是"身不由己"的，按照海德格尔的看法，这就意味着我是"被抛"入世界之中的。在这种"被抛状态"中，作为此在的人是由命运支配和玩弄的。为了生存，我必须忍受各种压力和颠簸，在现实生活中被多种社会力量抛来抛去，只有扛住这一切，我才能存在下来。但是处于这种"被抛状态"的人的命运又不是不可改变的，关键看他有没有存在的勇气，敢于面对艰险而平庸的世界勇敢地特立独行地"去存在"，也就是说，我的命运和处境即我的此在状态不是固定不变的，而是可因我的努力奋斗和各种机缘被改变并不断越出原先的自我，从被动到主动，从萎缩到强壮，从被遮蔽而进入敞开、明朗和澄明的。也就是说，此在作为"能在"虽然处于"被抛状态"却又可以超越这种单纯的"被抛"处境，挑战陈规陋习，与命运决一雌雄。正所谓"王侯将相，宁有种乎"？巨商大贾，事在人为；科学艺术，有道可循；寻常人生，也自有真趣！总之，每一个人都可以在存在的活动中建构人生的辉煌，开显存在的意义，沐浴存在的光辉。这一点与萨特的"存在先于本质"有不谋而合之处。诚如萨特所言："英雄自己使自己成为英雄，而懦夫自己使自己成为懦夫。"但海氏毕竟不同于萨特，他似乎更近于"本质先于存在"，也就是说，作为人的本性的"乐生恶死，趋利避害"以及对权色名利的无止境的追逐，必然会给人带来无穷无尽的烦恼。这就是说，由人所构成的本来是为了给人以福祉的社会，反过来成为规制和束缚人性的力量。这种状况在工商文明和科技发达的时代尤其如此——这就是所谓的"异化"（庄子、卢梭、黑格尔和马克思的发现）。这异化是人类社会发展的必然结果，人们也只能生活在这种异化了的社会中与人、与物交往，他必须向西西弗斯那样艰辛地劳作，还必须与"他人"交往，并不断地为"将来"而"筹划"。今日吃饱了，明天如何才能不丢掉饭碗？这"将来"作为即将到临的"时间"，它以泰山压顶和江河奔腾的威力逼近和驱使着"此在"不断地将它变成"现在"或"当下"；而"当下"和"现在"又迅速地从不停留地刹那间变为"已在"和"过去"，而过去和已在又构成实在的处境或化为痛苦、缺憾或眷恋融入正在过去的"现在"并又同"现在"一起构筑着"将来"——这就是处于过去、现在和将来这三维时间中的"此在"之在世的状态，也就是作为此在的人在不断流淌的时间和体现这种时间的生活事件中不由自主地被折腾、被抛来抛去的状态。总之，人从一诞生，从开口牙牙学语、上学读书、找工作、评职称、借钱买房买车、恋爱结婚生子，抚养小孩和照顾老人以及参与各种人际应酬间，匆匆忙忙应付着必要和不必要的、自愿的和被迫的各种大大小小的事务。什么是时间，大概这就是时间吧？它就是此在为自己及外物和他人打交道的过程！试问，在这样的存在与时间中，此在还有工夫去追问人生的意义吗？显然，正是面对人世的这种现象，海氏对此在之在世的基本特点用一个词加以概括和点破，这个词就是前面提到的"烦"（Care），这一概括的确深刻。刚才讲过，这（Sorge 或Care）一词，亦可译为牵挂、操心，等等，它表示、揭示出作为此在的人在面临和参与各种事务而处于"被抛状态"中的焦虑不安的生存论的心态。陈嘉映作为海德格尔的再传弟子（其师熊伟是海氏学生）在《存在与时间》第一个译本中（1987 年）沿用了其师的译法，即从佛经中借用的"烦"字，但在 1999 年的修订译本中改译为"操心"，与钱钟书的译法一样。郭沫若在《浮士德》中则译为"忧愁"，张祥龙译为"牵挂"。笔者觉得，可以在不同的场合采用不同的译法：在海氏著作中，译"烦"或"操心"较好。海氏在《存在与时间》中说："此在的生存论意即操心"，① 此在"在世本质上就是操心"（新译本第 222 页），操心的本质又在此在"去存在"中表现出来。因此，"此在究竟'是'什么，也必然只好从它怎样去'是'即从它的存在来理解"（新译本第 49 页），也就是说，作为此在的人必须在生存奋斗中成才成人，这个过程自然是十分令人操心、令人很"烦"的。但此在的存在（就）包纳在"操心"中，即人生在世永远被"操心"所支配，在世和"操心"是一而二和二而一的事情。所以作为此在的人的"操心"在世是一种宿命、天命，这里，我们似乎看到了基督教的影子：亚当夏娃在犯罪之后被逐出乐园，耶和华判他们必须劳苦终身方

---

① ［德］海德格尔：《存在与时间》，陈嘉映、王庆节译，熊伟校，生活·读书·新知三联书店 1999 年版，第 48 页。

得果腹。海氏虽不是有神论存在主义者（有神论存在主义者为丹麦人齐克果、德国人雅斯贝尔斯和法国的马赛尔与美国的蒂希利），但他的哲学中却含有神秘性甚至神话性。在《存在与时间》中，他也曾用神话来加强他的论述。就引用了一则古老的神话来说明"操心"，以下为大意：

　　从前有一次，女神Cura（操心）在渡河之际看见一片胶土，她若有所思，从中取出一块胶泥，动手塑造它。正在她思量她所造的东西之际，朱庇特神走了过来。Cura便请求朱庇特把精灵赋予这块成形的胶泥，朱庇特欣然从命。但当她要用自己的名字来命名她所造的形象时，朱庇特拦住了她，说得用他的名字来称呼这个形象。两位天神正为命名之事争执不下，土地神（台鲁斯）冒了出来，说应该给这个形象以她的名字，因为实在是她从自己身上贡献出了泥胚。他们争论不休，请得农神来做裁判。农神的裁判看来十分公正：你，朱庇特，既然你提供了精灵，你该在他死时得到他的精灵；既然你，土地，给了他身躯，你就理应得到他的身体。而是Cura（操心）最早造出了这个玩意儿，那么，只要他活着，Cura（操心）就可以占有他。至于大家所争的他的名称，就叫"Homo（人）"吧。因为他是用泥土造成的。①

　　这段神话有两点特别重要：（1）作为时间的农神支配着人的生死；（2）人的本性即操心，它先于人而存在。海氏认为此神话很好地说明了时间与操心同此在的历史渊源。而把人的此在定义为操心也的确是海氏的独创。试想，谁能无操心之事，有操心之事就有负担甚至痛苦。"家家有本难念的经"，这很自然，但反过来看，人若完全没有牵挂和操心，毫无"烦心"之事，成年累月地活在既无义务又无责任、毫无担当和追求的轻飘飘的状态中，这又有什么意思？活着又有什么意义？这种状态是生命所不能承受的"轻"。除非出家做和尚，其实真做和尚也并不轻松，也要劳作，要打坐、诵经、为施主做法事，最终要以自己的修行功夫而为佛教界乃至世俗界树立一种宗教道德信仰的典范才算真正做好了和尚。其实这也是一种"此在"的活法了。云南在17世纪曾出了一个著名的和尚——担

---

　　① 海德格尔：《存在与时间》，陈嘉映、王庆节译，熊伟校，生活·读书·新知三联书店1999年版，第228页（旧译本为第239页）。

当，不仅为后人留下了许多宝贵的书画篆刻，而且临终前还说出了一句让后人思索的偈语："天也破，地也破，唤作担当已过错，舌头已破谁敢坐？"这就是说，在明清换代的天崩地裂的时代，他在已无法"担当"的情况下仍勉力担当，只是他不能坐床说禅了。人就是要有点担当精神的，所谓"铁肩担道义，辣手著文章"（明人杨继盛语）。另一个和尚弘一法师（李叔同）出家前首创中国现代话剧团"春柳社"并在日本演出"黑奴吁天录"（斯陀夫人《汤姆叔叔的小屋》）和小仲马的《茶花女》，写出了第一首现代歌曲《春游》，改写了《送别》（"长亭外，古道边……"）等歌曲，一直传唱至今。他 1918 年出家，1942 年去世，短短的 24 年间他使已灭亡的佛教南山律宗复活，成为该宗派的现代祖师。总之，他在各方面都为人们树立了榜样，可见这些有追求和有抱负的人，虽"出家"实乃真正的"在家"，在存在之家。他们以做事来克服烦恼或操心，寻求存在的意义。可见，对于我们这些常人来说，便不能像贾宝玉那样"无事自寻烦恼"而要勇于任事，要自觉地投入"烦"中而又能从"烦"中超越出来，才能真正与存在"照面"。当然，不能只做不思，贾宝玉的好处是在烦中仍不断的思：这个世界是肮脏恶浊的无情世界。这种无情是中国以男性为中心的世界的争斗与阴谋的世界，一部二十四史就是"相砍史"，大概只有在那群未婚的少女当中，还保留有人的某些本真的美好。贾宝玉失败了，最后还是出家当了和尚。但他留下了不与统治阶级合作的榜样，提出了为无情世界"补情"的问题。[①] 这就是说：人与人之间要有相互的关爱，关爱生命，珍惜美好，这样人在世界之中才值得一活，才活得有价值和意义。有担当固然必要，但担当过重也会把人压垮。海德格尔似乎是呼吁我们既要正视存在的责任与艰辛，又能走上一条超越之路，在这种既正视又超越的对立统一中寻求、领悟与建构存在的境域和意义。

海氏还把此在之烦分为烦心与烦神，所谓烦心，指与物打交道，所谓烦神，指与人打交道。总之，此在之在世的过程就是不断与物与他人打交道之中过着的，在操心和繁忙当中一天一天地打发日子，一直从青少年时代到垂老暮年。因此，此在的在世过程也就是一个过日子的时间过程。现

---

① 刘小枫：《拯救与逍遥》，上海三联书店 1988 年版。

在问题又出现了，过日子究竟是怎么回事，为什么叫"过"呢？也就是说什么是时间呢？这样一提问，就可以对此在之存在进行更深入的拷问。有一种比较流行的说法，就是时间和空间都是物质存在的形式，但这一说法完全与人的存在无关，而没有人的物质世界无始无终、无边无际，是不能用时空概念来把握的。以时间而言，历史上第一个从哲学角度提问它的是公元 4—5 世纪的基督教哲学家奥古斯汀，他说："时间究竟是什么？无人问我时，我倒清楚；每当有人问我，我想说明，便茫然不解了。"① 但早在古希腊，前苏格拉底学派就已看出了它与人和事的关系："我们不能两次踏进同一条河里"，"我们踏进又踏不进同一条河流，我们存在又不存在"。② 这是讲时间和空间都处于不停的变化中，物和人的存在自然也不是永恒不变的（"一切皆流，万物常新"）。③ 但另一个哲学家巴门尼德却认为：存在者的存在，是永恒不变的"一"，④ 这便有点仿佛于老子的"道"即规律。但按董仲舒的说法是永恒不动的所谓"天不变，道亦不变"，这实际说的是阴阳五行、天人感应是永恒的真理。中国所谓的天，既是天道，亦是人道，最终仍落实在人世间，是世道、处世之道、为主之道，君人南面之道。在整个封建社会，它确实基本不变，但近代以来它终于发生了变化。那么时间和道一样是不变的吗？它似乎既是在人类的前行中永不停息的，又是可以凝固在一瞬间的，这就是被斯宾格勒称之为的浮士德时间。当浮士德想让美"停留一下时"，他的生命也就结束了，他犯了一个大错误，以为时间是可以离开人的活动与永恒追求而存在的；但他也确实在从不停息的追求中，在领悟到美的瞬间找到了永恒。从近代以来，以牛顿为代表的时间观却是不变的，它好似一个空盒子和一个框架，任何事物被填入其中，时间本身却是与物质和运动无关的一种先后顺序的连续过程。这种观点仍然是今天人们的日常生活与一般科学活动所认可的和不得不遵循的。但到了 20 世纪初，爱因斯坦的相对论终于打破了牛顿

---

① 奥古斯汀：《忏悔录》，北京商务印书馆 1963 年版，第 242 页。

② 北京大学哲学系外国哲学系研究编译：《西方哲学原著选读》，北京商务印书馆 1981 年版，第 23 页。

③ 赫拉克利特语，见《西方哲学原著选读》，北京商务印书馆 1981 年版，第 23 页。

④ 《西方哲学原著选读》，北京商务印书馆 1981 年版，第 32 页。

的这种僵化的时间观。证明了在超高速运动中，时间、空间都发生了变化：钟慢尺缩，从而使三维空间增加了一个维度——时间空间。但海德格尔所说的时间并不是这种纯物理学的时间，而是与此在的人有内在关联的时间。这与前述的浮士德时间是不是有相关性呢？此外，法国哲学家柏格森的时间观也或许多少与海氏存在主义的时间观有些相通之处。柏格森认为时间就是一种在生命的冲动中及不断创造和变动中的意识的"绵延"。一旦生命和生命意识终结，"绵延"也就终止。理性只能认识物质，而对于生命的"绵延"只有靠直觉才能感悟。艺术就是表现直觉的，它包含在"绵延""创化"之中，艺术与理性和"反映"无关。柏格森的时间观和艺术观虽然有些主观主义，但其合理的内涵倒是与中国儒家的乐观主义有些相通之处，即在血缘关系的无穷绵延中可以找到存在的意义和心灵的依托。和浮士德时间有相通处的是禅宗和浪漫主义，它们提倡的是"瞬间即永恒"，并从中追求此在的"闪光点"。的确，人生在世，往往辛劳大半辈子，就是为了获得某一成就达到某种至高的境界，这一成就或境界本身的取得，仿佛只是"瞬间"的事，但它的意义却是永恒的。例如邓小平的"以经济建设为中心"就"一言兴邦"，五四时期的蔡、陈、胡、鲁的言行，构成了中国现代史上最耀眼的闪光点。刘翔只用了12.88秒就创造了世界纪录，当然这都只是台上一分钟台下十年功的事情。做学问也是这样，总要特立独行地苦半辈子才会发出闪光点的。总之，人要做事来打发时间，什么事也不做，时间照样过去，可是前者是寻求显示着存在之光的此在的道路，而后者则是生命之光被遮蔽了的浑浑噩噩的一生。综上所述，可见时间虽是永恒流动的和不停地消逝着的，是人无法逃避的，但也可以抓住并使它凝固在事物之中。不过如要硬想给时间一个科学界说，则是根本办不到的。海德格尔当然也认识到了这一点，但又不得不说出点意见来。那么，究竟什么是时间呢，海氏不无武断地说："时间是一切存在领会得以展开的地平线。"[①] 这话颇难确解，大致意思是说：有时间性的

---

　　① 陈嘉映：《海德格尔哲学概论》，生活·读书·新知三联书店1995年版，第118页。海氏原话为"我们必须把时间摆明为对存在的一切领悟及对存在的每一解释的境域"（《存在与时间》，修订译本，生活·读书·新知三联书店1997年版，第23页）。

此在必须在有限的时间内设法使存在之光露出地平线，即显明自身、与存在"照面"。但海氏坦白承认他说不清这个问题，而只能说时间性。所谓时间性是由过去、现在、未来这三个维度组成的并直接与死亡相连的较为具体的东西，此在都有始有终，但他在世时总有显明自己的"时机"，但要能抓住。[①] 因此，"时间性"就是此在操心的原始条件，就是存在的意义。这永远操心着的此在又必须是与他人（常人）共在的，为了生存"共在"，此在必须"削平"自己才能与芸芸众生一起在世。这在工商文明社会尤其在中国社会更是如此，这就意味着此在要不可避免地异化和沉沦。

此在为什么非如此不可呢？这是因为在工商文明中生存着的人，一般都只能是在非本真样态中存在着，他们作为现实的此在之能在（方式）一般均表现为三种状态：闲言、好奇、两可。所谓闲言，不是说聊天，而是表现为人与人之间的一种通常的平均化的沟通方式。一种合乎习惯与规范的"共同语言"。也就是说，作为现实的此在，一般只能拾人牙慧、人云亦云、道听途说而极少可能说自己的话，也就是说现实的能在是以丧失人的本真和独立性为代价的——但这并无伦理学上的贬义，而是此在的必然能在方式。同样，"好奇"也不是指一般意义上的科学探究和审美惊喜，而是指盲目地追新逐异，迫不及待地追赶时髦、喜新厌旧、投机取巧、欲壑难填。例如市场经济下的权力寻租、权钱交易、卖官鬻爵等等，人的心态完全非正常化了：无孔不入的媒体宣传、铺天盖地的广告文化、色情与暴力的诱惑与刺激，使人们做梦都在想着发财和暴富，这就是好奇。好奇与闲言，必然使人对于除了一己私利外的任何事情都不太关心，使人的独立性大都丧失，很少谈得上什么人文关怀了。如果谁想要过一种本真的生活，那倒反被人嘲笑，想要超越的人总要被贬低到"常人"能理解的程度才算罢休。在这种情况下，人还有选择的自由吗？很难，于是人们只得在闲言和好奇的同时再采取一种"两可"的态度，即表里不一、随波逐流、稀里糊涂地混迹人世，在闲言、好奇和无可无不可中了此一生，这就是此在的"沉沦"。

为了摆脱这种沉沦的异化处境，海氏除了在某种程度上钟情于德意志

---

① 陈嘉映在《存在与时间读本》的第 158 页上说："时间性的本质在于到时或时机。"

的种族主义的狂热与偏见以外，主要就是极为执著地探索此在的存在及其意义，即过一种非异化沉沦的本真的生活，海德格尔的探索的结果是这样的：为了在"烦"与"畏"中生活而又超越异化与沉沦，人应该"向死存在"或"先行到死中去存在"。也就是要"看破红尘"，甚至只当自己已死而毫无牵挂地勇往直前地做事做人。人作为此在，只是一个短暂的存在者，人世间似乎是使他流离失所的"他乡"。那幽暗的、默默无言的大地才是他的永恒的归宿。他来自尘土，也必将归于尘土，死亡似乎是对烦劳人生的解脱；但另一方面，死亡又确是让人生"畏"的。不过海氏指出，他所指的"畏"（anxiety）不同于"怕"（fear），"怕"是一种被动的、有所怕之具体对象的（例如怕盗贼、老虎，等等），而"畏"之所畏不是消极地怕死，而是一种主动的、自动的、无对象的，是作为处于"被抛"状态和"非在家状态"（或如蓝波所言"生活在别处"）的人的一种与生俱来的、不可名状和茫然失措的心情和情绪。显然，说到底，这"畏"的最深最终的根底仍然是死。人人都自知必有一死，它随着时间的流逝一步一步地逼近自身，不论多么荣华富贵都过不了这一关。所谓"纵有千年铁门槛，终须一个土馒头"，不论是胖胖的国王还是瘦瘦的乞丐，最后都是蛆虫餐桌上两道不同的菜肴！在死亡面前，多数人都是在谋生的烦劳中，在忙里偷闲的寻欢作乐中有意无意地将它忘却；更何况别人的死总是不切身的，并且死的体验又不可传达。因此，人们并不总是那么"畏"死的，只有一部分人即少数有慧根的人才会"畏"，即深感生命的短暂而产生的一种"要赶快做"的紧迫感，从而真正做到"向死而生"即抓紧短暂的有生之年去从事最有意义的事业，并从而沐浴存在的光辉，达到一种满足、宁静的自由境界。由此可见，有畏才有敬（业），有敬畏之心，才能从喧嚣中静下心来做自己该做的事情。这种境界一般人也是不易做到的，也难以真正有所"畏"。酒囊饭袋无畏，无知者无畏，而"只有大勇者能畏"！所以，只有那些参透我不但必有一死，而且意识到正在一天一天地走近死亡的人才能勇敢地"先行到死中去存在"，从而肩负起黑暗的闸门，担当起人作为人的决断和勇气，开辟出一条通向存在的澄明之道。在中国和人类历史上，有这种决断和勇气的志士仁人并非罕见，例如海瑞是先准备好棺材才上书痛骂嘉靖皇帝的，左宗棠也是抬着棺材去与沙俄拼打（加上曾纪泽的外交谈判），才保住了新疆这块中国最大的区域地的。这些人是真正能"畏"的人，畏活着无所作为地就将与草木同朽了！当然，他们都是大人物。那么，普通老百姓是否都是浑浑噩噩地了此一生呢？并非一律如此也，他们烦劳一生支撑了整个社会，到了老年他们或者抚育孙辈或者传授技术与经验，或者留下著作……当然，他们也闲聊也娱乐，也跳舞唱歌打牌……这一切其实也正是"欢天喜地的向前走去"走向生命的终点（鲁迅语）。这些平凡而又崇高的普通"存在者"，不同样在"混日子"的烦劳和逍遥中沐浴和闪耀着存在的光辉吗？

综上所述，可知"向死而存在"不是等死，不是找死，更不是及早自杀，而是为了活得更有意义。但也透露出被抛入世的人生无可避免的悲剧本质。人的生命即此在是一种消逝性的结构。从我们诞生之日起，其实就开始了走向死亡的倒计时。面对这种无法改变的情形可以有两种不同的态度：道家的"逍遥"态度和儒家的进取精神。存在主义哲学虽然在一个方面很欣赏道家，但恐怕也赞成儒家的"不舍昼夜"瞬间即逝但又勇往直前的入世敬业精神吧？并且如前所述，死不是完全消极的事。它还作为生的对立面而绷紧了生命的弦，使此在具有强大的生命张力，从而使生命值得珍爱，使生命创造社会价值的功能受到赞美，也使作为生命之表现的自由形式的美让人销魂。因此，死不论从生物学、生态学上还是从价值论上看都是有积极意义的！正是从这方面来看，可以说：存在主义刚好把孔夫子的"未知生，焉知死"来了一个翻转，强调的是"未知死，焉知生"。只有真正领会了死的意义，才能更好地领会生的意义，才会产生超越沉沦和拒绝被异化的企望，才能在某种程度上过一种较为本真的生活。从这个意义上说，海氏等存在主义哲学家提出"向死存在"，可以被看做以人的存在状态为核心的基础存在论的前提，其要义就是要人们在有限的时间中做无限的事业，这就是"向死存在"，也就是"畏"的表现状态。海氏在《存在与时间》中说："向死存在，本质上就是'畏'。"① 用中国古典诗词中的话来说，就是韶华易逝，流光抛人（红了樱桃，绿了芭蕉）。死必将

① 参见《存在与时间》第四十六节至第五十三节，亦可参看陈嘉映《存在与时间读本》，第 172 页。

"到临",但更可怕的事情还是壮志未酬而闲白了少年头。而真要做到"畏",不论东方人还是西方人都不容易,还得要唤醒和求助于良心,是否有良心、良知已不只是一个道德问题,而是作为此在的人是否敢于直面必将到临的死,而在活着的时候多做善事的人生哲理(当前中国最大的危险就是除了钱以外几乎什么都不在心了,良心正在泯灭,甚至以为钱是可以带进棺材去的)。所谓良心良知就是不学而能的道德理性,事实上这是人在家庭学校和社会教育熏陶下所养成的一种道德哲学和道德自觉,它直接关涉人作为一个族类能否存在下去的问题,关于这方面我们就说到此为止,还是再回到海德格尔。我们知道,后期海德格尔在进一步寻找被整个西方哲学史所遗忘了的"存在"的同时,还特别对技术和人道表达了自己的看法。他认为,技术到了 20 世纪早已不再是或主要已不是"去蔽"的手段,不是使存在得以澄明的方式,甚至也不再是帮助人做"上手性"活动的工具了,而是变得令人恐惧的毁灭大自然并最终将控制人类的一种可怕的力量。有鉴于此,海氏经深思明察,断然给技术的本质下了结论:它是"陷架"(德语 Gestell、英语 trap-frame,一译座架),它的特点就是对人的拘囚和对人和大自然的逼索:"座架意味着对那种摆置的聚集,这种摆置着人,亦即促逼着人,使人以订造方式把现实当作持存物来解蔽。"① 直到人性丧尽,大地变成一片荒漠为止,其结果就是从根本上铲除了"存在"——而这一切,又是对近代以人为中心的人道主义思想的恶果。但海氏又并非绝对反对科学技术。在他看来,如果使用正确,技术还是"去蔽",使存在得以显明、呈现的手段,是使此在从蒙昧昏暗走向澄明的力量。但大地也绝不能承受"一片光明"和"一览无余"并成为"一片荒漠",它需要保护和伴侣,不仅需要林木鸟兽的"栖居"为伴,也需要暗夜和星光的安抚。这就是说,大地母亲也需要在沉睡的休眠中自我保护,从而也才可能保佑她的儿女的存在。她会敞开自己以哺育他们;她欢迎人们在她身上开辟一条"林中路"以通达"澄明之地"并从而领受存在之光!这很明白:反对技术的滥用和人被技术控制,关于此点在其诗意的栖

---

① [德]海德格尔:《技术的追问》,孙周兴选编:《海德格尔选集》下卷,上海三联书店1996 年版,第 938 页。

居的言说中表现得更为透彻。总之，良心、良知的重要基础正是一种敬畏之心：存在的神秘、宇宙的无限，人作为此在的"时间性"存在者，是短暂的却又是永恒的，这一切使人产生敬畏；另一方面，生存及其烦劳以及在战胜烦劳而追求存在的欢乐中，我们也时时感到对亲人和前人有所"亏欠"，因为在我们降生和成长的时候，我们是一无所有和无依无靠的，所幸前人为我们建构了让我们得以存在的"社会"，所幸有我们的父母的养育之恩，我们才得以"在此"并作为"此在"而存在，我们是"有歉疚"的，每个人都应有报答的义务和感恩的情怀，这便是"良心"和"良知"产生的基础。人也只有在良心和良知的呼唤下才能有高尚的德行（这不是靠政府公布道德教条可以见效的），才能进入高质量的"去存在"的在世活动之中，同时在建构存在的境域中开启存在的真理，从而走出技术的控制及沉沦、异化和被抛的非本真状态，走向存在的澄明！

第三部分　诗意地栖居

　　海氏在提出"先行到死中去存在"稍后，即 20 世纪 30 年代初，他的思想又发生了转向：在不否定前期思想的同时，特别突出地表现了哲学的诗化和诗化的哲学，即要从语言中研究存在的哲学和哲学中的存在，从而进一步远离和反叛了西方传统的主客二分的形而上学。这时他研究的重点也从"此在"的存在转向了存在本身的真理。并认为人、世界和存在都因去蔽而达到澄明（疏明）之境。这时的海氏，以诗讲哲学，又以哲学讲诗，并从而最终认定了诗（艺术）应该成为哲学的最高目标，因此只有在诗中，在诗的非形而上学的、本真的、原生态的语言中，才闪现着存在的真理和绽放着人生终极意义的鲜花。下面我们就从三个方面来评说什么是"诗意地栖居"。

（一）走出主客二分和烦与畏、异化与沉沦

　　早在春秋战国时期（乃至唐宋）我们的古圣先贤们就是诗意地栖居着

的。老子写的"思的诗"（"道之诗"），庄子的哲学就是一篇大诗，是美学，是美与诗的结合，而孔子对音乐和诗更是爱得如醉如痴。他"在韶闻乐，三月不知肉味"（《论语·述而》），他教导儿子"不学诗，无以言"（《论语·季氏》），对《诗经》给予了极高的评价："诗三百，一言以蔽之，思无邪。""作为古代的'信天游'，'爬山调'，诗中有多少言男女之情，抒不平之愤的诗篇"，孔夫子居然一言以蔽之，曰"思无邪"真是太了不起了![1] 而到了现当代，诗和诗意、诗性已被市场经济湮没，被满足人的感官需求的大众艺术所取代（中国正在步入这个西方式世界）。当代世界是一个由技术当家的世界。文艺成为批量生产的"产业"，而技术的滥用使人处于被技术所控制的状态下。在这种技术当家、拜金狂潮和人欲横流的情境中，诗还有它的地位吗？生活还有诗意吗？看来很小很少了。诗作为艺术的灵魂和精华，其地位从来都是至高无上的，因此它是真、善、美的集中体现，表征着人性的最深最高层次，是神性用它来测量和规范人性的尺度，是精神的家园。因此，所谓诗意地栖居，实乃人性的栖居。人的本性是什么，除了乐生恶死，趋利避害之外，还有一点更为重要的，他具有神那样创造世界的能力（神说，要有光于是就有了光……其实是人发明了取火术，栽培了稻谷和林木果蔬，于是就发展出农耕文明……）。人正是像神那样是能创造万物的"存在者"，因而他在本质上就具有神性。所谓"诗意地栖居"，实乃人的神性与本真状态的体现。人在洪荒世界中挥汗如雨地"筑居"、"建构"着他的存在之家，在凄风苦雨和一片荒芜中为自己"建构"一个"人化的自然"。像神一样把他所企盼的东西从空无中召唤出来——这不正是一首神奇而美丽的诗吗？请听德国19世纪诗人荷尔德林的诗"人诗意地栖居"：

> 如果生活纯属劳累，
> 人还能举目仰望说：
> 我也甘于存在？是的！
> 只要善良，这种纯真，尚与人心同在，

---

[1]　张祥龙：《海德格尔思想与中国天道》，北京出版社1996年版，第250—251页。

人就不无欣喜，以神性度量自身。

神莫测而不可知？

神如苍天昭然显明？

我宁愿信奉后者。

神本是人的尺度。

充满劳绩，然而人诗意地

栖居在这片大地上。我要说，

星光璀璨的夜之阴影

也难与人之形象相匹。

人乃神性之形象。

大地上可有尺度？

绝无。①

　　可见，如要"诗意地栖居"，首先需要人的"劳绩"，即劳作的功绩。劳作使人变得有神性。而任何称得上劳作的劳作都可以有劳绩。而有创造和收获的劳作都是由人与物相结合并以某种操作技术为条件的。正是在这个意义上，是技术将我们从蒙昧未开的洪荒世界带入一片由存在所显现的光明之中，这时的人所掌握的技术及技术的运用不论对人和人所生活的世界都是亲密无间的，看看原始人对一柄石斧、一张弓箭是如何的珍爱，古典时代到中世纪的人对工匠、技师、医生、祭司和托钵僧的尊敬，对他们所创造与言说的珍爱与信赖，可以清楚地看出，这时在生活中主客对立尚未充分发展，整个人和世界的关系处于一种亲切融洽的状态。这时的技术，就在工匠和普通人手里，都是用手工制造出来的精品，人们使用着这些成品时，有一种自然的亲切感。而当这些物品被使完后，会被好好地收藏起来或者很自然地被派上其他用场，或者再回归自然。这种对物品的爱护和亲切感本身就是一首诗。回想在六七十年前，我们一般要在过年的时候才能穿上一套新衣服；一双新鞋会引来小朋友们的羡慕和赞赏。自己也在这种情景中感到了一种特殊的人与人及人与物之间的亲切和温暖——正

① 孙周兴选编：《海德格尔选集》上卷，上海三联书店 1996 年版，第 463—470 页。

是这种带有诗意的生活被荷尔德林和里尔克所描写和歌颂。可是到了现代，事情发生了根本变化，层出不穷的新东西使人眼花缭乱，正如老子所说："五色令人目盲，五音令人耳聋，五味令人爽口，驰骋畋猎令人心发狂，难得之货令人行妨。"① 技术正在走向它的反面，它不再是为人的劳绩服务，不再帮助我们与大地和谐相处，它不再听人使唤，反过来成为支配我们的东西，更可怕的是它还从根本上破坏了人与自然和人与人之间的关系，也就是使我们"存在于世界之中"（being-in-the world）成了问题，使人的心目中除了使用技术来获取实用功利，甚至用技术把人赖以生存的大地一步步地掏空，把森林毁灭、把河流污染，最后发展出可使地球完全毁灭的核武器。而生物技术在克隆即无性繁殖方法以外，现在据说又开始研发人造子宫和人造精子，机器人的进一步发展则可能反过来控制人类。这一切，难道不是当代技术的最令人恐惧和值得人们深思的事情吗？这就是传统哲学和科学主客二分的最终后果，是从近代哲学及科学从征服自然的认识论、工具论所强调的改造和征服世界的语言召唤中逐步完成的。它彻底破坏了人类在大地上诗意栖居的可能。传统哲学和现代技术只给了人以知识，即主客观相符的知识，却没有给人以真正的真理，按照海氏的思想，真理不是知识。传统乃至当代都把主客相符的认识当成真理，事实上它们是知识而非真理。因为真理之所以是真理，必须关心人的存在，即它必须导向存在的本真。而真理是人的存在的明证，把真理从主客相符的传统观念剥离出来并将它作为存在的前提，作为人的心理本体（本体不是理念或上帝等外物，而就是人对存在的心理体验），这是海氏对哲学对人类的一大贡献，但他大概不可能根除主客观二分，否则人也无法生存。文学艺术特别是诗并不提供摹仿论意义上的"知识"（突破柏氏、亚氏传统），它们在本质上只提供真理，它关心的是人的生命和自由及人类的命运和生存状态。因此，诗在本质上只表现真理——使人走向善良和纯真、本真，走进人自己作为人之可能和应该进入的精神家园。这才是艺术和诗的最高目的。可现在艺术和诗早已产业化、商业化，使人的存在不可缺少的诗意和审美韵味彻底消失得无影无踪了。正因如此，现在我们特别要呼

_____

① 《老子·第十一章》。

唤它、寻找它，只要有人还在呼唤它，诗性就不会完全离开人间，因为如前所述，人本身就是一种有神性和诗性的存在者。正因如此，海德格尔以难得的乐观主义断言："哪里有危险，哪里就发生拯救！"首先要发现存在被阴霾遮蔽，进而发现人类正处于存在的半夜。他们是在此半夜中消失呢还是终于可以盼来黎明的曙光？这真是 to be or not to be 的大问题——正是基于这样的深思，人类才可能获救。因此，自 20 世纪 30 年代起，海氏便很少在"此在"上做文章，而主要地直接地大谈"存在的真理"及其显明，大谈通过真理的大道走向存在的澄明或疏明；并随之启用了一个新词——Ereignis（缘在，大道），海氏认为在技术时代，思的本质就是 Ereignis，它标志着存在与人的共同发生的事情。这个新词几乎起到了取代 Sein 与 Dasein 的作用。但对此词其他外文中无对应词，而且与希腊的"Logos"和中国的"道"一样不可翻译，海氏自己也未能完全说清，勉强可译为"大道"。这时的海氏在行文上也都是用诗性的哲思大谈诗中的哲理即诗所呈现的存在的真理，在海德格尔前期著作中的语言虽然已明显地与传统哲学的旧套背道而驰，但毕竟生涩古怪，近乎一种新形而上学，后期则文风大变，用他的学生伽达默尔的话说："是一种诗性的特殊语言，甚至带有某种神话色彩。他通过诗（艺术作品）的评说，来追寻和显明存在的真理。"这种说话方式和语言风格，进一步表征了当代西方哲学的语言学转向，一反传统哲学的陈词旧调，而成为一种诗性的哲思（有些像尼采），这就带来了对生活与世界的不同的解释与思、悟，并在他的存在主义哲学基础上创造了一种新的理论——解释学本体论（不同于作为认识论的解释学）。这就是说，一切人事的性质和存在状态，都取决于我们对它们的解释性理解。例如对历史和艺术作品的解释。它们的真相就存在于我们的解释和理解、领悟中，此外无他物。关于这一方面，我们这里暂不多说，先看海氏在《论人道主义》一文中的一句名言："存在在思中形成语言，语言是存在的家。"这里的"思"与"言"都不是传统哲学的认识工具和交流手段，而是原生态的语言和存在论、本体论意义上的语言，即这"言"和"思"都表现了存在本身的呈现，而不属于传统哲学的认识手段和逻辑学。这样就与笛卡尔相反，笛氏的"我思故我在"把理性（思）当成了人的存在的本质的确证，但一旦思错了，出现了"理性的迷误"，人也就不存在了。这在历史上和生活中是经常发生的，如人是上帝的奴仆，人是阶级斗争的工具，人是经济动物……在这些语言中，不但人不存在了，存在本身也隐匿了。不幸的是，从柏拉图和亚里士多德以后的西方哲学史都把理式、上帝、理性、精神、物质等看成人之存在的最终实在和最高真理，而把存在看成某种固定不变的"现成状态"的东西，是某种具体的存在者，于是，真正的存在即存在的真理被遮蔽了。这正是由传统哲学的语言系统所表征的概念体系的失误所导致的结果，因此也就产生了对这种传统进行颠覆的必要：首先要实行语言学转向——正是基于这样的背景，海氏大呼：不是"我思故我在"而是"我在故我思"，这颇有点类似马克思的"存在决定意识"，但不同的是，马克思是经济决定论，而海氏却是语言决定论（此外，还有韦伯的文化决定论，弗洛伊德的"性欲"决定论及神学的上帝决定论等等）；并且他的"存在"说也神秘得难以捉摸，看来似乎是要从此在在世的烦、畏、死中超越出来，进入一种宁静的诗的境界。这有一定的道理，但主要指向人的心灵——精神世界。这当然也有它的道理，特别作为一种划时代的哲学路向更是如此，但仅靠语言的革命和对存在的追问，就能找到人的诗意地栖居之所吗？恐怕未必。靠海氏也推崇的马克思也不完全可靠。看来需要把海德格尔同马克思和康德及自由主义和后现代主义结合起来，再融入中国儒道法禅之中（这就是李泽厚的人类学本体论即四期儒学的要义）。这可能是当代陷于精神危机的中国人的一条出路，一个现代化方略与可能的精神的家园。闲言少叙，回到海氏，他坚定地认为人首先得证明自己，显明自己的确真实的存在着，包括意识到自我的假在、虚伪地活着，被常规和意识形态的权力知识和广告商业文化所控制、压扁，而与"常人"一起与世浮沉，从而以丧失自由为代价地活着，这样也才可能触发人们去"思"，并逐渐因思而有"悟"，才能除去对存在真理的重重遮蔽。试想，对处于"烦"、"畏"、"被抛"和"沉沦"以及"异化"状态的此在的人，如果不实行启蒙并且超越启蒙（Enlightenmnet），他自己也从不问活着有何意义，只生活在闲言和两可中，那么，他作为人事实上可以说并不完全存在，他是不"在场"的，而是存在之境的"缺席者"。只有当人自觉到自己的不自由即非本真状态的存在，他才可能真正的"思"，从而产生某种特立独行的"在起来"的行动，并由此走向本真的存在，走向存在的澄明，从而体验到自身存在的意义和难以言说的大愉悦！可见，本真的"思"与"言"所体现的就是人的存在本身，而并非认识论逻辑学意义上的一种主客二分的认识方法。但要彻底改变主客二分的传统形而上学的思维模式，生活在努力超越烦与畏、异化和沉沦的"在起来"的活动中，必须有存在的勇气和良知，这样才能在相互关爱的人际关系中，在人与自然的善意、和睦关系中亲切而独立地交往与勤恳诚信地劳作。这种态度和行为就才算是一种本真的亦即为（作）诗的态度与情怀，这也就是诗意地栖居的基础。此外它还要表现为以下这两个方面：一是必须与"天地神人，四大朴一"亲切相处，生死与共；二是还要在语言和艺术中明显存在的真理。

（二）天地神人，四大朴一

技术作为一柄双刃剑，既为我们在一片昏暗中开辟出一条亮光朗照的或疏明的林中路，又导致人对自然的破坏并从而加速了人与人之间的关系的异化，如今，后者日渐成为主要的危险：存在的隐匿和遮蔽。因此极需重新整合人与自然的关系。具体说来，就是要使"天地神人"处于一种"四大朴一"的和谐统一的状态。人应该用劳作、技术和爱心把天空、大地和神性邀请出来，并使它们拢集起来（get together 或 collection）在一起共同享受存在所赠与的盛宴。本来，在古代人对天地神世界原本就是这样彬彬有礼而又十分亲切热乎的。在那时，人们用技术邀请大自然的赠与时是那样的虔诚，而对制成品又是那样的珍爱。几乎每一件制成品都是带有神圣性的物品，人对这些被创造出来的物品或用具，不仅把它看成实用品，同时也带着敬畏和爱心将它们当作圣物与艺术品。因此，人的创造同时也就是保留，就是珍藏（是用具，是工艺品也是艺术品，如今天之某些少数民族的衣着饰物）。真善美在这里是统一的。因此人们庆贺自己的劳作和技术，欢呼它使混沌未开的洪荒世界中呼唤出一个为人的存在提供了极大便利的充满生机的诗意盎然的世界——"生活是多么美好，生活又是多么芬芳，凡是有生活的地方，就有快乐和宝藏！"（何其芳诗）——这就是"充满了劳绩的人，诗意地生活在这片大地上"！可是，到了 19 世纪特别是 20 世纪，生活中的诗意渐渐地从生活中隐匿了、消退了。追本溯源，就在于技术的发展被人们不恰当地用来作为单纯谋取眼前实用利益的手段，成为日益向大自然"逼索"和"掏空"的"阱架"，技术不再有手工技术时代的艺术性、神圣性和保守性了。物和用具被机器流水线大规模地生产出来然后被使用一次就抛弃了。天地神人的结合体最终变成了亵渎它们的垃圾。难道这是人们对待大地母亲应有的态度吗？人不应只对自然"逼索"，更应该"给予"、"归还"，只有这样，天地神人才会长期和谐相处并不断地互相赠与，生活的诗意不正是在天地神人这种亲切的交往中吗？——但是主客二分的哲学语言和当代技术却终于使人走上了与天地神疯狂对抗的道路。这将可能使人最终失去安身立命之所。如果说人类第一次被上帝逐出伊甸园就因为人（想要知道一切）的狂妄，那么这可能的第二次的被驱逐也正是植根于人性的征服自然的极度狂妄的原罪！

随着"存在"的遮蔽，诗意消失了，色情、暴力和泡沫文化成为艺术的主调，电视和大众传媒中活跃着的是歌星、影星、球星以及几乎全裸的舞女和枪战武侠片，诗人和学者也在变成文化商人，现代大众艺术已经不需要人们去思考，更无须人们回味和倾听（也无可回忆和倾听），生活完全物欲化和简单化了——正是对这种工商文明和技术专制的危险的认识，海氏才特别张扬传统意义上的诗和艺术（古希腊、德国浪漫派及现代古典派），并且对艺术作品作为"物"与它的"物性"以及物与艺术的关系发表了一通近于神话的哲学诗话。下面我们看一看海氏是怎样叙说一只陶壶沙罐的。

一只古代的陶壶自然是一个上手状态的用具，但它同时是一种艺术作品，并具有某种神圣性。但在现代科技的分解下，这把陶壶无非是一些泥土按照某种几何形态再经过加热而成的物质，物作为物的物性就在这分解中消失了。但对于古人来说，这陶壶是一个有生命、有神性的东西，你看这陶壶的四壁和底部所构成的"虚空"拢集了大地和天空，其中居住着神圣者，为的是赠与作为短暂者的人用来盛水贮酒，用来"倾倒"以止渴、宴请、敬神。因此，这把陶壶作为物的物性（本质）并不是物理学或化学上所说的那种性质，它作为物，其物性就体现和印证着人的某种神性，就存在于它的盛水、斟酒和对人的馈赠中。在陶壶和它的馈赠中，包含了整

个世界，而这世界就是天、地、神、人的拢集。因为这陶壶所盛的水来自
深井、小溪和泉水，泉水里居住着石头，石头上又有轻轻地睡着的土地，
土地又欣然领受天上的阳光雨露，而"在泉水之中，居留着天空和大地的
信赖——正是倾泻的赠礼使陶壶成为陶壶"。正是在陶壶的这种倾注的赠
礼中，"短暂者和神圣者以它们各自不同的方式居住着。大地和天空、神
圣者和短暂者同时居住在一起"，这就是"天地神人，四大朴一"的拢
集——这就是这把陶壶之为"物"的本质：在这把陶壶和它作为向人与神
馈赠的礼品中挽留住了天地神人，天地神人都因它的赠与而驻留其中，谁
也不会去独占它、糟蹋它，因而天地神人相亲相爱地处于其中，并共同一
起构成了一种相互映照对方、肯定对方的"镜像游戏"（mirror play），即
相互确认、印证各自的本质而形成了天地神人的"拢集"——这才是本真
的世界：它被人在"上手性"的"筑居"活动中作为"物"而吁请出来，
又用人所创制的"物"挽留住了"四大"。从这个意义上讲，与其说我们
人制造了"物"，不如说是"物"特别是其中的用具通过我们语言的呼唤
而将它们吁请出来而进入了与我们共在的世界。是的，语言是人们在生活
与劳作中发生的，但语言反过来又帮助我们把万物从混沌中吁请出来，并
引领我们走向"在的澄明"。从这个意义上说，与其说是我们在说话，不
如说是话在"说"我们——语言让我们说话，并从而使我们在大地上充满
了更多的"劳绩"，领受与体悟着诗意的芬芳。但后来的情形发生了大的
变化，那形而上的语言使人与天地神都处于对立之中；科技语言只告诉你
诸如那陶壶的化学成分以及 $2+2=4$ 之类的知识而忘掉了真理！到了现
今，那古朴的陶壶已被一次性的易拉罐所取代，再也看不到天地神人所拢
集在一起的诗性和神性了，"四大朴散"代替了"朴一"，"存在"被遮蔽
了。而随着真与善的引退，美也就日渐消逝了——不难看出，上述海氏的
思想言论是对准了当代技术文明和物质主义所进行的尖锐批判！① 物欲和
失控的技术究竟要把人类引向何方呢？如果世界已不"在此"，"此在"也
就不能本真地在世。而随着"此在"的不在状态，就再也没有其他存在者

① ［德］海德格尔：《诗·语言·思》，彭富春译，北京文化艺术出版社 1991 年版，第146—161 页。

去追问存在的真理了！把工商文明和高新技术说得这样危险，似乎有些危言耸听。但这是 20 世纪的盛世危言。没有哲学家、诗人和宗教徒们对人类浅薄的乐观主义的不断批评，不给"发烧友"和粉丝们泼一点冷水，喝几瓶清凉剂，那欲望的无限膨胀倒真的可能使人类很快成为地球上即将灭绝的物种。生态危机已十分紧迫：巴西热带雨林每年以上万平方公里的速度消失，荒漠化的速度在中国每年也以约两千平方公里的速度吞噬着我们赖以生存的大地（中国现有 260 多万平方公里荒漠化土地，占全国土地面积约 27%）。而中国的资源最高载量是 15－16 亿人口，这是二三十年以内的事情，还特别危险的是，道德良心的沦丧：什么都以假冒伪劣骗钱，如果我们不思考一下哲学家们的警告，我们将死无葬身之地！大地不存在了，阳光也不再照临人间；而欲望的膨胀也把最后一点神性赶走，我们何处"栖居"，更遑论"诗意地栖居"？

所以，绝不可以把寻求精神的家园即存在的寓所当成一句空话和浪漫主义的诗。它"实在"得很，它的真理性从某种意义上说要高于主客观相符合的（亦即实事求是的）科学真理论。这就说明，工业技术并不能完全解决人性的问题，科技只是手段，生活才是目的。因此，可以说，道德高于认识，诗高于科技。这里所说的诗，并不是对风花雪月的吟咏和花前月下爱情的歌唱——这些并非最高意义上的诗，真正的诗是对人生意义对存在的思，对人类命运的终极关怀，对天地神人"四大朴一"之声的倾听与领悟。只有在这种诗与思中，在这种领悟中，才能鼓舞人们勇于担当烦与畏的重压，才能唤醒人类的被遮蔽的良知去追求"在的澄明"，即与他人共存在于新的天人合一的自由境界中。

（三）在语言和艺术中显明存在的真理

"天地神人，四大朴一"就是诗意地栖居了。但要实现和达到这种境界首先还得通过语言——诗的呼吁来澄明和体现。否则，此在的真实生存状态就被遮蔽了。因为目前为大众和"常人"所热衷的许多"艺术"中的语言，几乎将生活世界中的劳动创造、艰难困苦、生老病死、悲欢离合大都删除了，也就是说此在的真实存在不在了，而真正的艺术总是呈现、显明、照亮着人的生存状态和存在的真理与意义的。因此，海氏认为艺术不是柏拉图和亚里士多德的摹仿说，因为艺术并不是主客关系中的"物"也不是这物的有用性，而是存在之光自然地在艺术中的投入。因此，正如存在决定存在者，是存在者的本质一样，艺术（等于存在之光）是艺术作品的本质。所谓艺术或艺术美，就是作为存在的真理的显现和澄明。而一切艺术在本质上都是诗，都有诗性的"语言"，即不同于科技和形而上学而是接近原生态的本真的"语言"。正是在这个意义上，海氏称"真理有在艺术中栖息的嗜好"，因为艺术是像生活本身一样的、原生态的、完整朴一的，这种有人性、自然性、物性和神性的"四大朴一"的生活与艺术，才是人类的归宿和精神的家园。海氏特别在《艺术作品的本源》一文中引用凡·高的《农鞋》画来阐明他对艺术和美的看法：

> 从鞋具磨损的内部那黑洞洞的敞口中，凝聚着劳动步履的艰辛。这硬邦邦、沉甸甸的破旧农鞋里，凝聚着那寒风料峭中迈动在一望无际的永远单调的田垄上步履的坚韧和滞缓。鞋皮上沾着湿润而肥沃的泥土。暮色降临，这双鞋底在田野小径上踽踽而行。在这鞋具里，回响着大地无声的召唤，显示着大地对成熟的谷物的宁静的馈赠，表征着大地在冬闲的荒芜田野里朦胧的冬冥。这器具浸透着对面包的稳靠性的无怨无艾的焦虑，以及那战胜了贫困的无言的喜悦，隐含着分娩阵痛时的哆嗦，死亡逼近时的战栗。这器具属于大地，它在农妇的世界里得到保存。正是这种保存的归属关系中，器具才得以存在于自身之中，保持着原样。①

海德格尔说，凡·高的油画揭示了这器具即一双农鞋真正是什么。这个存在者进入它的存在之无蔽之中，我们称之为真理。②

海氏的结论是：在作品中发挥作用的是真理，而不是一种真实。刻画

---

① ［德］海德格尔：《艺术作品的本源》，孙周兴选编：《海德格尔选集》上卷，上海三联书店1996年版，第254页。

② 同上书，第256页。

农鞋的油画，描写罗马喷泉的诗作，不仅是显示……这种个别存在者是什么，而是使得无蔽本身在与存在者本身的关涉中发生出来（按：指农鞋和喷泉单纯、朴素而本质地被显现）……于是，自行遮蔽着的存在便被澄亮了，如此这般的形成的光亮，把它的闪耀嵌入作品之中，这种被嵌入作品之中的闪耀就是美，美是作为无蔽的真理现身的一种方式①——这只有在这双鞋不再成为用具，而是作为艺术品揭示出它以其可靠的保护性，蕴涵和表征着农妇所生存于其中的那个充满操劳、慰藉和生老病死的真实生活世界时才是可能的。如果把这画中的鞋仅仅当作只对当下有用的一种器具，而看不到它与人的生活世界的广泛而深刻的联系，它就被单纯的实用性完全遮蔽。而通过艺术家将其表现为艺术作品，又经过像海氏这样的读者的审美阐释，它作为一件艺术品所呈现出来的存在的真理的全部意义就全部显现了——这就是栖居在艺术作品中的真理！这便是美！如果人人都真心热爱这样的艺术，并且使人的存在具有艺术性——诗意，便是本真地栖居于真理中了。海氏的这种分析显然带有浪漫主义色彩，但可以使我们在新的和更深刻的意义上理解艺术与生活——诗与真的关系。正如朱光潜先生所说，艺术总要在微尘中见大千，刹那间见终古，有限中见无限，才有大美可言。

　　但诗意和美并不仅仅产生在作诗与吟诗中，而是首先产生在劳作、筑居和如何栖居中，产生在对以上这些活动的反思和回忆中，哲学和诗都与反思和回忆共生。据我国哲学家叶秀山考证：德语中表达"诗"的词有两个，一个是外来词，相当于英语中的 Poetry，这是狭义的诗，还有一个德国本土的表诗的动词名曰 Dichten 即作诗，此词除"作诗"以外，尚有建筑、设计、筹划等意义，海氏所写的诗意地栖居，用的正是由以上这个动词（Dichten 作诗）变来的副词"诗意地"（Dichterisch），即英语的 Poetically，但它含义比英语丰富，还有"技术的建构"的意思。可见，海氏讲"诗意地栖居"，暗含着对存在及其意义作建构的意思，显然，这就意味着海氏并不绝对反对技术，还赞成合理地运用技术，否则他大加赞

---

　　① ［德］海德格尔：《艺术作品的本源》，孙周兴选编：《海德格尔选集》上卷，上海三联书店 1996 年版，第 276 页。

美的"劳作"如何进行呢？而没有劳作和劳绩，何来诗意，何来栖居之所？当然，仅劳作也诗意无多，还要学会思，因为"天地有大美而不言，四时有明法而不议，万物有成理而不说"。① 它们都静待人们去开启、去领悟、去回忆。前面说过，反思与回忆涉及哲学与诗和艺术的本源，特别是对有意义的经验的记忆的回味涉及诗的本质。在这个意义上，美国哲学家杜威说"艺术即组织得完善的经验"，的确是独具慧眼的深刻见解。所以只有能思愿思的人才会不被拒绝进入存在，也才会从甚至很平凡的事物中品味出某些哲理和诗意。此外，除了思以外，还要倾听，倾听大自然的天籁，倾听宇宙万象和谐与神秘之音。但重要的是还要有一颗空明宁静的心（心斋），像庄子那样去听，即不止听之于耳，听之于心，更要听之于气，② 所谓"气"即虚空，只有心斋了，才能收纳外物并得其真义，从而超越烦与畏而进入存在的澄明之境！可现在的情形是：人类虽然思了两千多年，却并未完全学会思和听，他们只会像新柏拉图主义和笛卡尔那样追求某种神秘和外在的知识，却忘了最重要的事情：作为此在的人是如何存在的？他是如何与存在打交道的？这就等于从根本上忘记了作为此在的人是必须面对存在之真理，可以说，他们只知道工具理性还不知道价值理性；而关系到人的存在意义的价值情感又最集中地居住在诗中，只有倾听诗的诉说并思其意义，人才可能自我确证地体验到存在的真理。同样，只有思着存在及其意义的人，才写得出真正的诗，也才是真正的诗人。正因为如此，所以才可以说"存在之诗是元诗"，即诗之诗、诗之海、诗之基地！因此，不论"广义的诗和狭义的诗，所有的诗从其根本意义上就是思……真理思地诗化"③。海氏用以论证和发挥他的这一存在哲学主张的诗人主要是荷尔德林，他在《荷尔德林和诗的本质》中断言："诗是存在的神思"，而人就存在于诗的语言中，这种语言是从神性的默默无言所变化出来的声音，是对一个古老民族古老传统的原始领会，同时又是体现着诸神对人的馈赠，它使我们能够诗意（性）地栖居在大地上。为了深入理

---

① 《庄子·知北游》。
② 《庄子·人世间》。
③ 刘小枫：《诗化哲学》，山东文艺出版社1986年版，第235页。

解"诗意地栖居",我们必须正确理解海氏关于诗和人的栖居的奇特关系。在《筑·居·思》这篇论文中,海氏专论了"诗意地栖居"。据他考证,栖居与存在这两个词在词源上同根,在意义上相亲。因此,作诗就是使栖居成为可能。因为不论筑居和栖居,都要劳作才能实现,而劳作就不能闭眼不看地利天时,就要抬头仰望天空,同时双足又紧贴大地,所以人是存在于天地之间,接受天地之雨露阳光和滋生万物的大地的滋养才得以存在的。在《人诗意地栖居》一文中,他又指出:"人之为人,总已经以某种天界之物度量自己了……神性是尺度,人依此尺度量出自己的栖居,量出他在大地上在天穹下的羁旅。"① 但要大众都能进入诗意地栖居之境界,又谈何容易? 而海氏却告诉我们:"栖居之所以可能不具诗性,恰因为栖居在本质上具有诗性……"② 因此,只有当我们知诗性为何物,才会知道我们的栖居何等远离诗性。要改变这种不具诗性的栖居,"全在于我们对诗性的关注"。可见诗和诗性是我们栖居得以有诗意的前提。那么,究竟什么是诗和诗意诗性呢? 他继续引荷尔德林的诗说:"只要善良,这种纯真,尚与人心同在……""只要这种善良之到达持续着,人就不无欣喜,以神性度置自身。这种度置一旦发生,人便根据诗意之本质而作诗。这种诗意一旦发生,人便人性地栖居在这片在地上……"③ 可见,一贯坚持自己不是人道主义者的海氏最终仍不得不回到以人为本之中来,回到人与人和人与大自然之间的互相关爱中来——这就是"诗意地栖居"的本质和最终实在,在这一点上,也就可能使西方的基督教的"圣爱"、孔夫子的"仁者爱人"和庄子的反异化及"法天贵真"的精神在某种程度上相互融通。这在前面引过的荷尔德林的诗中其实已经讲得明白。须强调的是,在海氏看来不论作诗或栖居,都是始终在"思"中进行和完成的,没有思,也就没有诗,也就无所谓诗意地栖居,所以刚才讲过海氏在《林中路》中强调"存在之诗是元诗",不论广义和狭义上的所有的诗,从其根本上就

---

① 孙周兴选编:《海德格尔选集》上卷,上海三联书店 1996 年版,第 471 页。此处译文采用陈嘉映《海德格尔哲学概论》,第 290 页。

② 同上书,第 478 页。译文同上。

③ 同上书,第 480 页。

是思,"真理思地诗化"。[①] 这不论从荷马、但丁、莎士比亚、歌德、荷尔德林或是中国的屈、陶、李、杜、苏、曹、鲁,莫不如是,他们都深思过人生的价值和存在的意义并深刻地写进了不朽的艺术作品之中。我们今天要搞文艺哲学和美学,他们始终是榜样。他们当中多数自身并没有诗意的栖居地,但他们的遭际和诗作都十分真诚和深沉地讲述着期盼着诗意地栖居。西方现代派的文艺家们何尝不是如此呢?

最后让我们用三首诗来结束这次讲座:

陶渊明:

> 结庐在人境,而无车马喧。
>
> 问君何能尔,心远地自偏。
>
> 采菊东篱下,悠然见南山。
>
> 山气日夕佳,飞鸟相与还。
>
> 此中有真意,欲辩已忘言。

歌德:

> 生潮中,业浪里,
>
> 淘上复淘下,
>
> 浮来又浮去;
>
> 生而死,死而葬,
>
> 一个永恒的大洋,
>
> 一个连续的波浪,
>
> 一个有光辉的生长!
>
> 我架起时辰的机杼,
>
> 替神性织造生动的衣裳![②]

西乡隆盛:

> 男儿立志出乡关,学不成名死不还,
>
> 埋骨何须桑梓地,人生无处不青山。

---

① 刘小枫:《诗化哲学》,山东文艺出版社 1986 年版,第 235 页。

② [德] 歌德:《浮士德》上卷,郭沫若译,上海新文艺出版社 1953 年版,第 28 页。

　　陶渊明是栖居在自己亲自"筑居"的诗境。我们何不也去筑造一个有中国特色的现代化的诗意的栖居地？去写一篇自由主义的大文章？歌德在《浮士德》中通过地祇唱出了此在在烦和被抛时间中的生生不息，并从而使"神性"之存在得以永恒而生动地"显明"那不断幻化的花衣。这存在与时间是多么的宏伟、神秘、变幻无穷和不可思议！我们这些有幸来到这大千世界的"短暂者"，似乎也可以听取西乡隆盛的倡导，勇敢地"先行到死中去存在"，勇敢地"在起来"，有意义地过完这难得的一生！

读李泽厚

　　在现当代，能同时在哲学、思想史和美学等几个不同领域都作出杰出贡献并引领时代学术潮流的人并不多见。而我们现在所要评述的李泽厚，正是这样一位天才人物。他可说是新中国成立以后，尤其是改革开放 30 年来所涌现出来的一位大师级的学界领军人物。这固然是李泽厚的光荣，恐怕也是中国的光荣。可叹的是，尽管李在各种论著中为经济建设加油，为包括正确（而不是"苏式"或"西马"）地解读包括马克思在内的种种哲学、美学和思想史的问题而作出科学论证，为重建我国的道德信仰而大声疾呼，却仍不时遭到来自多方面的责难。这确使我们深感"左"的思想贻害之深。不过这种思潮想要有很大的作为恐怕比较困难了，因为我们已走上了正路，民主法制的呼声也高了。李的十卷本大作已堂皇问世，他所期望的能以其书"究天人之际，通古今之变，成一家之言"的目标也不是可望而不可即的了。但他满足了吗？未必。例如，近年他又在研究中国文字，认为中国文字"是从生活经验中产生，是从结绳到文字的过程，并不像欧洲那样，先有语言才产生文字。文字左右语言。文字在中国历史上起了巨大作用，中国文化的巨大同化力、凝聚力来自文字，汉文字不会消亡，中华民族也就不会消亡"。以上是刘再复与他对谈时所说。李回答说："中国的汉字不是来自口头语言记录，而是来自历史经验的记录，这颇不同于其他许多文字。"① 他自认这是一个"重要"的看法，我们且等待他在这方面的新著问世吧！

　　那么，作为一个学人，李泽厚的贡献主要是什么呢？答曰：发挥"人

---

① 《存在的最后家园》（李泽厚、刘再复对谈录），《读书》2009 年第 11 期。

性能力"即人的"主体性"并全面建构其文化心理结构,简言之,即一个"人"字:为了人活得更好!现在近50岁的人大约都会记得,30多年前在粉碎"四人帮"以后,神州大地就很快出现了"人的觉醒"。那时"人是马克思主义的出发点"这个不很恰切但却影响极大的呼声,有如狂风一样,吹遍祖国大地;但李泽厚没有附和与停留在这种颇为抽象的情绪化的欢呼中,而是在研读康德和反思马克思及其在中国的际遇,埋头写作出版了《批判哲学的批判》(康德述评)和《美的历程》等产生巨大影响的著作以后,于1980年起陆续发表了《康德哲学与建立主体性论纲》(包括几年后写的几个"补充"提纲)。于是"主体性"这个关键词就几乎成为李泽厚大部分著作的核心和出发点,而实际上不论从事实上或逻辑上讲,如何发挥和建构人的主体性,都是改革开放时期的关键和题中应有之义。试想,在30年前,人处于什么地位?有何主体性可言?那么,李泽厚又作了些什么具体贡献呢?大致说来,他主要从哲学、美学和思想史诸方面为改革开放提供了系统的、长远的理论参考,并集中对人的"主体性"进行开掘,而这也正抓住了康德和马克思对人之为人(所谓人性即主体性),亦即人能使用工具征服自然(这一点强调人性能力的康德并不大懂)的实践能力,并构建人的"知情意"文化心理结构的伟大主题。李泽厚往后对人的心理结构的反复深入探究,对情本体的提出和深刻论述,对巫传统的探源及新颖解说,对实用理性和乐感文化、西体中用以及历史本体论等的一系列精彩著述,其实都是在人的主体性特点的基础上不断展开和深化的理论成果,这即是他所强调的"人类学本体论"的主轴。在以上这个意义上,也许我们有理由说:"人是李泽厚哲学和美学的出发点",而其基础就是马克思的人化自然实践观和康德的"人是目的"的论断。下面,我们打算分成三个方面加以述评。

一

作为我国"实践派"美学的主要创始人,李泽厚的基本观念简单说来就是主张从人类的物质生产活动中寻求美①和审美心理的根源，李特别重视人类制造和使用工具进行劳动对形成人的文化心理结构（知情意）所产生的极其重要的、决定性的作用。用李泽厚自己的话说："所谓实践美学从哲学上说，乃是人类学历史本体论（亦称主体性实践哲学）的美学部分，它以外在—内在的自然的人化说为根本理论基础，认为美的根源、本质或前提在于外在自然（人的自然环境）与人的生存关系的历史性的改变，美感的根源则在于内在自然（人的躯体、感官、情欲和整个心理）的人化，即社会性向生理性的渗透、交融、合一，此即积淀说。"② 但李泽厚的实践观的形成也不是一蹴而就的，最初他也还大体遵循反映论来研究美学（例如他在 1957 年写的论文中还坚持"美感和艺术就是一种反映，一种认识"，并且认定美感与哲学认识论的"反映"相同。他"承认花红与花美之不同，但不承认它们是反映与非反映之不同，而认为是两种不同的反映），③ 至 1962 年，他在《美学三题议》中则明显突出了美学上的实践观，到 1979 年所撰《形象思维再续谈》中又大大加强了美学的心理学内容，扬弃了他 20 世纪 50 年代认为"艺术是认识"的看法，断定"艺术不是认识"，并指出："马克思主义经典作家并没有说艺术就是或只是认识，相反而总是着重指出它与认识（理论思维）的不同"，"所以，把艺术简单地说成是或只是认识，只用认识论来解释艺术或艺术创作，这一流行既广且久的理论，其实是并不符合艺术欣赏和艺术创作的实际活动的"；④ 而要更加充分和全面地说明艺术创作和欣赏，必须借助心理学。这一思想在他后来的文章特别是《美学四讲》中得到较充分的发展。李泽厚在美学上的第二个重大变更是不再单独强调马克思，而是观照到马克思与康德彼

---

①　据李泽厚说："实践美学"不能说成是"劳动"（labor）或"劳作"（work）美学，因为这样就成为专业实用美学了。"实践"的含义自然以（原始的及往后的）劳动为核心，但它还表示同人打交道与主体的伦理"行为"，有"主体间性"的含义，故译为英文只能是 practical aesthetics. 参见《李泽厚近年答问录》，天津社会科学出版社 2006 年版，第 40 页。本书一般把实践与生产劳动在同一意义上使用。

②　李泽厚：《实践美学短记》，《李泽厚近年答问录》，天津社会科学出版社 2006 年版，第 55 页。

③　《美学论集》，上海文艺出版社 1980 年版，第 75 页。

④　同上书，第 559—560 页。

此的关联，特别是把康德将美学作为"人是什么"的终极回答以及人的知情意的文化心理结构（马克思未曾系统专门论及，而康德的三大批判讲的正是这个东西）作为"本体"或"根本"，并在最终"告别斗争哲学"这两个重大的问题上提出了一系列的创造性理念。① 例如对阶级斗争的理论的重新认识。长期以来，人们都把阶级、阶级斗争、阶级分析当作分析、理解、欣赏和创作文艺作品和审美活动的基础，现已被证明，这至少是片面和不完全正确的。李泽厚在 20 世纪 90 年代明确指出：马、恩《共产党宣言》的第一句话（人类历史就是阶级斗争的历史）是相当片面和偏激的。虽然阶级斗争在现实中和自奴隶社会以来就不可否认地存在着，但"总的说来，阶级合作和协调是更为显著的方面；而且马克思的革命学说与他的基础理论有逻辑上的缺失和矛盾"。② 进一步说，李泽厚也不完全赞同作为世界观的"辩证唯物主义"，他说："……关于辩证法，《批判哲学的批判》一书在当时写作情况下和认识水平下，至少在表述上是以肯定的态度来讲黑格尔到马克思的实体辩证法，即基本认同了辩证法是客观世界或事物所具有的普遍规律，直到《实用理性与乐感文化》一书中，才明确否定任何实体辩证法，强调辩证法只是人们在'存在层'的认知方法，并与操作层认知方法的逻辑——数学相区分。"从而进一步转向了康德，③同时李泽厚自然也就不可能完全认同历史唯物论，尤其是它关于暴力革命的思想。他认为伯恩斯坦和考茨基是马克思和恩格斯的正统继承人（晚年马克思已倾向认为资本主义可能和平过渡到社会主义）。④ 至于马克思的经济学说（商品尤其是劳动的二重性中的"抽象劳动"——社会必要劳动时间以及剩余价值论）则问题更多。经济基础也不可能直接决定所谓上层建筑的全部（尤其是思想、文化心理，等等）。但李泽厚并不是完全否定马克思（否则他自己的那一套理论就无立足之地了），他认为马克思的确是一个伟大的历史哲学家，作为他的历史唯物史观的基础的人类科技发明

---

① 李泽厚：《课虚无以责有》，《读书》2003 年第 7 期，第 55—62 页。
② 同上。
③ 李泽厚：《马克思的理论及其他》，载《李泽厚近年答问录》，天津社会科学出版社 2006 年版。
④ 同上书，第 260、262 页。

与物质生产活动的理论，在推动社会发展和使自然人化（包括人的人化）方面是极其重要的。此外，马克思对资本主义罪恶的批判和对人类未来远景的理想也都是非常深刻和鼓舞人心的。① 总体看来，李泽厚的"人类学历史本体论"即"吃饭哲学"，从马克思那里继承的东西主要就是马克思的以工具本体为根本的实践观和个人自由与全面发展的人类学视角，但增加了与"唯物史观所忽视和缺少的伦理学和心理学的哲学理论，从而不能等同……"② 如果说早在 20 世纪 50 年代末至 60 年代初，李泽厚在批评蔡仪、朱光潜的论文《新美学的根本问题在哪里?》及《美学三题议》③ 等论文中的基本倾向还是"反映论"，但已开始显露出美学上的实践观的苗头；那么，1976—2006 年的《批判哲学的批判：康德述评》（第六版）就进一步打通了康德和马克思的内在联系（康德哲学本就是马克思主义的来源之一），以马克思的人化自然学说即实践观、自由观改造融合了康德的先验论（知情意的文化心理结构和人是目的）补充和发挥了马克思的人的本质论及其美学思想。④ 20 世纪八九十年代是李泽厚学术的丰收期，先后出版了深入浅出、新意迭出、在国内引起轰动效应的《批判哲学的批判》、《美的历程》，稍后又出版了《华夏美学》和《美学四讲》亦颇受读者欢迎。与此同时，他对中国改革开放之路也十分关心，并在学术上提出了著名的"西体中用"论以反对"全盘西化"和"中体西用"。"西体"主要是指西方的科技物质生产和社会体制，"中用"则是结合中国国情对极顽固的旧体制作"转化性创造"，即逐步改良。在伦理道德方面则要分清"善恶"（宗教性道德）与"对错"（法制及社会性道德），并重视在"天地国亲师"的旧瓶中装入新酒，以逐步改良具有悠久传统并且这传统和现实又极复杂的中国的道德及信仰建设。⑤ 改革开放以来，已经作出了很大的成绩。"西体"在经济领域生产建设中成就最为突出；"中用"方面，如土地

---

① 李泽厚：《马克思的理论及其他》，载《李泽厚近年答问录》，天津社会科学出版社 2006 年版，第 260、262 页。

② 李泽厚：《李泽厚近年答问录》，天津社会科学出版社 2006 年版，第 269 页。

③ 李泽厚：《美学论集》，上海文艺出版社 1980 年版，第 102 页。

④ 李泽厚说，《批判》第六版修改的"要点是更突出了康德的最后一问：'人是什么'"？

⑤ 李泽厚：《世纪新梦》，安徽文艺出版社 1998 年版，第 184 页。

联产承包、企业改制、特区示范、宏观调控，等等，更是"中用"的典型表现和具体落实，意义十分重大。20 世纪 90 年代初，李泽厚远走美国十余年，期间又出版了表述他的历史哲学思想的《己卯五说》、《论语今读》和《历史本体论》等重要学术专著，基本完成了他的美学、哲学和中国思想史论（包括古代、近代和现代三部）的体系建构。李泽厚认为自己的哲学和美学的最核心内容都是为了探究"人是什么"这一根本问题的（这也是康德和晚年马克思的探索道路）。他自己说："九十年代，我将'人活着'（按：所以他自称其哲学为'吃饭哲学'）分别组合为下列三项即人如何活（认识论）、为什么活（伦理学）和活得怎样（美学）。"这三者的系统建构也就是李所追求的建立新"知情意"三位一体的新人性的文化心理结构。李泽厚强调自己的哲学的"基本精神"就是"实用理性"和"乐感文化"，而其根基则是"巫史传统"即"理性化的巫传统"，① 这个传统也是中国几千年来"宗教、政治、伦理三合一，伦理秩序和政治体制具有宗教神圣性的根本原因"（今后中国的改革就是解构这种"三合一"），使道德（分为宗教性私德和社会性公德）和某种准宗教与政治分离，并对政治本身作渐进式的民主改良。

李泽厚强调指出巫（术）极早地被理性化、历史化，决定了中国不可能产生西方式的宗教，西方天人对立、灵肉分离，所以有两个世界，中国巫君合一、神人合一、由巫而史（理性化）、天人合一，只有一个人间世界。中国人的人生归宿和存在意义不是像西方人那样献给外在世界的上帝或追寻那只可意会的"存在"，而是就在家族亲情与人际关系以及现世事功之中得其安身立命之所，从而创造性地论证了中外哲学界争论不休的问题：人是否有先验认识？（没有，先验是由百万年以上的实践经验积累升华来的），理性从何而来？（非天赋，也是历史过程积累沉淀的结果），本体是什么？在哪里？（本体就是人类自身的历史和生活本身，特别是生活中的情感心理）。李泽厚对自己的理论和著述信心满怀，抱负极大。但又说它们大行其道的时间大概要在他死后三四十年。在我们这个连大学生甚至研究生都不大认真读书的时代（许多人都必须找一份工作以挣钱养家糊

---

① 李泽厚：《课虚无以责有》，《读书》2003 年第 7 期。

口），李泽厚这些谈思想史、谈哲学和美学乃至孔夫子的纯粹学术的书居然销路不错，有的二三十年一直热卖不衰，这是非常难得的。他的书无疑是可以传世的了。下面分两部分介绍他的哲学和美学：

李泽厚的美学是他的哲学的一部分（即"人类学本体论的美学"）。所以不得不暂时放下美学而对其哲学作一些介绍，李泽厚坦言："我的哲学将历史与心理结合起来，以马克思开始，经过康德，中国传统在我的哲学中融成了一个'三位一体'，已非常不同于原来的三者。"[①] 这也就是他的"人类学历史本体论"，后简化为"历史本体论"，这同时是他自命的儒学第四期。按李泽厚对儒学的分期：第一期是孔、孟、荀的原始（原典）儒学，孔子拥护周礼，讲人道，以"仁"释礼，将社会外在规范化为个体的内在自觉，是中国哲学史上的创举，为汉民族的文化心理结构奠定了始基。孔子成为中国文化的象征和代表。[②] 孔子"最为重要最值得注意的是心理情感原则，它是孔学、儒学区别于其他学说或学派的关键点"。[③] 孔孟荀一脉相承……孟强调内（仁），荀强调外（礼），[④] 孟荀是孔学的两翼，合起来即"内圣外王"之道，没有荀子儒家恐早已衰微。因此，法家和吸收了法家思想的荀子对中国十分重要，在"儒道互补"的同时还需"儒法互用"，才能把文化思想落实到政治实践。

第二期儒学是以汉代董仲舒为代表的阴阳五行学说。尽管一般研究者对汉儒评价很低，但李泽厚却评价甚高，认为其地位不在宋明理学之下。这是因为"董仲舒将阴阳五行（'天'）同王道政治（'人'）作异质同构的类比联系，建立起宇宙论系统模式，以强调自然—社会作为有机整体的动态平衡与和谐秩序"，这一"天人合一"的理论，加上文官政教体制，为后世奠定了标准模式和基础，"是原始儒学的真正落实"。[⑤] 中医也是以阴阳五行说为指导思想而在此时奠基和发展起来的，它"是世界文化史上的奇迹"。

---

① 李泽厚：《课虚无以责有》，《读书》2003 年第 7 期。
② 李泽厚：《中国古代思想史论》，人民出版社 1986 年版，第 1 页。
③ 同上。
④ 李泽厚：《中国古代思想史论》，人民出版社，第 1—3 页。
⑤ 同上书，第 4 页。

　　第三期儒学是宋明理学。张载、朱熹、王阳明代表了其奠基、成熟和瓦解的三个时期，他们各以"气"、"理"和"心"为中心范畴，也是理学三派。朱熹等用周易对抗佛学，又吸收了佛道二家建立了他的人性论，将伦理提高到本体论地位，重建了人的哲学，其人性论才能把文化思想落实到政治实践。

　　一般研究者（最著名的当然是牟宗三、杜维明、熊十力、冯友兰）大都只承认儒学有两期：原始儒学和宋明理学，他们自己是作为"新儒学"的第三期儒学。这就否定了以董仲舒为代表的汉儒，而李泽厚却极大地提高了汉代儒学的地位，使其成为儒学第二期（宋明理学为第三期），并且当仁不让地自称为继宋明理学之后的第四期儒学的创始人，并直言牟宗三等人的"新儒学"根本上就未超出宋明理学，不过是宋明理学在当代的回光返照，没有什么特别的新贡献；最多在"内圣"方面可帮助人们更坚定其宗教性道德，但是完全没有能力开出"外王"之道。

　　那么，李泽厚的第四期儒学亦即人类学历史本体论的基本内容又如何呢？限于篇幅，在此只能作一点最扼要的简单介绍。

　　所谓第四期儒学或称"历史本体论"，李泽厚自己将其基本理论概括为三句话，这就是前面已提到的三个基本点：经验变先验，历史建理性，心理成本体（可参看李的《历史本体论》）；在《己卯五说·说儒学四期》等论著中，李泽厚又对他的理论作了新的扩充和深入论证，着重提出了中国特有的"巫、舞、无，可能是同一概念"，[①] "巫史传统即巫君合一，人神合一，天人合一"，"儒法并用"，"说历史悲剧"（历史在悲剧式的二律背反中发展），"说天人新义"（人化自然）等等，并指出："儒学四期说有它的'直接起源'和'间接起源'，'直接起源'是针对由牟宗三提出，杜维明鼓吹，而在近年开始流行的'儒学三期说'。"[②] 李对这"三期说"进行了毫不留情地批评，指出它实为"现代宋明理学"。接着他又说："儒学四期说还有它的间接起源"，这就是儒学的复兴"必须面对当代现实问题

---

　　① 李泽厚：《世纪新梦》，安徽文艺出版社 1998 年版，第 208 页。
　　② 李泽厚：《历史本体论·己卯五说》（增订本），生活·读书·新知三联书店 2006 年版，第 130 页。

的挑战，这才是儒学发展的真正动力"。① 这挑战就是儒学如何适应和有助于现代化建设的问题，包括物质文明特别是精神文化又特别是人的道德信仰问题。儒学虽既古老而又面临严峻挑战，但其传统仍活在广大"草民"的内心深处，这便是儒学还可以继续发展并用以"同化"欧风美雨进行创造性转换的基础。② 李认为他与自命为"三期说"的现代新儒家仅仅抓住康德不同（按：四期儒学也要抓住康德的自由民主法制和告别革命发展经济），"要在今天承续发展儒学传统至少需要从马克思主义、自由主义和存在主义及后现代主义这些方面吸收营养的资源，理解而同化之"。

对马克思主义，李泽厚认为最重要的是要吸收其下列三个方面，即"吃饭哲学"（历史唯物论）和"个体发展论"即"每个人的自由发展是一切人自由发展的条件"以及"心理发展论"。"上述三点可以说是'告别革命'，即以阶级合作替代阶级斗争之后的马克思主义，它将融入今日儒学而成为重要资源和组成因素"。此外还可以吸取美国杜威的实用主义。

第二是吸取"自由主义"经济学。"事实证明，僵化的马克思主义经济理论问题甚多，效应甚差。今日需要借助自由主义各派（特别是自由主义"左派"）的经济理论来加以改善。更重要的是马克思主义从根本上缺少政治学理论"，"如何在维护个人权益和社会契约基础上，真正实现人民民主，既不以强凌弱，又不以众欺寡仍是有待解决的问题"。但自由主义的"原子个人"、"天赋人权"以及否定阶级、民族、国家、集团、群体的重要意义和价值又相当偏颇和谬误。那么，以个体为本位和以集体（家庭、宗族、民族、国家）为本位，亦即现代自由主义与儒学传统的矛盾、冲突如何解决呢？李泽厚曾提出区分"宗教性道德"、"社会性道德"，即认为今日道德应明确一分为二，"宗教性道德"乃私德，为个体安身立命之所；"社会性道德"为公德，是维系现代社会生活的基本规范。李还进一步指出，他提倡的"天地国亲师"的信仰、道德、情感就未尝不可在指引个人在保卫自己权益中注意集体权益、人际关系、家国利益、环境关

---

① 李泽厚：《历史本体论·己卯五说》（增订本），生活·读书·新知三联书店 2006 年版，第 130 页。

② 李泽厚指出："中国文化具有准宗教性的信仰和理想，那就是在人间建立天堂。"参见《李泽厚近年答问录》，天津社会科学出版社 2006 年版，第 279 页。

系、乡土情结，减轻容易由个人主义带来的种种隔离、自私、孤独异化、人情淡薄、生活失去意义等等病症。① 同时处理好群己之间的关系。

第三是吸取存在主义（包括他很喜欢的海德格尔及后现代）。"现代化突出了个人主义，正雄视阔步地进入 21 世纪的中国，这问题恐怕将更为突出。如果说，自由主义从'外王'（政治哲学）凸显这一点，那么存在主义和后现代主义则从'内圣'（神学、哲学美学）凸显出它。"并且存在主义、浪漫主义等还是启蒙文化所引导的工业文明的异化现实的"解毒剂"，它们的存在是合理的和有益的。② "'四期说'仍然主张以审美代宗教，以'人化自然'来替代'拯救'（耶）和涅槃（佛），'四期说'非常重视存在主义所突出的个体存在问题的海德格尔的 Dasein（此在）问题，也非常重视后现代所突出的'人'已完全坎陷在为传媒、广告、商品和文化工业、权力、知识等异化力量所强力统治的奴隶境地的问题，从而重提人的寻找、人性塑建和'第二次文艺复兴'，以'认识自己'、'关切自己'、'实现自己'……作为人生意义。"③ 并希望也从基督教等宗教神学中吸取营养，从而使"内圣"迈上一个崭新的"人自然化"的天地境界，在这个意义上说，李泽厚也有分寸地肯定了牟宗三、冯友兰等人的贡献，并认为他的四期说可以包容牟、冯等的三期说。

概略地说，"如果说原典儒学（孔孟荀）的主题是'礼乐论'……第二期儒学（汉）是'天人论'……第三期儒学（宋明理学）主题是'心理论'……那么，对我来说，第四期儒学主题便是'情欲论'，它是'人类学的历史本体论'的全面展开……它以情为'本体'，其基本范畴是自然人化、人自然化、积淀、情感、文化心理结构、两种道德，历史与伦理的二律背反等等。个人将第一次成为多元发展、充分实现自己的自由人"。④

"总起来说，'儒学四期说'将以工具本体（科技—社会发展的'外王'）和心理本体（文化心理结构的'内圣'）为根本基础，重视个体生存

---

① 李泽厚：《历史本体论·己卯五说》增订版，三联书店 2006 年版，第 152 页。
② 同上书，第 152 页。
③ 同上书，第 154 页。
④ 同上书，第 154—155 页。

的独特性，阐释自由直观（'以美启真'）、自由意志（'以美储善'）和自由享受（实现个体自由潜能）重新建构'内圣外王之道'，以充满情感的'天地国亲师'的宗教性道德，范导（而不是规定）自由主义理性原则的社会性道德，来承续中国'实用理性'、'乐感文化'、'一个世界'、'度的艺术'的悠长传统。可见，第四期儒学与前三期的关系，在于儒学基本精神的延续而不在话语的沿袭和阐释。"①

二

但四期儒学作为对旧传统乃至当代体制的"转换性创造"是一个长期的改良演进性过程。因为传统中国的"由巫到礼"的"宗教、伦理、政治三合一"，至今仍相当强固，为"谭嗣同所批判的旧三纲虽已大体崩毁，但自由平等的新秩序新道德却远未建立。旧信仰新道德荡然无存，新信仰新道德却无由明确。'礼制'是完蛋了，那么如何来对待这个传统的三合一呢？这似乎才是问题所在。我认为……今天的要务应是区分宗教、伦理与政治，实现中国式的政教分离。我提出两种道德（有关政治法律的'社会性道德'和有关个体信仰的'宗教性道德'），认为，首先要区分两种道德。现在仍需要继承启蒙精神、建立起如谭嗣同讲的在'朋友'（即自由、平等、独立、人权）基础上崭新的伦理和崭新的政治，这就是现代生活的社会性道德……彻底根除官本位，扫清传统专制体制，使官不再是'民之父母'，而真正成为人民公仆的新道德与新政治，然后才是如何使宗教性道德对'社会性道德'产生范导和某种适当的（即不逾越上述原则的）建构。这也就是'以德化民'和'以法治国'的关系。但这绝不妨碍各种中华传统美德的延续（如尊老爱幼、父慈子孝、里仁为美、功成身退、优游豁达……）总之，舍弃原有三合一的具体内容，改造其形式结构以注入新内容，使'礼教三合一'

---

①　李泽厚：《历史本体论·己卯五说》增订版，生活·读书·新知三联书店 2006 年版，第155、396—397 页。

变而为'仁学三合一',(指孝仁、和谐、大同的三合一)即建立在现代生活的社会性基础之上,又有传统的宗教性道德来指引范导而形成新的统一,以创造出新形式新结构的'宗教、伦理、政治三合一'"。"这当然是非常艰难非常复杂的历史性的奋斗过程。但这奋斗本身有神圣性,这神圣性又仍然是建立在世俗现实和日常生活之中,而不是在它们'之上'或'之外'。也许,这种对生命神圣和人生神圣的奋力追求,才是中国巫史传统以及儒学对世界文明所可能提供的贡献。"①

以上便是李泽厚经数十年深思熟虑后对中国社会政治、道德、信仰所提出的改良方案。即使这方案大体被认同,实行起来大约至少需要一个世纪的时间。

三

现在,我们再回过头来评述李泽厚的美学道路及其理论成就。李泽厚的实践美学可称之为"人类学历史本体论"(亦即"历史本体论")美学,实际也主要就是他的社会性道德和宗教性道德的升华和归宿。他强调把文艺美学的社会功用及本质从反映社会生活及政治道德说教方面转变为对人的文化心理情感的陶冶和建塑方面来,并将美学及其上述作用规定为"人的最后皈依和最高境界"("情本体"),使其成为中国人的精神家园(不像西方基督教的"救赎"皈依上帝)。这样李泽厚就接续马克思和康德关于人的本质论而使人最终归宿于自然向人生成和人化自然的审美境界中(中国人现在每周工作五天,西方人则只工作四天,当社会发展到只需每人每周工作两三天的时候,社会生活将发生质的变化,这时的人不以审美活动为主将何所为呢?),这时,人也才最终走出动物界,成为超生物的生物—文化—道德—审美的人。这可能是康德的"人是什么"和马克思与海德格尔的"存在"之谜的答案。

① 李泽厚:《历史本体论·己卯五说》,生活·读书·新知三联书店 2006 年增订版,第398 页。

为了更具体深入地了解李泽厚的美学思想，我们干脆"从头说起"，对中国当代美学史作一下简要的历史回顾。

美学作为一门学科，在中国是 20 世纪三四十年代由朱光潜和蔡仪所初步构建的（以朱光潜的《悲剧心理学》、《文艺心理学》和蔡仪的《新美学》为代表）。但真正在国内发生重大影响则始于 20 世纪 50 年代中期，那时，在全国范围内展开了一场热闹非凡的美学大讨论，一直延续到 20 世纪 60 年代中期，就是这场大讨论，使美学这门在国外也被看做高深和冷僻的学科却在中国显得分外的红火，并为这门学科的发展、普及与提高，打下了广泛而坚实的基础。就是在这场大讨论中，发展出至今在中国仍有影响的实践派美学学派，即以马克思在《1844 年经济学哲学手稿》（简称"巴黎手稿"）中的基本观念"人化自然"或"自然界的人化"（"自然人化"、"人的本质力量的对象化"）的实践哲学——历史唯物论为指导和理论基石的美学理论体系。"实践派美学"从 20 世纪 50 年代萌芽至八九十年代完成体系建构，其主要代表人物当然是当今著名的思想家、哲学家、美学家李泽厚教授。为了加深对实践美学的理解，我们先介绍一下 20 世纪 50 年代的有关学术讨论情况。

从 1956 年展开的美学大讨论，是直接与批判朱光潜新中国成立前的美学思想相联系的。1956 年 6 月，朱光潜先生在《光明日报》上发表《我的文艺思想的反动性》（主要批判自己宣扬克罗齐审美无功利、审美与政治经济绝缘，并在如火如荼的革命年代宣扬静观的审美游戏），拉开了美学讨论的序幕。在这场大讨论中主要围绕美的本质问题（美是什么，美是客观的还是主观的抑或是主客观统一的？美又是如何诞生的？）形成了三个有影响的学派：客观派（或称自然派、旧唯物论派）；主客观统一派（美感决定论）；实践派（美和美感都产生于物质生产活动）；此外还有纯主观派（以高尔泰、吕荧为代表），但影响很小① 几乎无人赞同。朱光潜虽然检讨了宣扬所谓西方资产阶级美学的"错误"，但在学术上仍然坚持

---

① 这一派在西方颇有影响，斯宾诺莎、克罗齐都倾向于美在主观，如休谟说："美并不是事物本身的一种性质，它只存在于观赏者的心里，每一个人心见出不同的美。"《西方美学家论美和美感》，商务印书馆 1980 年版，第 108 页。克罗齐也坚决主张"美不是物理事实，它不属于事物，而属于活动人的活动，属于心灵的力量"。见《西方美学家论美和美感》，第 291 页。

美是主客观的统一，认为人在物质生产活动中产生了美感，再由美感创造了美，所以美感是第一性的。对此，首先出来批评朱光潜的是著名的老资格的马克思主义美学家蔡仪，他力主美是客观的。从西方来说客观派源远流长，又分为唯物和唯心两大系统。大致说来，从毕达哥拉斯、亚里士多德到近代的英国画家荷迦兹都认为美在形式和比例和谐，这对后世产生了重要的积极影响，但主要只涉及形式美，我们在此不作详论。另一类主张美在客观论者是客观唯心论的最大代表柏拉图和黑格尔，他们都认为美在绝对精神（理式、理念）也颇引人深思。首先，在美是如何产生的这一根本问题上，蔡仪认为美是先于人类就客观存在的，诸如日月星辰，高山大河，花鸟鱼虫……人类的出现，不过是有了能够欣赏这些美的主人翁。初一打量，这种说法似乎合乎常识，但实际上非常荒谬，因为真善美都离不开人。因此，蔡说可看做是一种最机械的旧唯物论和唯心主义先验论的合流。其次，在美的本质的第二方面即美是什么的问题上，他提出了"美即典型"，即凡个别的事物充分显现了该事物种类最普遍的特点就是美的，如果说，这在文学形象上有几分道理，在美学上就难以自圆其说，因此，有人就质问最能代表癞蛤蟆和老鼠的一般性的癞蛤蟆和老鼠是否就是对美的质疑。显然所谓"美即典型"既不能说明艺术美的之所以为美，也不能解释自然美和社会美。但蔡仪认为自己是坚持了马克思主义的"反映论"的，其实他的这种"反映论"和马克思的"实践观"并无共同之处。按照马克思的实践观，美是人类实践的产物，其本质也正在于对人类实践及其成果——自由——的肯定并以有特征的感性形式表现出来。从这一基本观点出发，可以把美的本质界定为有感性趣味的"自由的形式"（目的性与规律性之统一的形式），朱光潜特别是李泽厚就是从人类物质生产实践活动中探求美的根源和本质的，即论证了人是通过实践活动即在"人化自然"的过程中建构了人与现实世界的审美关系的。但朱光潜认为人在实践活动中先产生了美感，再用美的观念去建构对象世界，而李泽厚则认为是先创造了实际的有审美价值的物质世界，才随之而产生"美感"的，学术界就据此把李泽厚称之为"实践派美学"，仅就美与美感孰先孰后的问题，笔者认为朱、李两人都不对，二者应该是在实践过程中双向进展，同时诞生的，并无孰先孰后之分。① 现在我们主要来评价李泽厚的学说，也就是他的以人化自然为核心的理论要点。所谓"人化自然"或"自然人化"就是众所周知的"劳动创造世界"，即人通过物质实践活动，既创造了审美对象，也创造了有审美（美感）能力的人（主体）。李泽厚后来说外在自然的人化创造了美，人的内在自然的人化创造了美感，似乎对早年论点有所修正。② 人的劳动不同于某些动物的本能活动（如蜜蜂建造的蜂房或猩猩用棍子打果子，等等），在于人的劳动靠的是他所创造和使用的生产工具。因此，要追溯世界万事万物的本源，它不是神、上帝或理性（大脑），而是借以征服大自然和改变人本身的生产工具，它才是最根本的"本体"，这也就是李泽厚后来所说的"吃饭哲学"的根本。它是人的一切文化的和审美活动的基础。在这里，我们想稍稍补充一点关于人本身的人化问题。首先是在改造自然界的劳动中逐渐掌握了规律性（例如劳动中的因果律、狩猎时的分工与合作、数字的计算、火与水的物性、四季轮换与植物生长、人的诞生与死亡……），对这种规律性的把握认知就是理性的建构或内化过程，人类在劳动操作过程中要能很好实现自己的预想目的，他的活动和操作就必须合"度"，这就是李泽厚在 20 世纪 90 年代所强调提出的"度的艺术"。什么是"度"，李说"度就是掌握分寸，恰到好处"，这也就是儒学强调的"中庸"，只有不"过犹不及"地掌握了"度"（而不是黑格尔所指量与质），才可能在使用工具中达到预想的目的，既实现劳动目的又能做好巫术礼仪、歌咏舞蹈、绘形染色、人体装饰等许多的事情。人正是在这种物质生产"本体"和巫术礼仪活动中发展出了道德、宗教、艺术（及审美）和科学，即从工具本体发展出心理本质——情本体（它是李泽厚的重大理论贡献）。"情本体是乐感文化的核心"即不同于西方和康德讲的与现象界相区别的 Noumenon（本体），而就是指的"人的本根、根本、最后实在"。③ 这样，李泽厚从历史唯物论的工具本体出发，最终又回归以人的情感心理有所寄托和归宿的"情本体"，从而走出了历史唯物论

---

① 参见本书上编《论美感与美在起源上的共时性》一文。
② 参见李泽厚《课虚无以责有》，《读书》2003 年第 7 期，第 52 页。
③ 见李泽厚《实用理性与乐感文化》，生活·读书·新知三联书店 2008 年版，第 54 页。

（人要艰苦费尽全力时才得以餬口，现在好了，人不但极大地减少了体力劳动，而且也因为闲暇时间的大量增多，这就几乎可以不受限制地从精神和审美方面充分自由发展了），并使美学成为"第一哲学"（传统西方的第一哲学是本体论或存在论），这是因为人不能只靠科学、逻辑、物欲生活，而必然要过既非理性机器又非动物的真正的"人"的生活。而且在这样的"审美"式的生活中可沟通天人、体验神秘之"真"（所谓"以美启真"）。因此，"人化自然论和实践美学之所以前后落脚为多项心理功能的复杂结构"，成为一种"审美方程式"或"双螺旋"。作为人的心理的最终构成（"成于乐"），在于把"人和宇宙自然共在"连成了一体，这也就是美学成为历史本体论的"第一哲学"① 的缘由，实即真正的人学。这当然是需要逐渐实现的。不过，西方人大约不会满足于这种现实生活的"情"而总想超越现实的人生而去追求彼岸世界的神恩和上帝的"圣爱"，即皈依宗教（基督教）。而中国人从远古时代即将"巫"理性化为"史"而形成了巫史传统（周公、孔子）。君巫合一、人神合一、天人合一，此外无彼岸世界。他们很满足于这个唯一的现实世界及其中的亲情，因此，中国人不像信仰天人分立（对立）的西方人那样主张灵与肉分离而拥有两个世界，而是只有一个世界，即天人合一、灵肉一体的现实人间世界。除了上述巫史传统这一根本特点外，还因为中国具有建立在极少变数的小农经济基础上的血缘关系、祖先崇拜，使得中国人没有对离开人间的神的追求，也更少形而上学的思辨，而是十分注重实用和实用理性。当然，中国人也有准宗教的"天"，但这天主要是民意和自然规律的结合体。它教人"自强不息"，与天相对应的是"地"，它"厚德载物"、养育众生。天地既威严又慈祥、神圣，它们既激励又佑护着国家与人民。这就是中国人所崇奉的"天地国亲师"的准宗教心理——情本体，它使人敬畏又给人以归宿，起到了像西方人的上帝的佑护那样的安抚孤独无援的人的心灵的极大作用。这就是一直从 20 世纪 50 年代末延续到 90 年代的李泽厚的思想。现在再回到"度"上来，人正是从物质实践活动和实际生活（首先是巫术礼仪活动）中学会"掌握分寸，恰到好处"的度，它"是人类学历史本体论"的第一范畴。

① 见李泽厚《实用理性与乐感文化》，生活·读书·新知三联书店 2008 年版，第 51 页。

从上古以来，中国思想一直强调"中"、"和"。"中"、"和"就是度的实现和对象化（客观化）……"出现了度，即是'立美'……这种'立美'便是规律性与目的性在行动中的同一，产生无往而不适的心理自由感，此自由感即美感的本源。这自由感——美感又不断在创造中建立新的度、新的美。"① 以上着重讲的是美感，其实美本身也是在这种合"度"的劳动探索中与美感一起诞生的，也就是前面说到的"人化自然"的过程同时创造了美和美感，即劳动和巫术礼仪活动既使自然人化（适合人的生存），同时又使自然人（作为动物的人）变成了有文化理性的人，这就是人本身的人化。人究竟是如何由动物界人化为有文化理性的人的呢？李泽厚从劳动操作过程和巫术礼仪活动对人的心理所发生的巨大作用出发，又吸收了荣格的集体无意识说及皮亚杰的人的认知（能力）来自对操作活动秩序本身的抽象积累，发展出了他的创造性理论——积淀说。他所谓的人本身的人化（内在自然的人化），主要表现在下列四个方面：1. 器官的人化（大脑和双手、眼睛和耳朵成为人的劳动和审美的器官）；2. 欲望的人化；巫术礼仪活动起了关键作用，它训练了人的理智和克制能力，并使理智凝聚为道德；3. 对规律性的把握促成了理性的内化与系统建构；4. 理性向感性积淀为审美并通过巫术发展出艺术。这四方面尤其是2、3、4这三个方面都涉及"积淀"问题。所谓积淀，就是积累和沉淀，指的是理性的东西积淀于感性、感官，内容积淀于形式，社会的东西积淀在个体中，历史的东西积淀于心理中。因此，人的感觉感性已不纯粹是纯动物纯生理的感性，而是在其中已积累、沉淀、潜在、包含着不一定观察得到的理性。综上所述的种种情形、现象，实际上就是包括人的感性在内的人性形成的特征和过程，其经历的时间之长大约与人类（社会）的诞生和进化相当，即几十万年到两百万年。

正是由于运用双手的劳动生产活动及巫术礼仪活动中规律性及理性向人脑和人的感官的积淀，人的感官首先是作为最高级的感官的眼睛和耳朵已不同于动物，它们可通过直觉立刻抓住事物的本质，例如红、白、蓝、黑的不同色彩，人可从中理解其不同含义（红色喜庆热烈、黑色庄严沉重

---

① 李泽厚：《历史本体论》，生活·读书·新知三联书店2002年版，第4页。

悲哀、白色纯洁轻盈，等等）。劳动中的敲击声和协作声进入大脑就加强了节奏感和音乐感……至于人的触觉（含机体觉）以及味觉也发达和升华了，例如食色不单是胃与性的满足，吃饭要讲究色、香、味、形、器、境，从而成为美食和享受；性欲则上升为爱情，爱情中是包括某种高尚审美感情和志趣的，因此它可能坚贞不渝，甚至殉情也在所不惜。可见，作为动物的自然人也在实践活动和巫术活动中被人化了亦即被"文化"了，也就是某种程度的理性化了，而这文化理性进一步向感官和感性（感觉、欲望、情感）的渗透和积淀，就形成了审美心理结构及其对象化的审美客体——美。下面我们简要地介绍一下"积淀"的三个方面：

第一，原始积淀。指人在生产劳动中所必须遵循的并且经过长期的积累所得的理性，不再停留在纯粹的大脑认知领域，而是向眼、耳、触觉（机体觉、温觉、动觉、平衡觉……）等感觉器官渗透，从而形成在感性中包含理性成果的特性，这就是原始积淀。它突出地表现为形式和对形式的审美感，即作为客观规律的秩序、韵律、节奏等内化为主观合目的性的形式，从而形成了合规律与合目的的统一，因而才有了最早的美的形式和审美的形式感。总之，自然界的节奏、韵律、均衡、统一、间隔、重叠、单独、粗细、反复、交叉、错综、变化、恒定、升降、盘旋……都可能是美的形式，它们一旦和人产生同构和对应关系就产生了一种精神性的愉快感觉（例如心情悲愤的人看悲剧、听"命运"交响曲就有快感，恋爱的人们则喜欢花红柳绿），此即美感。格式塔派心理学深刻地揭示了这种同构现象。可见，美和审美都离不开感性形式，否则将无所附丽。而人的形式感作为一种能力，最初又绝不可能从静态的观看中形成，而只能从有规律有规则的劳动中逐渐锻炼、积累并从中进行抽象的结果（当代瑞士心理学家皮亚杰证明了这一点），这一过程是感性上升为理性又由理性向感性积淀的过程。但由生产劳动中产生的美感还比较分散浅薄，因而除了劳动中为协调的音调外很难直接形成艺术，只有经过严格的、系统的、情感炽热的巫术礼仪活动的训练，诸如行动极为严格规范的祈祷活动仪式、巫师的咒语和群体性的舞蹈等活动，作为萌芽状态的艺术如歌舞、人体装饰、诗歌等才开始诞生和发展起来。由此可以得出这样的结论：审美先于艺术，艺术是审美的集中表现。还需要说明的是，巫术是原始社会唯一的上层建筑，它是保证原始人生存发展的重要条件，它并非单纯的审美活动和艺术本身，但它是包括艺术、审美、宗教、道德乃至科学的复杂统一体，是上述诸门类的源头。

第二，艺术积淀。如果说原始积淀主要涉及形式（理性向感性积淀所生成的美感形式），那么艺术积淀主要涉及艺术、形象及其内涵和形式演变，它在表层意思之下还有多重深层意蕴。显意识下有无意识。从内涵说艺术作品多半是一个具有多层次和多重含义、意蕴的复合体（李将艺术划分为感知层、情欲层和意味层三个层次），它往往是语言所不可穷尽的，例如《红楼梦》其表层意象是宝黛钗的爱情故事；放大一点看是一部"情史"，深入看应是封建社会中常见的"红颜薄命"的主题的巨大发展——是美的被毁灭，所谓"千红一窟（哭），万艳同杯（悲）"；换一个角度，也可说是揭露封建大家族的罪恶甚至是所谓"阶级斗争史"，但其最深层的意蕴恐怕是佛家禅宗的色与空，"好"与"了"，即对存在和人生有何意义的探索，你看，万事万物盛极必衰，"天下无不散的筵席"。"悲凉之雾，遍被华林……"（鲁迅语），但曹雪芹毕竟不能完全"了"断"色"相，否则绝对写不出那么美丽的旷代悲歌。它的意味是无法穷尽的。又如齐白石的虾，徐悲鸿的马也都积淀着对自由和气节的赞美，至于书法艺术中的赵孟頫的美女簪花和颜真卿的刚直不阿，直到"人书俱老"、"悲喜双遗"的极高境界，意味更加隽永，不知积淀了多少人生经验和情愫。这些都可以看做是人的深层审美心理在具体作品中的积淀——以上是从微观上看艺术积淀，即艺术作品中深藏着无穷的美学奥秘，反映着极为丰富、细微、深刻且难以言说的人生体验和审美意蕴，要欣赏艺术作品，欣赏者必须懂得艺术意象的这种特点并且有欣赏能力。

从宏观方面来看艺术积淀，主要表现为艺术形式在历史演变中，内容逐渐积淀、融化、隐藏甚至消失在形式之中，或者反过来说，在日渐变化、简化乃至抽象化的形式中实际上包含着颇为深远的具体历史内容。例如从原始抽象艺术到古典再现艺术，从再现到表现（浪漫主义），从表现到装饰……似乎越来越形式化、简约化，而在这形式中实际隐藏着积淀着颇为深远的历史内容。此即内容向形式积淀……然后又打破这抽象形式，创造另有内容的新形式……如此循环反复以至无穷。

第三，生活积淀。这是艺术创作的基础，实际上就是艺术源于生活又高于生活的老命题，它指的是艺术家从生活经验中积淀多种或某种独特的感受，并从中提炼和升华出有特殊意味的意象。李泽厚特别强调要在比较大型的文艺作品中表现出特定的"社会氛围"，以使艺术作品充盈特定社会中的时代气息，显出生气和特征，并特别富有言有尽而意无穷的意味。关于这一点，李泽厚讲得很简略也不够系统，所说基本上未超出生活是艺术源泉的道理，即新增内容很少。

以上就是李泽厚的"积淀说"，即理性向感性积淀，内容向形式积淀，历史向心理积淀，还有群体、社会的东西积淀为个体的，等等。应该说总的看来，这是一种有价值的学说，是对马克思人化自然说的细化与发展，是他自己的历史本体论中的一个有机组成部分。

以上积淀说是人化自然过程中除外在自然界的人化过程外的同时人本身的人化的关键内容，也就是审美对象和审美主体产生和确立的过程。但随着以技术为动力的近代工业文明的发展，自然界和人本身的人化过程都超出了正常的界限，对自然的人化演变成为对自然的掠夺，人本身的人化演变成向两个相反极端的发展——机械化和物（色）欲化——总之，两方面的人化都日益变成了异化，自然和社会日益成为使人丧失自由和人性本真的桎梏。面临这种情形，李泽厚在自然人化的基础上又提出了"人的自然化"，也就是说要在保存既有人化（文明）成果的基础上实现马克思讲的对异化的扬弃和"人性的复归"。具体地说主要包括两点：第一，要把自然当成人的生存环境、人类的家园、人类的朋友，使人得以在其中自由愉快地生活，使人与自然和谐发展，即天人合一。第二，使人在身体上的运动节律与大自然的规律同构，达到内在"天人合一"的地步，这就是劳动之余还可以从事诸如静坐、气功吐纳、打太极拳和其他一些符合自然规律的修身养性的功夫。在这一过程中可得到某种十分愉悦的宁静感和某种神秘体验，甚至诱导出某种与宇宙的"隐秩序"相吻合的特异功能。这并不是说只有回到古代东方式的状态才有诗意和美感，在现当代科学技术活动中仍然可以参悟自然的奥秘、领略到合规律与合目的的快感和美感，例如美国的一位登月航天员说航天使他更加相信上帝创造世界；又如20世纪最大的存在主义哲学家海德格尔，他也并不一味地反对科技，只是反对科技对人的控制，他还认为正确地恰到好处的使用技术，还是使存在得以开启，从而使存在之光朗照人间的途径。所以，所谓人的自然化固然包括吸收和继承中国古代"天人合一"的传统，但并不是简单地回到古代，或变成自然人、野蛮人，而是说要使自己在身心方面都积极地顺应自然，并从中获得真善美的启迪和体验。再扩大一点看，就是社会和政府不能只是起控制作用，而更要实施合乎自然规律的且以人为本的人性化的管理和服务，这才能真正做到和谐发展。

最后，笔者想再对李泽厚的"情本体"说作点补充。如前所述，它虽然是"人化自然"说和主体性理论的发展，但却深刻地吸收了儒学和"儒道互补"的精髓。所谓"情本体"就是建立在工具本体（历史本体）之上的生活本体，也就是说，以血缘关系为核心的充满脉脉温情的中国人的日常生活应是万事万物最终的实在，即人们心灵和精神上最终的安身立命之地，是作为中华文化根本特点的"乐感文化的核心"。① 因此，如前所述，中国人不像西方人那样需要一个上帝（理念、存在……）作为最高的"本体"和皈依，西方人在现实世界以外还要有一个"天国"的彼岸世界，而中国人只有一个世界即现实人间世界。西方人以宗教彼岸世界作为他们的终极关怀，故其文化是宗教型的；中国人以现实人间世界作为最终依托，因此重情感和情感之表现的艺术和审美，因此中国文化是审美型的乐感文化。有一篇评价林语堂的文章说："林语堂对中国文化的神（按：指'天地国亲师'的'天道'与'天命'同'我活着'的感性融合）的理解，与后来李泽厚所谓中国文化是乐感文化的结论颇有不谋而合之处……林语堂认为在中国人看来生活就是一种快乐，享受悠闲之乐，家庭之乐，大自然之乐，旅行之乐，文化艺术之乐。凡生命与生活所给予和创造的，无不是人生享受之乐。""明知此生有涯，仍保留着充分的现实感，走完人生应走的道路，尘世是唯一的天堂。""西方重规律，中国重人情，中国人对自然与人世的一切，总揣着一颗孩童般的爱心。风花雪月，礼仪人伦，莫不关呼人情。"林语堂称中国人的人生是"诗样的人生"，这不正是西方海德格

---

① 李泽厚：《实用理性与乐感文化》，生活·读书·新知三联书店 2008 年版，第 54 页。

尔所追求的"诗意地栖居"的理想吗？[①] 但孔子非海氏，"情本体"不全等于存在。将新儒学审美活动的"情"作为"本体"（即主体和终极关怀），是李泽厚的贡献。至于它是否将对西方和伊斯兰教世界发生影响？其影响将有多大？这在 21 世纪内还难以预测，但可以肯定的一点是，它至少可以起到调和耶（教）伊（教）冲突的作用，这已很了不起了。但"情本体"最终会取代工具本体（在生产力已高度发达，人际交往高度信息化以后），并将可能引领人类最终走出历史唯物论（工具物质）而去追求情（精神）本体即心理和情感的满足，因为衣食住行用均已无忧且有性健寿娱和之乐，剩下的岂不就是对心理精神情感要求的满足了吗？而心理中的知与意均属"理"性，也容易达到满足，唯独"情"是难以完全适意的。而"情"自然与"欲"相关，但又非纯动物欲望，它其中积淀着"理"，因此，李泽厚说的"情欲"是理欲交融的"情本体"，正是这种积淀了理性的感性生活是人的最幸福、最自由、最快乐的生活，所以它就是最高本体。因而这本体就是生活本身，所以实际上也就不再有本体。这就是李泽厚所要建立的"新感性"的实质。这不是说人就一天到晚只谈恋爱和看电影了，由于情是理欲交融的，就决定了它不但十分丰富而且十分复杂，这就为艺术和审美提出了结构上无穷多的"方程式"，人"情"也很难完全满足，况且现实中还会有苦难、有困难、有危险，并且总需要奋斗和拼搏，人与人在精神上互相沟通也是一件无止境的事情。因此如何把新的感性生活过得更好、更有意义是一个值得追求的永恒主题。

　　从以上"情本体"的理论出发，美学自然也就是一种特殊的情感学，美学的任务，最终就是陶冶情感的美育或审美活动。而审美快感又分为三个层次：1. 悦耳悦目，这多半是欣赏和参与一般的歌舞游戏之类，它还有较多的心理—生理功利内容；2. 悦心悦意，则是比较更为高雅的审美活动，如读诗赏画以及旅游活动……3. 悦志悦神，这多半是在欣赏崇高和悲剧以及亲身参与的探险活动之类审美追求之中的感受，是审美心理的最高层次……总之，所谓美学和审美活动，最终就是要回答"人是什么"并让人活得有意思和有意义。这种审美的人生及其归宿（情本体）实际上

---

　　① 李泽厚：《历史本体论·己卯五说》，生活·读书·新知三联书店 2006 年版，第 114 页。

也就是他的哲学思想——历史本体论和美学的终极目的。

李泽厚对康德在三大批判中强调的"心理形式"（与李泽厚说的"人性能力"文化心理结构三者为一个东西）评价极高，并认为康德在第二批判中所提出的道德绝对律令的三准则即"普遍立法、人是目的、自由意志……与他的第一批判一样都是在为现代人和现代社会开辟道路"，"康德哲学证明人的认识实践都无须依存于神，极大限度地从哲学上空前高扬了人的旗帜，宣告人从中世纪的政治、思想的神权统治下的解放"。① 康德哲学（"应该"，"绝对命令"）的道德哲学甚至在无情中潜在着感情。如果说哲学是"科学加诗"的话，那么，康德哲学可说是最有代表性的。

"情本体"显然不只关涉美学，它还把伦理、历史、宗教、政治的创造性转换统一在了一起。因此，"情本体"可算李泽厚晚年的体系的基石，而"情本体"的提出实际上已经是在借鉴海德格尔以推进康德。"儒法互用"，运思精警，切中了后施特劳斯时代政治思想讨论的一个要害，指明了中华政制或中国国家形态的本质究竟是什么？更难能可贵的是，李泽厚试图从"情本体"推导出其"伦理—政治"维度，② 从而把他的美学与哲学历史本体论和思想史连成一个四维整体结构，并从此明确区分了中西文化不同的基点：中国是"道始于情"，而西方基督教（以及伊斯兰教）的道"则始于理（上帝、天主）"，一切情感皆由 Logos 所主宰，中国并非不讲理（先秦文化就有一种理性主义精神），但"认为'理'由情（人情）而生，'理'是'情'的外在形式，这就是'称情而节文'的'礼'。郭店楚简（原典儒学）一再说'道始于情'，'理生于情'……孔孟所讲的'汝安则为之'，'恻隐之心'，'不忍人之心行不忍人之政'等等伦理、政治也都是从情出发……上帝是一种理性的信仰，而'天地国亲师'是一种人情的信仰"。一言以蔽之：西方是人神分立的两个世界（柏拉图、基督教），中国则是以巫史传统为根源的天人合一的一个世界。所以中国传统是"和为贵"，不像西方那样非要去追求终极是非的绝对标准。这也是中国实用

---

① 李泽厚：《李泽厚近年答问录》，天津社会科学出版社 2006 年版，第 215 页。
② 丁耘：《启蒙主体性与三十年思想史（以李泽厚为中心）》，《读书》2008 年第 11 期。

理性不同于西方先验理性的地方①——这也就是冯友兰先生所引宋代哲人张载所说的："有像斯有对，对必反其为；有反斯有仇，仇必和而解。"②所谓的"斗争哲学"并不符合中国的传统，也曾给苏联等国家造成了数不尽的灾难。所以在"告别革命"之后，当然就"和为贵"了。

---

① 李泽厚：《李泽厚近年答问录》，天津社会科学出版社 2006 年版，第 224—226 页。
② （宋）张载：《正蒙·太和篇》。

论西方现实主义文学

19 世纪文学（1789—1914）的伟大成就远远超过了 18 世纪和 20 世纪，它是欧洲文学发展史上的第三座高峰，而现实主义文学（特别是小说）则是这其中最突出的一座主峰。

现实主义作为文学艺术史上的一个主要课题和文艺理论与美学上的一个重要问题，不论国内国外，历来都有很大争论。本文将对 19 世纪现实主义的特征、界说、发展阶段及其与人道主义的关系和它独特的审美价值五个问题进行较深入的探讨。本文的目的之一就是"补课"。因为在极"左"思潮统治的 30 年中，我们基本上未曾很准确地评价过它，而是很快就跳跃到对 20 世纪现代派的热捧之中了。

一　源远流长的现实主义

现实主义与浪漫主义是文学艺术史上两种最基本的创作方法（现代派可算一种新浪漫主义），两者都经历漫长的历史发展道路。如果说浪漫主义方法以表现作家自身强烈的情感、愿望和幻想作为特征而显出较强的主观性，那么，现实主义则以对生活的具体、如实的描写见长，显示出较大的客观性。如果说《奥德修纪》（旧译《奥德赛》）充满了浪漫主义的奇情异趣，那么早于它的《伊利昂纪》（旧译《伊利亚特》）则同时显现出某种朴素的现实主义特征。然而，要想在文学史上或作家之间划分出一条现实主义与浪漫主义的绝对界限则十分困难，它们常常是双峰并峙，又往往是互相交融的。从文学史的角度看，大体的发展趋势是这样：总的说来在古希腊文学艺术中，现实主义和浪漫主义基本上还处在尚未分化的古典的和谐中，到中世纪浪漫主义则占了上风；从文艺复兴到 18 世纪的启蒙文学，现实主义又显现了优势；而到了 19 世纪，浪漫主义和现实主义则在高度分化中使两种方法都进入成熟阶段，但两种方法在同一个作家或同一部作品中同时并存的情况仍屡见不鲜。以现实主义而言，它的某种程度的自觉发展，大致是从文艺复兴时期开始的。文艺复兴运动的一个重大贡献是"人的发现"，人的个性及其与环境的关系也开始在文艺作品中有了某种自觉反映。尽管理论形态的人文主义思想常常有较多的抽象性，但在一些最优秀的文学作品如薄伽丘的《十日谈》、塞万提斯的《堂·吉诃德》和莎士比亚的悲剧中，人性常常被表现在一定的社会关系之中。在 17、18 世纪的新古典主义和启蒙文学中，虽然浪漫主义仍是一种常用的艺术方法，但在以莫里哀、勒萨日、狄德罗、笛福、菲尔丁、司各特为代表的喜剧、哲理小说、流浪汉小说和历史小说中，对现实生活和历史生活中的人和他们同环境的关系的描写，都表现出现实主义的进一步发展，为 19 世纪的成熟的现实主义方法提供了宝贵的经验。

文学中的现实主义发展史，是人类从艺术上掌握世界、真实地反映生活与表现人的情感和精神世界的能力不断提高和深化的历史。文学从描写神奇人物和荒诞故事逐步走向对平凡人物和现实生活作真实具体的客观描写，这是一大进步。尽管这一进步往往是以牺牲古典艺术的形式美与和谐美为代价的。众所周知，马克思、恩格斯对古希腊艺术和莎士比亚戏剧曾给予了极高的评价，这是无可争辩的。但作为文学的希腊史诗、悲剧和莎士比亚戏剧并不是典型的现实主义作品，从它们中的一部分作为各个时代现实生活的某种真实具体的反映这一方面来看，可以说是一种古典现实主义，但大都或多或少地带有浪漫主义色彩。作为人类童年和前资本主义时代（或资本主义萌芽时期）的艺术，它们分别代表了欧洲文学的两大高峰，虽然在认识功能上它们不及 19 世纪的现实主义小说，但就其所表现出来的诗意和纯真而完整的人性方面而言，则又确是古典美的代表，是一去不再复返的"具有永久魅力"的艺术杰作。就此而言，谁也无法用 19 世纪现实主义和 20 世纪文学来贬低古典艺术；从艺术的审美价值来看，现实主义并非在各方面都高于古典艺术和浪漫主义。非历史的比较往往是一种冒险，有时甚至走向荒唐。托尔斯泰对莎士比亚的贬斥之所以显得不近情理，就在于他一方面用成熟的现实主义这把尺子来衡量处于成长中的现实主义，同时又用现实主义来挑剔浪漫主义。然而萧伯纳却幽默地说：托尔斯泰的这一看法是"捕捉傻瓜的陷阱"。这大概是说，我们不可把托尔斯泰的偏激之论看得太认真，其中也包含了某些真理的因素，即要求文学具有符合生活逻辑的严格真实性，这样才能使文学充分发挥它的认识价值、道德功用和审美效果。显然，与文艺复兴以前的古典文艺相比较，19世纪现实主义文学在真善美这三者的构成比例和表现特征上是颇有不同的，总的说来，它是以较深刻的社会历史内容的相对突出为重要特征的。

文学创作中的所谓现实主义，被理论家们加以总结和研究的历史同样是源远流长的。最早的现实主义理论首推亚里士多德的"摹仿说"。所谓"摹仿"，也就是对现实生活的再现或反映。在《诗学》第二十五章中，他提出了三种不同的摹仿方式：1. 照事物本来的样子来摹仿；2. 照事物为人们所说所想的样子（按：指神话）来摹仿；3. 照事物应当有的样子来摹仿。亚氏倾向于第三种"摹仿"方式，因为这种方式更能从个别形象中表现具有某种"普遍性"的内容。这样，亚里士多德事实上就开始注意到现实主义和浪漫主义，客观真实性同典型性应该互相结合，这其实正是对希腊史诗特别是悲剧创作经验的总结。但亚里士多德的《诗学》湮没近千年之久，直到文艺复兴时期，达·芬奇等人才进一步把摹仿说发展为艺术是"用一面镜子去照自然"的观点。"镜子说"最初是由古罗马的西赛罗和贺拉斯所提出，中经文艺复兴（莎翁在《哈姆雷特》中借丹麦王子之口，强调指出艺术应是反映人生的"一面镜子"），直到19世纪的司汤达（在《红与黑》中反复强调小说是沿着大路行走的一面镜子）和往后的一些作家，都强调对现实进行观察、摹仿和真实反映的重要性。

但是，作为与浪漫主义相对立的文学术语，现实主义的明确提出和理论上的系统论证，却始于19世纪德国著名诗人席勒。他在与歌德的通信和《论素朴的诗与感伤的诗》中首次使用了"现实主义"这一概念，并用它来表述古典现实主义与"感伤的"即浪漫主义的区别。俄国著名的文艺批评家别林斯基和车尔尼雪夫斯基虽然未曾使用过"现实主义"这一术语，但他们通过对"自然派"（按：指现实主义派）代表作家果戈理的作品深刻地阐述了现实主义的原理。杜勃洛留波夫和安年科夫则明确的使用了"现实主义"的概念，后者还正式用它评论和概括了屠格涅夫和冈察洛夫的创作特征。但"现实主义"作为欧洲文艺评论中广泛使用的术语，则始于 19 世纪 50 年代法国画家库尔贝和小说家尚弗勒里。1855 年库尔贝以"现实主义"为标志举办了他个人的画展，1856 年他又在画家杜朗蒂所创办的名为《现实主义》的杂志上发表宣言。次年，尚佛勒里出版了一卷《关于现实主义》的评论集，提出了文艺家要"研究现实"、"不美化现实"，应该如实反映生活的现实主义主张，并把司汤达、巴尔扎克的创作奉为典范。从此，现实主义这一术语才在欧洲大陆流行起来。就在 1856 年 10 月，福楼拜的《包法利夫人》（1857 年出版单行本）发表（托尔斯泰的《塞瓦斯托波尔故事集》也发表于同年，惠特曼的《草叶集》这本对新文学观念产生重要影响的诗集则在 1855 年问世），"现实主义"作为从 20 世纪 30 年代初就开始兴起的一种新的文艺思潮流派和美学原则，终于到这时才被人们所充分认识其价值和特殊意义。

马克思主义创始人对文学中的现实主义理论作出了重要贡献，他们在高度赞誉古希腊艺术和莎士比亚戏剧的同时，对以巴尔扎克和托尔斯泰为代表的批判现实主义作家进行了极为深刻的历史分析和美学评论。恩格斯关于现实主义的重要见解，正是从批判现实主义文学特别是从巴尔扎克的创作中总结出来的。如果说，恩格斯著名的"典型说"较侧重于文学的真实性，那么，他和马克思所一再强调的"莎士比亚化"则更侧重于文学作品的审美价值；当然，这只是相对而言。马克思、恩格斯对文学艺术的评价总地来说是把历史标准（真与善）和美学标准结合在一起的，但由于当时革命斗争和革命理论建设的迫切需要，他们还来不及对文学艺术中的审美特性（如希腊艺术的"永久魅力"，文学艺术中的心理描写及个性化与典型化原则，"莎士比亚化"问题，等等）作进一步的展开和系统的论述。今天，我们可以在他们的导引下作出新的补充和新的发挥、发展，对 19 世纪现实主义文学本身的内在规律和艺术特色作进一步的深入具体探讨。

二 兴起与发展、落潮与深化

19 世纪现实主义不论作为思潮还是艺术方法，都是对浪漫主义的反动；就其产生的历史条件而言，是在封建制度全面崩溃和资本主义已经取得统治地位或正在登上历史舞台的条件下产生和发展起来的，是无产阶级与资产阶级的矛盾，即劳资矛盾开始上升成为主要矛盾（法、英）和资产阶级领导的反封建的民族民主革命高涨（俄、德、意以及北欧和东南欧）时代的产物。资本主义社会的劳资冲突和在金钱—商品关系下所充分暴露的严重矛盾和社会邪恶，资本主义经济关系的发展所促成的千百年来封建传统观念（忠诚、信义观念和道德关系）的崩溃，社会心理及人的思想感情随之而发生空前深刻的变化，冷酷无情的"金钱交易"关系发展为人与人之间关系的轴心和准则，以及人民群众在资本主义和封建主义压迫下的苦难生活和力图摆脱这种非人生活条件的愿望、行动和革命斗争……这一切既为作家提供了批判地描写现实社会生活的素材，也推动了人们从主观空想的浪漫主义热潮中解脱出来。一方面对现实生活的矛盾和人民的苦难作冷静的观察和思考，促使他们探索用新的方法来反映这新的现实，并试图寻求摆脱这种尖锐社会矛盾的道路。另一方面，如果说资本主义社会开始充分暴露的种种矛盾以及较落后的国家的日益高涨的反封建的民族民主革命斗争为批判现实主义的产生提供了最重要的社会基础，那么，历史科学和自然科学的发展则为现实主义的真实描写提供了进一步的依据。启蒙学派的唯物主义和理性主义，法国复辟时期历史学家们对财产关系和阶级斗争的阐释，革命民主主义思想家们执著于现实的战斗精神，特别是实证科学（天文学、地质学、能量守恒和转化律、化学元素周期律、细胞学说和进化论等）方面的新发现，使作家们对社会现象的观察和了解采取了更自觉的批判思考和冷静分析的客观态度。以上这两个方面（社会条件和思想文化条件）推动和促成了人们以比较求实的态度看待社会和人生，这就是一种现实主义的态度，它很快就成为一种时代精神，一种广泛的强有力的社会思潮。当文学艺术家们企图把这种求实的态度和现实主义精神运用于文艺创作时，他们又十分幸运地接受了欧洲文学中源远流长的古典现实主义直到 18 世纪小说创作的丰富经验，最终形成了反映当代生活、塑造艺术典型、表达思想感情的一种卓越的艺术方法——现实主义。

在欧洲文学的发展过程中，法国 1830 年的"七月革命"是一个重要的界碑（英法资产阶级最终巩固了自己的统治）。19 世纪 30 年代是批判现实主义文学开始奠基和趋于成熟的时期，而从 19 世纪 30 年代到 60 年代，不论是在资本主义发展程度最高的英法两国，还是在资产阶级反封建的革命民主主义要求较强烈的俄国，现实主义文学都得到了迅速的发展，出现了 19 世纪欧洲文学史上的第一个高潮，其代表人物就是法国的司汤达、巴尔扎克、福楼拜，英国的狄更斯、萨克雷和勃朗特姐妹，俄国的普希金（后期）、果戈理和屠格涅夫。1871 年巴黎公社革命给欧洲文学的发展划分了第二个大阶段。从 1848 年法国"二月革命"特别是 1870 年普法战争以后，整个欧洲在经济、政治上发展的不平衡性开始显露，反映在文学发展上更表现得极其错综复杂。从总的方面来看，在英法这两个最先进的资本主义国家，由于民主革命的终结，资产阶级统治的相对稳固和资本主义社会腐朽面的加深，文学中的政治热情和现实主义精神曾一度有所减弱，这表现为文学中的唯美主义、自然主义和象征主义风靡一时，在文坛上形成了一股潮流；而现实主义文学本身的政治批判性也有所减弱，西欧再也产生不出像巴尔扎克和狄更斯那样的巨匠了。相反，在俄国和北欧诸国，由于资本主义正在迅速发展和资产阶级民主革命潮流日益高涨，却出现了文学上的繁荣，产生了以托尔斯泰、陀思妥耶夫斯基和易卜生为代表的后期批判现实主义文学巨人。同时，在东南欧和美国文学中，现实主义也开始出现了新的高潮，在意大利出现了以维尔加为代表的名为"真实主义"实为批判现实主义（其中吸取了某些自然主义的手法）的文学，波兰、捷克、保加利亚等国的现实主义文学也有了进一步发展，出现了以奥若什科娃、聂姆佐娃和伐佐夫为代表的一批优秀作家。作为西欧国家的德国，这时也出现了以施托姆、冯达纳、亨利希·曼和托马斯·曼等著名的批判现实主义作家。在美国，南北战争结束后资本主义的迅速发展和社会矛盾的激化，虽然一方面使相当一部分美国作家深受自然主义的影响，但批判现实主义文学同时也得到了巨大的发展，并且开始跃上了世界水平的高度，出现了以马克·吐温、亨利·詹姆斯、诺里斯、杰克·伦敦和德莱塞为代表的著名作家群。

对 19 世纪前后两个时期的现实主义究竟怎样评价，这是一个在国内外都分歧甚大的问题。对于 19 世纪 50 年代特别是 70 年代以后的俄国和北欧文学，看法大体上比较接近。关键是对在法国和英美等国的后期批判现实主义文学的评价上，不论从观点和方法论上都存在许多分歧。一般来说，以苏联文艺界和包括卢卡契在内的某些西方马克思主义者对英法等国后期批判现实主义文学的评价贬斥较多，认为西欧现实主义文学在 19 世纪 50 年代特别是 70 年代后就走向了衰落。这种看法在我国外国文学界也有较大影响。然而在我们看来，这种颇有影响的传统观念并不完全符合 19 世纪现实主义文学发展的实际情况，而其所以如此，是与研究方法上的庸俗社会学影响分不开的。这主要表现在下列几个方面：第一，上述看法把文学的发展（及其成就）与社会经济政治发展的状况等同了起来，从而违背了马克思关于艺术生产与物质生产不一定成正比的"不平衡"理论，忽视了文学艺术自身发展的特殊规律。这种"不平衡"在一定历史时期内一方面既表现为社会经济的发展并不一定必然导致文学的繁荣；另一方面，社会腐朽面的加深也不一定必然导致文学的衰落。与英法相比属于落后国家的俄国文学的繁荣是前者的明证，而较早进入帝国主义时期的英法德等国的文学在后期出现了新高涨则是后一方面的例子。第二，马克思、恩格斯和列宁作为无产阶级革命家，他们在评价 19 世纪文学时，在相当大的程度上是以阶级斗争和无产阶级的政治需要作为重要参考的，并且也不可能对 19 世纪文学和全部重要作家作品都进行全面的比较和深入细致的分析。他们对古希腊艺术、莎士比亚戏剧和对巴尔扎克、托尔斯泰的高度赞誉也直接是与对资本主义社会的憎恶和革命的批判立场相联系的，这在当时是合理的，至今也仍有其意义。但我们不应把马克思的上述有关言论当成教条，更不宜把文学是否直接反映阶级斗争的基本动向作为衡量文学繁荣或衰落的尺度。表现阶级斗争的"全景"或基本趋势的文学固然可能是"伟大的现实主义"；而对资本主义关系中人的处境和精神痛苦作深入透视的作品同样也不失为深刻的现实主义，两者在文学史上都有其应有的历史地位。第三，对现实主义精神（思潮）与创作方法（主要即表现手法）之间的关系缺乏辩证分析的态度。现实主义作为一种特定时代的文艺思潮，不可能永远处于高潮状态，而总有其退潮时期，但作为一种方法，却是人类千百年来艺术实践的结晶，并不会随"退潮"而一同"衰落"或消失。同时，对现实主义，也不应只强调作为精神和思潮中的政治倾向性这一方面，更不应对文艺作品中的倾向性的表现方式及其社会效果作过分狭隘的理解，否则，就难免把文学仅仅当成阶级斗争的一种工具，把那些虽无突出的政治内容但仍真实地反映了现实生活某一侧面的优秀作品摒于现实主义之外，或者当作"现实主义衰落"的证据。第四，不承认现实主义作为一种创作方法其本身是处于不断的发展中，而并非凝固不变的。事实上，后期欧美现实主义文学在观察角度、表现手法和批判的侧重点方面都有了许多新的发展变化，这不仅表现在描绘生活现象时更加客观和精确，在揭示人的内心世界上达到了新的深度，在一些最优秀的作品中，它们在探索人与人之间的伦理关系的同时，对资本主义的上层建筑和政治关系也作了更加深刻和尖锐的批判。因此，从这方面来看，与其说现实主义"衰落"了，不如说它深化了、发展了。

　　根据以上这些理由，似不宜把19世纪50年代特别是70年代以后的批判现实主义文学笼统地说成"衰落"。其实，批判现实主义在19世纪三四十年代达到它的第一个高潮（主要只能就法国而言，还不能概括全欧洲甚至也不能完全概括英国的情况，而法国人自己则把现实主义下移至19世纪五六十年代，连司汤达和巴尔扎克也都被认为是当代浪漫主义。大家知道，狄更斯对资本主义的"批判"高潮也是在19世纪五六十年代），而19世纪六七十年代以后出现第二个高潮也不限于俄国和北欧，就是在法国也出现了以自然主义理论相标榜但事实上却写出了大量现实主义优秀作品的左拉以及杰出的批判现实主义作家罗曼·罗兰，在英国则出现了哈代和萧伯纳；至于美国的情况就更加明晰了。我们不能把文学发展与社会发展完全等同起来。不可否认，文学创作要受到经济基础的影响；但文学作为一种特殊的意识形态，与上层建筑中的其他部分如政治、法律、哲学、宗教等又有着很大的不同，经济基础对它的制约，是从总体上、从最终结果的意义上看才具有一定影响，但从一个时期（甚至一个很长的时期）来看，文学不一定与社会经济政治发展状况完全一致，并且，经济基础对文学的制约并不能直接发生而是必须通过政治、哲学、伦理观念、自然科学（自然科学不属于上层建筑），特别是社会心理条件这一系列中介才能发生作用。此外，更不能忘记的是，文学自身还有它内在的继承性。各国文学（特别是欧洲文学）互相间是存在着极为密切的相互影响的。这一切，决定了文学发展虽然从根本上说要受到社会经济基础影响，但又有着它自身相对独立的发展规律。因此，我们不能只根据社会经济发展状况对它作简单、机械的判断，否则，我们就无法解释下述事实：如果说随着资本主义的高度发展，英法现实主义文学衰落了（这完全不符合实际），那么，在资本主义后来得到更快更高发展的美国和德国又何以出现了批判现实主义文学的新高潮呢？可见，后期批判现实主义固然在经济落后的俄国和北欧达到了繁荣，却并不能因此得出发达国家的文学就一定衰落和终于"衰落"了的结论。如前所述，即使以英法而论，这时还照样产生了一大批有世界影响的作家，从而有力地证明了即使在英法两国，现实主义也并未直线式地"衰落"而是呈现出波浪形的发展。只要对各国文学发展的情况进行比较实事求是的具体分析，就不难看清这种历史真相。

我们并不想用 19 世纪后期批判现实主义来否定前期的伟大成就，它们是各有特点也各有长短的；这里之所以要着重提出后期批判现实主义文学的评价问题，是我们认为如果不突破后期批判现实主义（在西欧）绝对"衰落论"的传统看法，就无法使 19 世纪文学的研究工作前进一步。同时这个问题不仅是一个文学史的研究和评价方法问题，也关系到要不要批判地借鉴近代西方文学的艺术经验问题。如果我们承认西方文学在艺术上仍处在发展中，那么，合乎逻辑的结论就是：我国社会主义文学仍可以从中批判地吸取新的艺术经验来丰富自己，从而为建设具有中国民族特色的社会主义精神文明开拓更广阔的道路。

三　客观性、典型性、批判性

19 世纪现实主义作为一个大致统一的思潮、流派和写作方法，具有其所以成为现实主义的基本特征的稳定性，但这基本特征又随着时代和社会生活的发展以及作家的个性差异而表现出风格上的多样性和丰富性。

客观性是现实主义的第一基本特征。所谓客观性，指"按照生活本来的面貌来创造性地反映生活"，即对生活作真实的创造性再现，包括对人的精神世界、人在一定环境中的生活实践及其内在规律作真实的描写和表现。因此，从实质上说，所谓客观性也就是真实性，就是在描写和表现生活时的一种创造性的历史具体态度，它要求作家主体情感的客观化与形象化和现实生活的主体化与个性化，即作家的感情和思想都融合到他所具体描写的对象中，而不是直接的主观自我表现；同时，反映在作品中的生活内容（包括作为"环境"的外在生活与作为人物的心理与性格的内在精神）又具有独立自足的生命力。优秀的浪漫主义作品虽然也反映生活中某种本质的真实，但由于只注重客观对象的主观化与情感化这一个方面，因而明显地缺乏细节和情节的历史的具体真实性，也就难以塑造个性鲜明的典型人物，而主要以对传统和法度的突破来表现狂放不羁的主观热情和理想为主要特征。可见，客观性所标明的按照生活本身的样式来创造性地反映生活的这种历史具体的真实性，是它区别于从神话故事、英雄传说和一切在创作方法上带有突出的主观浪漫色彩的文艺作品的一个最基本的特征。正是在这个意义上，巴尔扎克才强调观察和严格地摹写现实生活的重要性。他甚至说："只有细节（真实）才形成小说的优点。"司汤达更喜爱在描写上的"数学的精确性"。英国和俄国的现实主义作家和理论家虽然没有像法国人这样把细节描写的客观真实性强调到这样严格的地步，且不论是萨克雷、哈代，还是屠格涅夫、托尔斯泰和契诃夫，就他们总的表现而言，都把观察与白描亦即真实地表现生活的客观性原则作为他们创作的基本前提。

客观性绝不等于客观主义和自然主义的生活记录，也不意味着对创作主体审美心理巨大能动作用的否定，而是标志现实主义精神和艺术方法在塑造形象和典型、反映现实、评价生活与表现情感时所遵循的一种新的美学原则。因此，巴尔扎克在《人间喜剧·前言》中强调"观察"、"体验"和"严格摹写现实"才能成为"描绘人类典型的画家"，他在努力"寻找出隐藏在广大的人物、热情和故事里面的意义"及"动力"时，同时又非常重视"表现"，他认为"文学是由两个截然不同的部分——观察与表现所组成的"(《驴皮记》初版序言)。如果说观察与摹写是现实主义文学的基础，那么，成功地表现人物的特征、情感和深层精神世界才能赋予作品以审美的价值；而不论观察与表现，作家都必须有巴尔扎克非常重视的天才、想象和灵感。可见，显然不能把现实主义的客观性理解为对生活的简单模仿，把反映现实当成一面消极被动的"镜子"。福楼拜尽管自己不承认是"现实主义者"，但他对观察与模仿的强调甚至比巴尔扎克还严格，与此同时也十分重视想象、概括和典型的创造。被列宁称为"俄国革命的镜子"的托尔斯泰，其作品所表现的客观真实性更是毋庸赘言，然而，在《艺术论》中，他却把艺术（包括他自己的现实主义小说）定义为"传达感情"的工具。可见，现实主义的客观性是与具有巨大创造性能的主体审美心理结构完全不能分割的，任何艺术都是离不开想象、情感和选择概括的。正是在这个意义上，奥若什科娃把文艺作品称为一面反映生活又创造生活的"魔镜"，这确是经验之谈。也正因如此，现实主义的客观性并不是与倾向性（包括思想政治的、道德的和美学的多方面的倾向）绝缘的，正像康拉德说的：甚至最巧妙的作家，大约每三句话就要泄露他自己（和他的道德观）一次。西方不少文学史家和艺术学者之所以常常把现实主义与自然主义混为一谈，或者声称这二者之间很难找出一条明确的界限，除了他们对典型化原则的忽视或奇特见解以外，就在于他们对客观性作了绝对偏执的理解，几乎认为现实主义是容不得任何倾向性和感情流露的。从这种形而上学观出发，就难怪他们中的一些人把司汤达、巴尔扎克和狄更斯等人都当成了浪漫主义者或不成熟的现实主义者，而认为只是从福楼拜开始，现实主义才真正成熟。这种观点一方面是由于他们把现实主义和浪漫主义的界限过分绝对化，另一方面也由于他们把现实主义这一总的流派中的不同表现手法和不同风格特色夸大成为创作方法上的根本区别。无可否认，在司汤达和狄更斯等人的作品中所表现出来的激情，确使他们的作品中带有一定的浪漫主义色彩，但不应忘记的是，在他们的作品中，以主观形式（意识形态）出现的社会生活已根本上不同于浪漫主义作品中近乎随心所欲的主观想象，而是建立在符合现实生活逻辑的实际观察和具体描写（即所谓"白描"手法）基础上的。其实，就以福楼拜而论，尽管他提出"取消私人性格主义"，甚至赞同"不动感情"地客观描写，但读他的

《包法利夫人》，我们仍可从表面的冷静中感到一种压抑着的激情。文学艺术对生活和人的精神世界的反映本来就不能离开感情的表现，否则就会成为一幅毫无意趣的僵死的图画（"形象"），现实主义文学自然也不能例外，区别仅在表现的方式、程度、色调有所不同而已。福楼拜自己也说："任何写照是讽刺，历史是控诉。"而讽刺、控诉都是一种感情态度，一种明确的倾向性。可见，对描写的客观性作过分绝对的理解，即使对福楼拜这样的作家也很难讲通。其实，就是自然主义文学也是有倾向的文学，自然主义作家对人类社会的生物主义观点和轻视艺术概括以及堆砌细节的癖好，本身就是一种倾向，是由他们对不公正的社会的认识较浅，又缺乏真正的审美理想所决定的。现实主义的优点就在于它既克服了浪漫主义失之于空泛的弱点，也不像自然主义那样以细节掩盖本质，以生物性取代社会性。对"客观性"的某种不正确解释和过分强调，曾使后期一些现实主义作家（尤其在法国）染上了自然主义的弊端，使自然主义一时成为颇有影响的潮流，一些理论家也因此把自然主义当成了现实主义发展的一个"新"阶段。如果从作家力图从新的角度来把握社会与人生而进行新的探索的立场来说，这话有一定道理，但人的本质毕竟不在生物性中，文学艺术如果单独片面地强调这一点就只能丧失它应有的真善美的结构与功能。因此，从原则上说，现实主义的客观性所标志的是一种与自然主义的"客观性"有重要区别的新的美学原则。这一点要联系到它的第二个基本特点即典型性问题便可看得更加清楚。但应指出，所谓纯"客观"的自然主义理论是很难在真正的大作家的创作中得到不折不扣地贯彻的。左拉并不是因为他提倡这种理论和写了《人兽》这类作品而变得不朽。莫泊桑就曾指出："他的理论和他的作品永远是不一致的。"① 左拉自己在《实验小说》中也坚决否认了自然主义作家只是"单纯的摄影师"的指责，声明所谓"实验小说"的方法就是"必须修改自然，而又不违背自然"② ——这与其说是自然主义，不如说更符合现实主义，难怪他把巴尔扎克的创作也称作"自然主义的胜利"了。从左拉的创作实践来看，他所谓的"自然"事

---

① ［法］莫泊桑：《爱弥尔·左拉研究》，《古典文艺理论译丛》第 8 册，第 149 页。
② 伍蠡甫主编：《西方文论选》下册，人民文学出版社 1964 年版，第 252 页。

实上主要不是作为生物的人的自然属性，而更重要的是包含了人的社会属性在内的。另一方面，人性本身就是社会性与动物性的对立统一，文艺作品描写了人的生物和生理属性的某些方面未必就是什么大逆不道的事情，相反，这比对那些只抽象的写人的灵性（浪漫主义）和理性（从新古典主义到浅薄的现实主义）的作品具有更多的真实性。美国的诺里斯和斯·克莱恩在《章鱼》和《街头女郎梅季》中虽然也运用了不少自然主义手法，但从总体上看，却仍然是现实主义的优秀作品。现实主义文学在对社会进行批判时，总要有细节描写，有时也难免涉及污秽和色情，但只要不超过一定的限度，不使作品丧失一定的典型意义，它们仍属于现实主义的范畴。

典型性现在很少谈论了，但它作为现实主义的第二个也是最主要的特点，恐怕是难以抹杀的，它特别重视选择和"特征"概括，因此既是客观真实性的最高表现形态，同时又是主观与客观、个性与共性、偶然与必然的高度统一。别林斯基在《智慧的痛苦》一文中指出："典型性是创作的基本法则之一，没有典型性，就没有创作。"巴尔扎克说："诗人（按：指一切文学家）的使命是要创造典型。我使一切具有生命，把典型个性化，把个人典型化。"[①] 特别值得注意的是他非常重视通过"偶然"来揭示"必然"，使文学形象不致成为某种概念的图解，而是活生生的个性。正是在这个意义上，他才说："偶然机缘是世界上最伟大的小说家；要求丰富，只消去研究偶然机缘"（《人间喜剧·前言》）。但多数作家则较多地谈论了典型的"共性"与"必然"一面。福楼拜说："必须把自己的人物提高到典型上去。伟大的天才与常人不同的特征即在于：他有综合和创造的能力；他能综合一系列人物的特性而创造某一典型。"[②] 托尔斯泰也说："假如直接根据一个什么真人来描写，结果就根本成不了典型，只能得出某个个别的、例外的、没有意思的东西。而我需要做的恰恰是从一个人身上撷取他的主要特点，再加上我所观察过的其他人们的特点。那么这才是典型

---

① 转引自普什科夫《法国文学简史》中译本，盛澄华、李宗杰译，作家出版社 1958 年版，第 110 页。

② 《西方古典作家谈文艺创作》，春风文艺出版社 1983 年版，第 397 页。

的东西。"① 恩格斯在论小说时又对此作了更高的概括，指出："现实主义除了细节的真实性外，还要真实地再现典型环境中的典型人物。"这里所说的"细节的真实性"，就是现实主义作品的最起码最基础的一个层次，即按照生活的本来面貌具体地描写生活；而"典型环境"作为一种特定的社会关系及其发展趋势，则是现实主义内涵的第二个层次，即它的较深或较高层次；在这个层次上，现实主义的文学作品又依其典型化强度的高低而处不同的阶梯，具有不同程度的历史价值与审美价值。但如前所述，"客观性"既然不能与倾向性绝缘，因而它在上述两个层次上的每一阶段都经过作家审美心理的过滤，即事实上已是经过选择和概括了的东西，因此，它们不可能是绝对"客观"的，而是主客观的统一。它们作为艺术形象的构件或基本组成部分，不论是细节或环境，都是在某种程度和范围上表现着某种普遍的个别。因而，不但是主客观的统一，同时也是个别与一般的统一；而这种"统一"，最集中地体现在作品的人物形象特别是典型形象之中。因此，典型人物形象的塑造，便构成了现实主义的中心和最高层次。

由上所述，可知现实主义不但要有描写现象的、细节的具体真实性，更要有通过表现人的心灵世界来反映生活发展的某种内在规律的客观真实性；因此，人物形象的典型化问题，一般来说总是处于最核心的地位。但典型人物不仅须由大量细节描写构成，并且与典型环境的关系也是相互交织、相互渗透的，是难以绝对分割的。人不是生物式的抽象的个别存在，而是社会关系的总和，因此，要塑造出真正典型的人物，就必须通过对人物个性的刻画表现出某种具有普遍意义的社会内容；这一过程同时又是与典型环境的描绘密切联系的。而艺术作品中的典型环境，同样是以独特的"个别"形式出现并在其中渗透着一定社会关系内容的生活形象。一部批判现实主义小说和戏剧作品的价值的大小，是与作家能在多深多广的程度上艺术地再现这种社会关系及其发展趋势分不开的，尤其是对生活在这种特定关系中的主要人物的个性特征所进行的典型概括程度密切联系的。艺术家的任务就是要在这种特殊的、偶然的个别性中表现出生活中某种深邃

---

① 《西方古典作家谈文艺创作》，春风文艺出版社 1983 年版，第 531 页。

的人生经验和带有某种普遍性的心灵感受及社会内容。恩格斯之所以以巴尔扎克作为典范，巴尔扎克之所以成为前期批判现实主义的伟大代表，正是由于他在自己的小说中成功地通过有特征的典型人物深刻地再现了一定时代的历史真实——贵族阶级的必然灭亡和资产阶级的胜利；而列宁之所以给予托尔斯泰以极高评价，托尔斯泰之所以成为后期批判现实主义的伟大代表，其根本原因也在于此。马克思赞扬巴尔扎克"对社会关系有深刻理解"，他对英国以狄更斯等人为代表的"光辉的一派"作家的赞扬，也都是从上述观点出发的。后期英法现实主义文学在反映社会生活的深度和塑造典型形象方面虽然不能与巴尔扎克、托尔斯泰相比，但从另一方面来看，后期现实主义（包括英法）在描写生活时往往更加精确，在题材、形式和批判角度方面也有新的开拓，尤其在对人物心理分析方面所表现的突出进展，则又在相当程度上丰富乃至发展了前期批判现实主义的艺术。我们既要看到前期批判现实主义强的一面和后期批判现实主义弱的一面，同时又要看到后期批判现实主义也有胜过前期的一面。但不论前期后期，作为现实主义的真正艺术品，都在自己的作品中体现出对现实生活和人物形象的不同程度的典型化，而并不仅仅是与现实环境无关的抽象心理分析，也不是表面现象和琐碎生活场景的纯客观记录。因此，现实主义文学总是与典型性这一根本特点联系在一起的。

对恩格斯关于典型问题的论述，一个时期以来被当成僵死的教条，把典型仅仅归结为一个社会学的范畴（这一点，虽然早在 19 世纪 50 年代中期就受到了批判，但其影响实际上远未清除），并且把巴尔扎克、托尔斯泰的典型化方法几乎当成了唯一标准的模式。于是，对于 19 世纪后期法国和英美等国的现实主义及其典型化方法就总是看得不大顺眼。例如，卢卡契就十分强调地说过："旧现实主义（按：指 19 世纪前期批判现实主义）和新现实主义（按：指除托尔斯泰以外的后期尤其是英法现实主义）之间具有决定性的差别就在于性格描写，也就是说，在于典型的概念。"①这有正确的一面，但这位理论家又说："1848 年以后的现实主义作家的命运就是如此（按：指'把普通人物静止地表现在想象的"完美的"环境里

_____

① 《卢卡契文学论文选》第 2 卷，中国社会科学出版社 1981 年版，第 358 页。

面，一定会使文学落后于现实'）缺乏情节，单纯描写环境，以普通人物代替典型人物——这些虽是现实主义衰微的主要征兆。但他们的根源却在现实生活之中，而且是从现实生活钻到文学里面来的。"他甚至进一步断言：1848 年以后的作家，"他们几乎毫无例外地都写了没有结构的小说，而这个时期大多数具有复杂和精彩结构的小说尽管绘声绘色，但就社会内容来说，几乎是毫无意义的"。① 卢卡契的上述论断是值得商榷的。是否资产阶级的"衰落"（是否全面"衰落"，或哪些方面衰落，这还需具体分析）必然导致现实主义文学的衰落呢？如前所述，这个论断与马克思著名的"不平衡"理论未必相符。众所周知，在工业和科技已有了很大发展的19 世纪的资本主义社会，当然不可能再产生神话和《伊利亚特》式的史诗；并且，资本主义关系是与诗歌和艺术相敌对的，然而这却并不等于文学艺术就不能再得到发展，相反，资本主义对劳动人民和对艺术的某种敌视态度也会从相反的一面激发人们的反抗精神，并使艺术家们从这充满严重矛盾斗争的现实中，从人民群众的苦难（包括物质和精神的）生活中吸取素材、灵感和力量，从而为创造出杰出的艺术作品提供了可能。且不说贝多芬等人的音乐、凡·高和莫奈的绘画、罗丹的雕刻，就仅以文学而言，在小说戏剧方面，资本主义对它的"敌视"反而激发了本来就敌视资产阶级的现实主义文学的进一步发展。无须多加论证，这里只要举出福楼拜、罗曼·罗兰、狄更斯、哈代、萧伯纳以及美国以马克·吐温等为代表的作家，就足以说明问题。试想，难道能够说上述作家的作品都是"缺乏情节"和"没有结构的小说"，即没有人物性格历史因而不曾出现"典型形象"的作品和虽然有情节结构却仍是"毫无意义的"作品吗？至于所谓只写"普通人物"，这一指责也十分含混。的确，在 19 世纪上半期的最优秀的作品中，它写的人物往往还具有大革命时期的英雄主义余绪，例如《红与黑》中的革命情绪和于连的形象，巴尔扎克作品中的共和派英雄，托尔斯泰的史诗式的《战争与和平》，等等。但是，巴尔扎克所刻画得最成功的资产者的典型形象，并不是什么"英雄"，如果说，这些角色作为典型不是卢卡契所谓的"普通人物"，那么，福楼拜的《包法利夫人》，狄

① 引文均见《西方古典作家谈文艺创作》，春风文艺出版社 1983 年版。

更斯作品中小人物的生动形象，不都是既"普通"又"典型"的吗？同样，对于连卢卡契自己也曾加以赞扬过的亨利希·曼（《臣仆》）和托马斯·曼（《布登勃洛克一家》），这两位直接描写了德国资产阶级的"衰落"并揭示出它向帝国主义阶段发展动向的作家的作品，难道"就社会内容来说是毫无意义的"吗？在罗曼·罗兰的《约翰·克里斯朵夫》中，我们通过主人公的英雄式的反抗（尽管是个人主义的），不是看到了人道主义在与民主主义的进一步结合，看到了后期批判现实主义的一种新高潮吗？可见，这一切都表明：单纯以1848年（甚至以1871年）的社会革命作为划分文学发展阶段的标尺，尤其是作为衡量现实主义盛衰的唯一标准，事实上是行不通的。与前期现实主义相比较，中后期现实主义并未丧失塑造典型形象的能力。谁能否认，包法利夫人和约翰·克里斯朵夫不是个性鲜明的典型形象呢？又有谁能否认萧伯纳笔下的华伦夫人乃至亨利·詹姆斯的伊莎贝尔（《一位女士的画像》），杰克·伦敦的马丁·伊登不具有典型性呢？这一切都无可争辩地表明，典型性问题是贯穿19世纪前后两期批判现实主义的一个共有的主要特征，没有高度的典型性，就没有19世纪成熟的现实主义文学。

对现实主义和典型性问题，包括卢卡契在内的国内外的某些论著的另一个传统的观点，就是对典型性问题作了过分狭隘的理解，特别是过多地从政治—道德的角度评判一个艺术形象的价值，而往往较少审美的视角。关于这一点，此处不打算多说，这里想着重谈谈典型人物"性格"的问题。无可否认，典型性在小说艺术中主要表现为人物形象的塑造，但典型人物和典型性格这两个概念不论在内涵或外延上却并不完全相等，英语中character作为小说或戏剧中的术语，虽然也有人物特征、角色、性格等多种含义，但从恩格斯给哈克奈斯的英文信件的全文来看，这个词翻译为"人物"可能更接近原义（一度曾翻译为"性格"）。既然如此，文学乃至小说中典型的概念就不能只限于狭义的"性格"含义；并且，恩格斯的这句话分明也不是在给现实主义正式下定义。如果说，巴尔扎克的小说在很大程度上侧重于性格刻画，他笔下的某些人物多少有些近似于西方文论中所称呼的"扁形人物"，即主导特征异常尖锐突出甚至成为该人物进行思考和活动的唯一特征；那么，在托尔斯泰的小说中，其人物形象则表现为在生活遭遇中展现其心灵和个性的各个方面，他们作为典型的性格是多重心理因素的复杂而又有机的立体组合。不论是别素霍夫、娜塔莎、安娜·卡列尼娜还是玛丝洛娃都是这样，是真正的所谓"圆形人物"。然而，不论巴尔扎克还是托尔斯泰笔下的人物和他们的典型化方法，无论就人物与环境的关系或人物的个性化方法而言，都不可能在一切方面成为永恒标准。因为现实生活既是不断发展变化着的，又是很丰富的。我们曾一度长时间要求所有的作家都去写与阶级斗争关系最密切的题材，并且认为只有这样才能算现实主义，这不但是一种脱离实际的苛求，而且从根本说就是错误的。生活的广阔性、发展性和作家的不同经历和个性特点，决定了现实主义艺术及其表现方法，不可能只有一个固定的模式，大概也很难有在一切方面都占绝对优势的艺术家。所谓"江山代有才人出，各领风骚数百年"，那是在古代，到了近现代，现实生活的发展是如此迅速，恐怕"才人"们能在几十年间引领风骚就算很不错了。正如李白、杜甫永远不会被人忘记一样，巴尔扎克和托尔斯泰的地位也是不可动摇的，他们所塑造的艺术形象也将"具有永久的魅力"；但这不能成为把他们的创作方法的一切方面定为永恒标准的理由。要之，19 世纪后期现实主义，且不说俄国和北欧，就以英美等国而言，许多作家在追求更近似于生活真实的客观精确性方面，在表现手法的多样性方面，尤其在深入揭示人物的内心世界方面，无可否认地发展了前期现实主义乃至巴尔扎克、托尔斯泰等人的艺术表现方法。福楼拜、莫泊桑、哈代、亨利·詹姆斯、欧·亨利乃至俄国的陀思妥耶夫斯基都是世界公认的文学大师，在许多方面也的确有巴尔扎克、托尔斯泰等人所没有的特长。例如，以惊人而深刻的心理分析见长的陀思妥耶夫斯基和被称为"心理现实主义"作家的亨利·詹姆斯，在他们最优秀的作品中，其中的人物或环境同样是带有某种典型性的，但却不一定以狭义的人物性格刻画为特长，而同时也可以通过对某种典型的境遇、心理、情绪和感受的描述来表现某种寓意和深刻的人生哲理。这些有典型性的人物的生活遭遇和心理感受，绝不能被看成是"毫无意义"的；何况文学艺术的对象主要就是人的精神世界，而人的心理活动归根到底又与现实生活相关。总之，文学从宏观角度描写人与环境的关系转向对人的本体——心灵世界作纵深探索，应该说这是对现实主义宝库的一种新贡献。

何况，现实主义也只是众多创作方法中的一种，把它视为评价文学创作的唯一标准显然是狭隘的。

19 世纪现实主义的第三个重要特征就是它的批判性。高尔基曾经强调指出了这种文学以唯理主义为基础的批判性特征，我们现在所讲的"批判现实主义"这个名称就是高尔基首次提出的。的确，继承了 19 世纪启蒙思想的理性精神而又生活在"金钱王国"中的这些"资产阶级的浪子"们，在精神上远远在他们所出身的中小资产阶级及其市侩式生活之上，他们一般都在文艺复兴和启蒙运动的人道主义基础上建筑他们艺术中的理想国，并往往把人道主义作为一种最高的道德标准和价值尺度，对扼杀人性的资本主义现实关系进行了有史以来最尖锐的动人心魄的审美批判。

文学艺术的本质是什么？它的目的何在？这个问题讨论了千百年了。按照我们的看法，文学艺术不仅是生活的反映，而且也是作家感情和理想的表现方式，同时也是对人性的一种肯定方式，它不仅提供认识（真），树立道德规范（善），同时更通过有趣味的生活形象来塑造人的感情，净化人的灵魂，把人性提高到优美和崇高的境界，简言之，文学艺术的目的是肯定人对自由的追求。自从人类进入阶级社会以来，生活从来就不完美，并且生活也永远不可能至善至美，如果有这么一天，人类就再也不会发展了，正因为人间生活是美好的，同时又是充满痛苦、不幸乃至奴役和压迫的，因而艺术从它诞生之日起，就表现为对人的自由和美的肯定与追求，而阶级社会的文艺也就必然要在对丑恶的否定和批判中肯定真善美的事物。如果说在古希腊艺术中主要表现为对美的直接肯定（因而同样意味着对丑的否定），那么，在文学中除了某些短小的抒情诗和中世纪的牧歌以外，一般都是在否定和批判假恶丑的过程中表现对真善美的追求的。但是，19 世纪现实主义文学的批判性特点同以往一切时代文学的批判性相比较，则具有崭新的特点。这首先表现为它的批判是更加自觉的（它建立在近代人道主义和民主主义基础上），其次，它是直接面对现实的，具有鲜明的当代性。古代文学对现实的批判常常是通过历史的、传奇的题材表现它对社会的某种批判，例如莎士比亚的作品多取材于历史传说，古典主义则取材于古希腊、罗马，所描

写的人物和事件多为帝王将相；而 19 世纪现实主义则直接取材于当代
生活，以当代生活中的人物（特别是下层人物和统治阶级的对立）为
主，直接面向人民的苦难，当面指责地主和资产阶级的罪恶，这是 19
世纪文学的批判性与过去时代文学的批判性的一个重大区别，一个新的
发展。再次，它的这种批判精神完全融化在客观描写和作品的形象体系
之中，也就是说，在最优秀的现实主义作品中，它的批判精神完全是从
作品的情节、人物和场面中自然流露出来的，这实际上表现了现实主义
的倾向性是自然融合在具有高度艺术真实性的个性化典型形象之中的。
只要同 17—18 世纪的新古典主义和启蒙文学作一对照，这一区别就十
分明显。以上三点（客观性、典型性与批判性），不但表现了 19 世纪的
现实主义作为一种精神和思潮是一种有特定社会基础条件的自觉意识，
而且表明了现实主义作为一种艺术方法也已达到了完全成熟的地步。就
批判的尖锐性和作为艺术方法的成熟性来说，过去时代的文学作品大约
很少有能与 19 世纪的小说和戏剧媲美的。像《红与黑》、《高老头》、
《包法利夫人》、《战争与和平》、《安娜·卡列尼娜》、《卡拉玛佐夫兄
弟》、《玩偶之家》这类完美深刻的作品，大概是莎士比亚和歌德以后最
卓越的成就了。后期西欧现实主义在批判性这一方面虽然不及前期和俄
国文学那样尖锐有力，但如前所说，在一些最优秀的作家中，他们作为
现实主义者始终没有忘记作家的职责，没有放弃对不合理的资本主义现
实生活的批判态度，有的批判就其深度和强度来说甚至超过前期作家，
并且进一步把矛头直指整个帝国主义官僚机器和法西斯政策。尽管在某
些作品中，悲观主义的色彩有所加深，但作家这种主观感受和某种程度
的病态心理，并不能湮没作品中整个形象体系所展现的严酷的生活真
实。读一读左拉的《萌芽》、哈代的《德伯家的苔丝》，尤其是陀思妥耶
夫斯基的《卡拉玛佐夫兄弟》就可体验到这一点。这些作品从对苦难的
体验中升华出崇高，它激发读者的正义感，使人在"目睹"旧私有制所
造成的可怕现实面前战栗不安、悲愤不平，造成一种强烈的悲剧美学效
果。当然，在一些着重表现人物心理感受和道德问题的作家作品中，的
确较少涉及重大的社会政治问题，但他们对人的高贵品德情操的肯定和
对资本主义社会中人性的异化的痛恨，同样也体现了相当程度甚至更为

深刻的批判精神，读读这些作品，也可以使我们对人生有更加全面和深入的了解，并且从道德和情感方面收到某种更深刻、更精细入微的审美净化效果。

四　现实主义与人道主义

和 19 世纪后半期西欧现实主义文学日益衰落的传统看法相联系的另一种流行的看法，就是把人道主义当成资产阶级的专利品而加以贬斥，甚至认为 19 世纪的人道主义已经从一种进步思潮"蜕变为反动思潮"。一些外国文学论著，虽然对 19 世纪文学中的人道主义作了某些具体分析，但对其消极面的批判仍较严厉，甚至认为人道主义主要是起到了调和、抹杀阶级斗争、宣扬改良主义的作用，是一种以"个人主义"为核心的理论。

我们认为，上述观点以及把人道主义看成资产阶级利益纯粹表现的看法是值得讨论的。人道主义其实并非资产阶级所专有、劳动人民所绝无的东西，而是古已有之的。这不论东方（例如孔子的"仁者爱人"）西方（"人是万物的尺度"）都不例外。那么，文艺复兴时期新兴市民阶级的人道主义（人文主义）是否到了 19 世纪以后就越来越反动、甚至日益成为一种欺骗和伪善了呢？看来这个结论完全不符合事实。形成这种带有很大片面性的固定看法的原因，显然是与把阶级区分和阶级斗争强调到绝对化程度的极"左"思潮影响分不开的。我们在这里不可能对人道主义问题进行深入的理论探讨，只从文学艺术的角度指出下列两点：第一，上述看法除了不能把人道主义作为伦理观与作为历史观这两种情况作适当的相对区别以外，还由于把纯理论形态的人道主义与作为现实主义文艺作品中的人道主义完全混同了起来。第二，对人道主义在文学艺术中的性质、作用和地位的估价严重不足，甚至把现实主义与人道主义几乎绝对对立起来，这样也就很难对 19 世纪现实主义文学作出公正的评价。

以上两个问题实质上就是一个问题，即现实主义与人道主义的关系问题。本文不可能对上述问题作详细论证，这里只能作一些扼要的说明。

我们认为，现实主义文学中的人道主义不同于纯理论形态的人道主

义。在近代纯理论形态的人道主义中，除资产阶级政客的伪善的人道主义
说教（注意：这本来就不是真实的人道主义）以外，还有所谓"真正社会
主义"的人道主义和空想社会主义的人道主义等。后两种理论形态的人道
主义的一个基本特点，是离开现实社会关系宣扬一套纯粹主观的、以博爱
为核心的道德哲学，把社会历史和现实政治问题归结为伦理问题，归结为
抽象人性的问题，这种纯粹的幻想和伟大的空想，尽管也有某种批判的成
分，但对社会发展不一定有利。因此，马克思、恩格斯对抽象人道主义说
教从未放松过批判，但他们也从未一般地反对人道主义，更未对现实主义
文学中的人道主义思想作过任意的否定。这是为什么呢？看来，马克思、
恩格斯是真正懂得文学艺术的本质特性的。文艺作为一种特殊的意识形
态，它不能只反映一般的社会活动和抽象的社会关系，而是要具体描绘人
的生活，尤其要具体描写人的精神世界和道德面貌，因而十分自然地就与
人性和人道主义结下了不解之缘。现实主义文学中的人性描写和对人道主
义的态度，一般说来不可能只表现为抽象的说教，而常常是人与人之间的
现实社会关系的具体的真实再现，并且是文学艺术作品对读者能否具有感
染力的一个关键性因素。假如文学不再是"人学"，假如现实主义文学中
的人道主义主要是一种消极因素，甚至是一种虚假和伪善，并且在生活中
主要只起到阻碍历史进步的作用，那它就不再配称作"现实主义"，就不
可能具有经久不衰的艺术魅力。文学史已经证明，一切优秀的文学艺术作
品，其艺术生命并不仅仅是由于它用生动的形象反映了生活的真实（认识
价值），同时更在于它描写了人的精神世界和揭示了人性的深层结构，并
通过渗透在其中的审美化的道德理想，呼唤和塑造着读者的灵魂，激励他
们去与丑恶的现实抗争——这就是现实主义文学作品中人道主义的目的。
如果说文艺复兴时期的人道主义思想还主要限于伦理关系，那么启蒙时期
和 19 世纪的人道主义在争取人作为人的价值和地位的时候，则同时有了
更加鲜明的政治色彩，因而它又常与作家的民主政治倾向有着密切联系。
人道主义理想作为一种更加自觉的批判尺度、价值标准和伦理目标，是一
种武器、一种美学理想，它表现在作品中并不都是抽象的，而更主要的是
对资本主义社会中人与人之间关系的真实表现和美学评价。尽管这种人道
主义不可能完全得到实现，却不能因此把它说成仅仅是资产阶级利益的纯

粹自我表现，其实，它的普适性是无须讨论的，在人道主义中包含了千百年来进步人类特别是人民群众为争取自由、合理的人与人之间的关系的理想，凝聚着对统治阶级反人道的现实关系的不满、愤怒和批判。因此，体现在真正现实主义文学作品中的人道主义思想，往往是一定社会的阶级关系状况的艺术表现，而不完全是甚至根本不是抽象的人性和抽象的人道主义。

现实主义文学中的人性和人道主义思想既然主要是实际生活中的人的某种本质及人与人之间的现实关系的真实反映和对这种关系的一种伦理评价，它不可能主要表现为对阶级矛盾和阶级斗争的调和与抹杀，并且"调和"阶级矛盾也并非一件坏事，因为这有利于社会的稳定和生产的发展；它更不是以利己主义为核心和本位的。如果作为 19 世纪的社会生活重要内容的阶级矛盾及其缓和在文学中没有得到相当程度的真实反映，如果这种人道主义是在为统治阶级开脱罪行，是在教劳动群众恭顺地忍受非人的境遇，那么，这种文学又有什么资格被称为现实主义的呢？关于这一点，有见识的西方文艺理论家也都直言不讳地承认，描写劳动人民的日常生活，揭露资产阶级上层社会的罪恶，是 19 世纪现实主义（他们常常把现实主义与自然主义混为一谈）文学的一个重要特征。从这一点来看，如果这种事实上以阶级对立及其缓和的（例如雨果的《九三年》、狄更斯的《双城记》、盖斯凯尔夫人的《玛丽·巴顿》）现实作为主要描写内容的现实主义文学完全是一种以抽象人性论和利己主义为核心的，它难道可能对广大下层群众的不幸表示那样深厚的同情吗？不错，正如高尔基所曾指出的那样，描写与社会对立着的个人即个人与社会的冲突，是 19 世纪批判现实主义的基本主题之一，在一些个人反抗者或野心家（司汤达的于连、巴尔扎克的拉斯蒂涅、萨克雷的蓓基·夏泼、陀思妥耶夫斯基的拉斯科尔尼科夫……）的反抗生活道路中，个人主义的确曾是他们奋斗的主要动力之一，但不应忘记的是，第一，个人主义未必是绝对坏事，它标志着个人自由和人权意识的觉醒。第二，现实主义作家们正是通过他们来揭示那些不合理的资本主义现实关系，并且对个人野心家持批判态度的，是谴责一切形式的反人道行为的。可以毫不夸张地说，假如以描写反面人物见长的巴尔扎克和果戈理在他们的作品中没有人道主义作为一种道德标准和批判尺度，就很难设想他们的作品至今仍会受到广大读者的喜爱。第三，现实主义并不像高尔基曾断言的那样主要是塑造了否定的典型。事实上，它还塑造了为数众多的复杂性格、正面典型和被压迫的小人物形象，只要回忆一下福楼拜、莫泊桑、狄更斯、勃朗特姐妹、屠格涅夫、托尔斯泰、易卜生、马克·吐温、杰克·伦敦等人的一些作品，我们就不难发现，在诸如于连（《红与黑》）、巴扎洛夫（《父与子》）、安娜·卡列尼娜（《安娜·卡列尼娜》）、聂赫留朵夫（《复活》）、斯多克芒（《人民公敌》）、娜拉（《玩偶之家》）和马丁·伊登（《马丁·伊登》）等形象中，他们的性格和遭遇实际上像面凸透镜一样集中反射了一定时代社会关系总和中的一些重要方面，他们当中的许多人，其思想意义是很难用简单的"好"、"坏"划分的。在塑造这些人物形象时，作家的人道主义同情与明显的民主主义政治倾向是以严格的现实主义为基础的，不用说像巴扎洛夫、拉赫美托夫、斯多克芒这几个在思想上达到了资产阶级革命民主主义高度的形象，就以马丁·伊登，甚至安娜和包法利夫人而言，他们争取个人幸福生活的愿望，难道不包含着某种普遍的人道主义要求（所谓"人民性"），而可以仅仅被归结为抽象人性论（所谓抽象人性实即普遍人性，如乐生恶死、趋利避害、实现自我，这都是人性的事实存在，它不仅不应受到批判，而是应予以肯定的）和否定意义上的个人主义吗（在不损害他人的前提下，努力追求自身发展的个人主义是完全正当的）？他们的生活道路及其悲剧结局不正是对地主资产阶级的罪恶和违反人性的旧私有制度的有力控诉吗？我们并不打算把现实主义文学中的人道主义打扮得十全十美，但应该指出，渗透在真正优秀的现实主义作品中的形象逻辑，从总体上所留给读者的主要印象，并不是作家的某些仁爱万能的苍白无力的说教，而是对阶级压迫和旧私有制条件下的种种社会邪恶的愤慨，它充溢着一种"诗意的裁判"内容。现实主义文学的力量也正在这里。例如，雨果晚年虽然在《九三年》中宣扬"在绝对正确的革命之上还有一个绝对正确的人道主义"的似是而非但又似非而是的言论，其作品中的形象体系充分表明，作家是以发自内心的激情充分肯定与歌颂了法国大革命，也表达了"要告别革命"的思想，郭文和西穆尔登最后被判处死刑和饮弹自尽有力地证明了这一点。雨果如此，罗曼·罗兰如此，海涅、车尔尼雪夫斯基对民主革命的态度更是众所周知的了，甚至屠格涅夫和杰克·伦敦在《父与子》和《铁蹄》中也在某种程度上真实地塑造了革命者的形象。至于狄更斯在《双城记》中暴露资产阶级革命中的某些阴暗面，恐怕也并非是完全蓄意的歪曲，我们何必把革命斗争想象得那样"完美无缺"呢？托尔斯泰宣传"道德上的自我完善"和"勿以暴力抗恶"，今天在看来也确有一定道理，列宁在批判他的这种可笑的"救世新术"的同时，也仍把他称为"天才的艺术家"，甚至把他的作品当作"俄国革命的镜子"，这同马克思赞扬巴尔扎克"对现实关系有深刻理解"一样，可以看做是现实主义作家所能得到的最高荣誉了。更值得注意的是，不论列宁或马克思、恩格斯，在评论托尔斯泰、巴尔扎克和以狄更斯为代表的"英国光辉的一派"现实主义作家时，我们都不曾见过他们对这些艺术作品中的人道主义作过不分青红皂白的指责。对欧洲文学中的人道主义进行过毁灭性批判的事情，大约只在中国发生过，这就是 20 世纪 50 年代末到 70 年代，而采取这种做法的主要"理由"就是认为欧洲文学中的人道主义"毒害"了中国青年，使他们同现实的"阶级斗争"需要和"集体主义"相对立，因而认为，人道主义与马克思主义水火难容，应该绝对排斥。这样，马克思主义就成为与人类思想的伟大传统没有任何联系的东西，剩下的就是一种与传统文化的单纯对立。这种观点的狭隘宗派主义性质，本身就是违反马克思主义的，它在理论上的荒谬和在实践上所造成的"史无前例"的恶果，至今仍是值得我们认真思考和深刻反省的。

回顾整个欧洲文学，从古希腊的人本主义（"人是万物的尺度"）开始到文艺复兴的人文主义，直到 19 世纪文学中的人道主义理想，都贯穿着一个最基本的内容——对人的自由的肯定和对使人异化为非人（自由的丧失）的批判，这种对人的自由的追求和对戕害人性的社会条件的批判，如前所述，在 19 世纪现实主义文学中达到了空前自觉和强烈的程度，如果说，整个马克思主义的理论内容都有其思想来源，那么，马克思的共产主义的人道主义的伦理观同样不是从空地上建立起来的；就文艺和美学中的道德价值而言，也是对全人类在千百年来的艺术实践经验和人道主义理想的批判继承，并且属于马克思主义理论的一个不可分割的部分。按照马克思的伟大理想，共产主义社会中的人将不再受旧私有制条件下分工的限制，这时，必要劳动时间已缩减到最低限度，因此，每一个人不但是劳动者，同时又都是艺术家，而劳动本身已不再仅是一种谋生手段而是带有了审美享受的性质。但是，人类在走向这个"自由王国"的伟大目标过程中，又是不可避免地要付出极为沉重的代价的。19 世纪现实主义文学正好真实地、深刻地记录了人类在作为"史前时期"最后阶段的"必然王国"中为争取幸福自由所作出的巨大牺牲和热烈追求。如果现实主义艺术家心中没有一种崇高的道德理想，那就根本不能设想他们在这苦难的现实面前欣然命笔，假如他们从根本上就没有人道主义精神，就很难设想他们的作品居然能在两个半世纪以上的时间内，以其经久不衰的魅力吸引和激动着不同国家和民族无数的读者。在这个问题上，我们同意卢卡契的论断："在伟大的艺术中，真正的现实主义和人道主义是不可分地结合在一起的。"而所谓人道主义，就其实质和核心来说，就是对人特别是对作为个体的人的价值的肯定，对人的全面发展和对人性完美的追求。因此，当我们在注意到近代欧洲人道主义的局限性的同时，更重要的是必须对它的积极意义给予足够肯定，中国现当代文学应该心悦诚服地、老老实实地向"以人为本"的西方文学学习再学习，否则，我们不仅不能给 19 世纪现实主义文学以公正的评价，而且还可能使我们在建设包括社会主义人道主义在内的精神文明的过程中失去一份可资借鉴的宝贵思想资料。

五　美学特色

19 世纪现实主义作为欧美文学发展史上一个突出的高峰，在艺术和审美上的贡献也是多方面的。现实主义文学突破了古希腊和文艺复兴时期的传统，又在更高的水平上综合了它们的长处，它吸取了古代艺术的诗情画意，学习了古典主义的严谨，又继承了启蒙文学中的理性精神和巨大的政治热情，并且直接从浪漫主义乃至象征主义文学中借鉴了表现感情和人类深层心理的技巧，却又扬弃了它们的神秘、晦涩和过分片面强调主观的局限，使文学真正成为一面反映社会人生的"镜子"，一面表现人生苦难而又反抗这种苦难、争取人的自由和全面发展的"镜子"，从而把文学中

的悲剧与崇高发展到了一个新的阶段，它通过对普通的、日常生活的具体
描写，在凄凉、残酷和悲壮中包含了优美和喜剧的讽刺与幽默。现实主义
文学极大地扩展了文学描写的题材，它反映的生活和表现的领域无所不
及，而长篇小说无所不包的容量又使它能够用描写、叙述、议论、讽刺、
抒情、象征和心理分析等多种手法把生活万象冶于一炉，画意、诗情和哲
理相互渗透，从而在作品中表现了丰富的人生经验和多层次的复合感情，
具有很强的艺术感染力。与此同时，短篇小说在艺术上也达到了炉火纯青
的境界，在这方面，莫泊桑、契诃夫和欧·亨利就是最卓越的代表。他们
常常截取生活中的一个横断面，小中见大，在艺术中独辟蹊径，别开生
面，使读者耳目一新。而契诃夫、萧伯纳特别是易卜生的戏剧则更以其独
特的艺术风格和思想深度为现代话剧奠定了坚实的基础。无可否认，同古
代的或浪漫主义文艺相比较，现实主义文学的社会历史内容和认识价值
（真）相对说来是较为深刻、突出的，但我们在肯定这一点时，要始终记
住它的"认识价值"是一种审美中的"真"。尽管这种美主要不表现为
"古典的和谐"，而是以悲剧为基调。

现实主义文学在艺术风格上，表现得极为丰富多彩，且不说巴尔扎
克、托尔斯泰那种丰富得像大海和历史画廊一般的经典式现实主义，也不
说陀思妥耶夫斯基和亨利·詹姆斯那样的"心理现实主义"，更不用说左
拉、诺里斯等人那种带有自然主义色彩的现实主义，单以"抒情现实主
义"来说，它们在内容、形式与风格上的多样化，也是令人目不暇接的。
例如，早期美国文学往往带有幽默色彩和浓郁的乡土气息，却不免过于乐
观和肤浅，东南欧文学则在对异族蹂躏下的故土表现出炽热的眷恋之情和
理想主义的光辉，德国的施托姆和瑞士的德语作家凯勒，在地方色彩中更
显出"诗意现实主义"风格。而屠格涅夫、契诃夫乃至哈代则在诗情画意
中融合了更多的哲理。在契诃夫的著名中篇小说《草原》中甚至没有刻画
人物，而主要是通过塑造一个富饶而又忧郁的大草原抒发对那个时代低气
压的感受。显然，带有诗意和抒情风格的现实主义，并不意味着对现实的
美化，何况，19 世纪根本不是一个富于传统诗意和可以使人"微笑"的
时代。从司汤达、果戈理开始，人们就难以"微笑"了。所谓"诗意现实
主义"，尽管与悲愤的现实主义在风格上趣味迥异，但说到底，它仍是一

种从苦难现实中升华出来的淡淡的哀愁、含泪的苦笑，一种带有崇高的优美和悲剧情感，而正是这种与时代、与人民共忧患的人道主义精神，构成了 19 世纪现实主义文学的基调和艺术魅力的一个重要基础。

　　19 世纪现实主义在人物塑造、环境描写、心理分析和讽刺（批判）手法方面也是非常多样化的。以人物塑造而言，巴尔扎克不同于托尔斯泰，而狄更斯与他们又有区别。狄更斯笔下的人物性格往往缺乏发展性，但由于作家善于说故事的特长，又能把人物置于复杂多变的情节中来表现他们的命运，揭露资产阶级的罪恶，因而读起来仍引人入胜。巴尔扎克的小说可说是最典型的性格小说，人物性格的形成与环境的关系表现出紧密的内在联系，但在人物塑造上，往往采取突出人物性格中的某一主导特征的手法使人物个性更加典型化。因此《人间喜剧》中的重要角色，几乎无不具有某种突出的性格核心（高老头的父爱，葛朗台的吝啬，于洛的好色，邦斯的贪吃与收藏癖，贝姨的忌妒，克拉斯的发明狂，拉斯蒂涅向上爬的野心……），就这方面而言，他笔下的人物性格似比托尔斯泰的人物形象更为鲜明突出；托尔斯泰笔下的典型人物（不论是娜塔莎、老保尔康斯基、安娜和聂赫留朵夫）却不见得有什么特别单一突出的"性格"核心，然而其人物形象往往显得更加全面而富有立体感，更加接近生活本身。上述作家在塑造人物方面的手法和特点，当然首先是由他们不同的个人气质、个性和审美趣味所决定的，但也跟他们各自的不同国家和社会状态的不同情况直接相关。托尔斯泰所生活的国度，保留了较多的封建宗法性，资本主义的金钱关系还没有像英、法两国那样对人形成空前巨大的压力，因此他笔下既少有狄更斯作品中的古怪人物，也不像巴尔扎克的人物相对较为单一和扁平。法国现实主义文学中所描写的具体环境是更加城市化了。以历史学家自命的巴尔扎克描写起环境来不厌其烦、精确细致，这是他的特点，但未必值得人人师法，至于他笔下的自然风景，则多少有点像记流水账了。而托尔斯泰尤其是屠格涅夫作品中的自然风景对人的心灵却有着微妙的作用，风景描写是与情节发展和人物刻画有机结合的；至于他们对自然风景本身所作的准确优美的描绘，更几乎无人可以与之争胜。当然，现实主义的水平高低，主要表现在真实地再现现实关系中的具体人性的深度，法国和俄国作家们同革命传统与解放运动的深刻联系，使这两个国家的现实主义文学明显高于同期的英美文学，而英美和其他欧洲国家的文学也自有俄法文学所不能取代的特色和长处。再从心理描写方面来看，巴尔扎克笔下人物的内心活动往往直接化为对话、议论和作者本人的评说；托尔斯泰则在人与环境的交感中揭示了人的内心感受的极大丰富性与复杂性，并且善于表现人物如何从一种内心活动过渡到另一种心灵状态，真实地表现了人的心灵活动的辩证法。司汤达作为心理描写的巨匠，则在人与环境的冲突中以心理独白式的手法反映出环境的状态、气氛与特点，并从而把人物灵魂深处的东西揭示得达到惊人的深度。被西方评论家誉为在表现现实主义的客观性方面具有代表性的福楼拜，对人物的内心活动往往以不动声色的冷静剖析见长；陀思妥耶夫斯基的心理分析则更深入到了人们的潜意识或无意识的领域，同时擅长挖掘病态社会中的病态心理，以至被西方某些人视为"现代派"和心理现实主义的开创者；但有些评论者似乎忘掉了这位天才作家的心理描写同时也是与对现实关系的真实揭露紧密联系在一起的，和"现代派"中某些纯抽象的心理分析仍有区别（当然"现代派"中也并非完全没有现实主义）。与陀思妥耶夫斯基相反，亨利·詹姆斯这个被康拉德称为"描写优美良知的史学家"，则对人们的道德心理特别感兴趣，尽管詹姆斯作品的现实主义深度和批判的强度远不及前期现实主义大师，对社会政治环境的描写不够重视，但作家从一个特定的"角度"对人的道德精神面貌所作的新颖而细致入微的描述，也对开拓现实主义的表现手法作出了无可置疑的新贡献。在讽刺手法上，马克·吐温往往在极大的夸张中寓讽刺于幽默之中，狄更斯的讽刺与幽默虽然也用夸张，但往往采取一种带有强烈感情色彩的语言和情调表达方式，托尔斯泰（尤其在《复活》中）则通过事实对比而自然形成一种极深刻的讽刺与嘲弄，在这位严肃的思想家的文学作品中，幽默似无立足之地。从艺术的民族风格上看，各国文学的特色更是显而易见的，例如法国现实主义文学往前看与浪漫主义联系较多，往后看则颇受自然主义影响，但仍不失其思想的深刻与艺术的魅力。俄国与东南欧文学则富于战斗色彩和理想的光辉；至于英国文学，从狄更斯以来就较多地触及劳资矛盾和"小人物"的命运，并且一般带有较浓郁的感伤色彩。在同一国家的不同作家中，他们作品的个人风格，也是"各师成心，其异若面"的。以上仅从性格刻画、环境描写、心理分析、讽刺手法和艺术风格几个方面极粗略地提出问题。这里只想再补充说明一点：如果说作为创作方法的现实主义，从古希腊以来，就是一个不断发展和完善的过程，并且又表现出百花齐放的不同风格，那么，现实主义是不可能只有一个模式的，并且也不是到了19世纪中后期就停滞不前了。通过上面的简要叙述，我们可以看出，在巴尔扎克以后和托尔斯泰、陀思妥耶夫斯基以外，现实主义的具体表现形态是十分丰富多彩的，到了19世纪中后期和20世纪初，现实主义仍在继续发展，并且从其他流派中吸取了新的养料，诸如荒诞手法的引进与发展，象征手法的更多运用，心理分析的强化与深入、时空交错的处理，情节淡化的追求，以及对个体在面临工业文明时的存在意义，对人的精神世界特别是道德面貌所表现出来的更大关注，等等（这些新因素到20世纪时就发展为多种新的、独立的创作方法，如象征主义、意识流、荒诞派等等。但传统现实主义仍灯火常明）。这一切，与其说使现实主义走向了衰落，毋宁说（至少在某些方面）使现实主义的艺术表现力有所扩展和增强：从较重外在描写而开始"向内转"，并在众多的新主义中仍占有不容忽视的一席之地。如果我们同意这一看法，那么我们将会从现实主义文学中汲取到更多有益的东西，并且使我们在今后"面向世界"时，目光也相应变得更开阔一些，更宽容一些，从而也可以使我们从西方文化中"拿来"的东西更多一些，这对于提高我国文学的水准，对于丰富和发展我们的文艺创作无疑将会起到有益的作用。

下　编

论《浮士德》

——对自由的无穷追求

  歌德的名著《浮士德》，是与荷马史诗、但丁的《神曲》和莎士比亚诗剧并称的世界"四大名著"，近年来已有一些研究论文对它进行了探讨，但由于种种原因，有的文章对《浮士德》一书中的一些重要问题论述不详，在有的问题的分析判断上更存在不少分歧。因此，本文打算对《浮士德》的思想和艺术作一个评述，并不揣浅陋来谈点个人看法，以就教于广大读者和专家。

一

  《浮士德》是启蒙文学中最伟大的一部作品，也是一部不容易完全读懂的书。就其主题思想来说，如果要对它作一个极其简单的概括，可以说它就是一个对真理永恒追求的故事，也是一曲探索人的精神无限自由的悲歌，一部时代的精神发展史。整部史诗充满了辩证法的精神，主人公浮士德的性格及其所体现的时代精神是在深刻的、连续不断的矛盾斗争中发展的。在这方面的认识，大家可能是比较一致的。但是，在具体的分析中，对许多问题的看法却颇不相同，这首先表现在对浮士德这一形象的分析上。例如，有一种看法认为，浮士德似乎仅仅表现为"肯定"的力量和"善"的代表。这种看法对不对呢？我们感到这种颇为传统的看法不错，但也有一定片面性。显然，就浮士德的主导方面而言，无疑代表着一种积极进取的精神；然而，作为上升时期资产阶级先进分子象征性形象的浮士德，他同时也具有"否定"和"恶"的一面，总之，浮士德是一个充满矛盾的人物。关于这一点，歌德通过浮士德的自述就曾清楚地加以揭示：

> 有两种精神居住在我的心胸，
> 一个要想同别个分离！
> 一个沉溺在迷离的爱欲之中，
> 执拗地固执著这个尘世；
> 别一个猛烈地要离去凡尘，
> 向那崇高的灵的境界飞驰。①

这就是西方评论家爱说的所谓"灵"与"肉"的矛盾，灵指精神，肉指物质生活、爱情生活及感官享受，实际上无非是人性的二重性。人总是要有一点精神，才能有所成就，节欲才能勇猛精进；如果贪图享乐，那就谈不上做成什么事业了，浮士德性格中有"沉溺在迷离的爱欲"的一面，说明他并非纯"善"，而是也有"恶"的因素，他追求真理的过程，就是不断克服个人弱点的过程，最后在为千百万人谋福利的创造性劳动中找到了生活的意义，也就是达到了一种崇高的精神境界即"灵的境界"。这种灵的境界当然不是基督教的禁欲主义。歌德是肯定生活、肯定尘世的物质生活和爱情生活的，问题是把为多数人谋福利的创造性劳动摆在首位并作为生活的主要内容呢，还是把个人享受摆在首位？人生的意义究竟是创造性劳动呢？还是个人的生活享乐？哪个才是真理？如果把个人生活享受作为生活目的，那么人类就会堕落；只有把为多数人谋福利的创造性劳动作为人生的目的，生活才有意义，人类才能不断进步——在这种前提下，个人的物质生活和爱情生活也就是正当的、必需的。所以歌德最后所找到的真理就是："要每天每日去开拓生活与自由，然后才能作自由与生活的享受！"②

---

① [德]歌德：《浮士德》，郭沫若译，新文艺出版社 1953 年版，第 54—55 页，后面不再一一注明。该书至今有五种以上译本，除早年王独清的译本外，近年又有董问焦、钱春绮、绿原和高士杰、卢宁等四个译本。本人自青少年时代即读郭译本，故至今引文仍一律依郭译。

② 郭译本《浮士德》，第 341 页。

其次，浮士德的上述内在矛盾在颇大程度上又是通过与靡非斯特的矛盾表现出来的。靡非斯特主要代表否定的力量，同时也包含着肯定的因素，这也可以看做浮士德性格中相反的一面的形象化表现（外化）。因此，浮士德和靡非斯特是相比较而存在、相斗争而发展的。但靡非斯特不仅有引诱浮士德作"恶"的一面，也有补充他性格中不足乃至纠正其软弱一面的作用，关于这一点，后面再详谈。

最后，浮士德和靡非斯特又构成一个矛盾统一体，并与围绕他们活动的环境相联结而展开了一连串复杂的矛盾和斗争。总而言之，浮士德不是纯"善"和所谓绝对"肯定"的力量，他本身充满矛盾，并且处于上述一切矛盾的中心。他好像一面聚光镜，几乎集中了他的时代和阶级的一切矛盾现象。歌德通过浮士德在复杂尖锐的矛盾斗争中排除万难勇往直前地追求真理的艰苦历程，概括地和象征性地表现了新兴资产阶级从封建的中世纪到资本主义社会的历史进程。

但是《浮士德》并不是一本哲学讲义，而是一部辉煌的文学作品。上述矛盾和斗争是通过生动具体的艺术形象展开的，这就是浮士德探索人生意义的五个历程：学者悲剧、爱情悲剧、政治悲剧、美的悲剧和事业悲剧。

首先我们来分析一下浮士德的学者悲剧和精神上的复活。在这里，我们首先看到的是浮士德的怀疑精神和否定精神。这位老博士是个有理想的人，他想探索人生的意义；但是中世纪的思想束缚了他，因此，他虽然研究了世界上的一切学问，可是"毫不见聪明半点"。他虽然有"敢于入世的胆量"，准备"和风暴搏斗"，但脱离现实的狭隘闭塞的中世纪书斋使他不了解生活；而他唯一的弟子瓦格纳更是一个冬烘学究，除了翻羊皮古书以外什么也不关心，是一个毫无思想的人。"……他永远固执着世界的衣裳，贪婪的两手向着宝藏深挖，挖着一条蚯蚓也快活无量。"这个迂腐不堪的书呆子甚至认为医生医死了人无关紧要，只要开药方时是本着良心就对得起人了。具有怀疑和批判精神并渴望了解生活真理的浮士德，在这样的环境中深感苦闷和孤独，空虚和绝望的情绪使他的精神濒于崩溃；眼前一片黑暗，既没有希望，也看不到出路，哪里还有生活的信心？于是他只想以自杀来了却这碌碌无为的一生——歌德通过学者悲剧概括地揭示了文艺复兴时期先进的人文主义知识分子精神上的巨大苦闷和不满，严厉地批判了与现实生活隔绝的中世纪的经院哲学和封建意识形态。

浮士德在听到"复活节"的钟声后放弃了死的念头。钟声唤醒了浮士德对少年时代充满乐趣的生活的回忆（几十年的困守书斋已使他忘掉了生活，只换来了孤独与苦闷）：生活是美好的，生命是值得留恋的。歌德是很讨厌宗教的，这里基督的复活不过是一种象征，即人文主义者对人生对生活的肯定精神。浮士德正是在这种新兴资产阶级的先进思想的启示之下，由否定而进入肯定，开始了精神上的"复活"。浮士德的复活象征地表现了一个新时代的到来。

浮士德的复活又是在春回大地和充满了欢乐的群众生活中实现的。这位几十年皓首穷经、不窥庭园的老博士来到了春光明媚、生趣盎然的大自然之中，来到了生气勃勃、充满人间欢乐的现实生活之中，受到了欢迎，受到了鼓舞，得到了新的启示。他抛弃了悲观思想，对生活产生了信心，甚至想要"立地飞升"，把人间的春色阅尽！浮士德带着这种新感受和新精神回到书房，立刻把《圣经》上的"泰初有道"改译成"泰初有为"——这种对实践精神的肯定又是以对基督教唯心主义的否定为前提的，它表现了浮士德决心到生活与实践中去寻求他在书本上所找不到的真理，于是他和恶魔靡非斯特约定出游世界。

在浮士德出游之前，靡非斯特曾扮成浮士德的模样和一个大学生作了一场谈话，这场谈话具有重要意义，歌德借恶魔之口进一步表达了对中世纪学术思想的否定和批判。靡非斯特否定一切知识和人的理性，看不起人类，他力图把人变成野兽，但当他否定中世纪的知识和所谓"理性"时，他的这种否定就变成了一种健康的积极的批评。在他的否定中道出了真理。他否定封建法律，揭露刚建立的英法资产阶级的"理性王国"，践踏"天赋人权"。靡非斯特在否定中世纪的知识的时候说出了下面这句著名的话："诚实的朋友，理论是灰色的，只有生活之树是常青的。"

这两句诗在某种程度上可以看做《浮士德》这部史诗的基调。"知识之树并不是生命之树"（拜伦语）——生活之树上的知识之果却是永远也摘不完的！浮士德自信在追求真理的过程中永远也不会停顿和满足，否则他宁愿让恶魔将他的灵魂抓走。他砸碎了中世纪的枷锁，决心"以净朗的精神，重把新生开始"，到生活与实践中去谱写一曲"新歌"！

　　歌德通过浮士德进入"魔女之厨"的场面对宗教唯心主义进行了深刻的揭露和批判（"由三而一，由一而三，真理全无，只是广布迷阵"，这是对教会的"三位一体"说的批判）。同时又让浮士德在魔女之厨喝了一碗魔汤恢复了青春。这象征着浮士德彻底脱离了中世纪的外壳，从精神到肉体都成为一个人文主义者和启蒙主义者，从而使他在后来进行追求玛甘泪和海伦的活动。

　　爱情悲剧是浮士德探求真理的第二阶段。恢复青春后的浮士德追求玛甘泪。有的文章认为，在这里，浮士德追求真理的这个理性的主题同情欲发生了矛盾。其实这只说对了一半。实际上，追求真理的浮士德与玛甘泪发生爱情是必然的、正当的，理性与情欲在这里是一致的。爱情问题是从文艺复兴到启蒙时期都与反封建的主题联系在一起的，是个性解放的历史要求。在这个意义上说，爱情生活本身也就是理性的要求。因此，理性与爱情从根本上说，并不存在不可调和的冲突。作为人道主义者的启蒙思想家的歌德是肯定爱情的，因而对浮士德与玛甘泪的爱情也是肯定的。但像浮士德这样探求伟大真理和人生意义的人，不可能在爱情生活中得到满足，如果从这一点来看，可以说浮士德精神中的"爱欲"与他追求真理的伟大目标确实发生了矛盾，它既使浮士德暂时忘掉了对伟大事业的追求，又造成了玛甘泪的悲剧。但是，究竟是什么原因造成了人性中的理智与情欲这两个本应该统一和谐的东西形成了悲剧性的分裂和冲突呢？这正是问题的关键所在。也正是在这个问题上，歌德深刻地揭示了浮士德与玛甘泪爱情悲剧的社会内容：被封建宗法气氛所限制和毒害的玛甘泪，缺乏叛逆和进取的精神，不可能成为浮士德追求伟大真理的生活伴侣，甚至连她的爱情本身也不可能见容于当时的社会。只要看一看瓦普几司之夜那种光怪陆离、乌烟瘴气的情景，就不难想象 18 世纪的封建德国是一个多么颠倒混乱的时代。当时的封建统治阶级的生活就是这样荒唐的。在这样的环境中，哪里还可能有爱情的位置？正是这样的社会，使浮士德的理性不可能与情欲（爱情）结合；也使玛甘泪的爱情（情欲）不能上升到理性的高度，这就是歌德在这场爱情悲剧中所表达的深刻的思想！但浮士德并没有被瓦普几司之夜迷失本性，他记起了玛甘泪，她的母亲死了，哥哥被杀了，又溺死了婴儿，她现在怎样呢？她受到了舆论的谴责，被关进了监牢，精神失常了。受到良心责备的浮士德命令靡非斯特召来两匹魔马赶到监狱，他要求玛甘泪与他一起逃到自由的地方去，但是迟了，她的精神已崩溃，再也没有力量挣扎了。这位美丽、纯洁的少女连同她的坚贞的爱情一起成为封建宗法制度的牺牲品。而向她施加压力的不仅有法律、宗教和他哥哥的谴责，还有习惯势力、邻居们和女朋友们的流言飞语，这种封建专制主义以及旧的习惯势力，正是造成玛甘泪与浮士德的爱情悲剧并且使理性与情欲不可能实现统一的真正根源。

浮士德从个人的爱情悲剧中清醒过来并振作起来，想要做一番有为的事业。但是他走错了道路，跑去为一个没落的封建王朝服务，这就是政治悲剧，是浮士德探求真理的第三阶段。浮士德为之服务的这个封建王朝，是当时封建德国的写照，其现实状况"有如噩梦一场，到处都堆积着奇形和怪象，非法的行为戴上合法的伪装，一个邪恶的世界居然正正堂堂"。这里"夺人妻子，夺人牛羊"，"作奸犯科的人受到宽容放纵，良民反而有罪"，法官们"枉法贪赃"，"士兵们抢劫、骚扰"，"财源已经闭塞"，宫廷内连葡萄酒都已喝光！"像这样，世界只好分崩离析，闹到是非颠倒，公道沦亡"，"激愤的群众愈来愈加激昂，揭竿啸聚有如狂涛恶浪"！但在这样的情况下，封建统治者的荒淫腐化仍有增无减，皇帝甚至下令举行盛大化装舞会（歌德通过这个场面讽刺了形形色色的人生世相）。化装成牧羊神潘恩的皇帝靠着浮士德和靡非斯特的帮助，居然发行了大量钞票解救了财政危机。歌德通过这个情节对法国大革命后所建立起来的"理性王国"实为金钱王国进行了深刻的揭露和讽刺，在这种国度里，有钱能使鬼推磨，连牧师也"虔诚地把它（钞票）夹在经卷里"，基督教的《圣经》成为牧师的一种特殊的钱袋，这是歌德对教会的辛辣讽刺。

浮士德在探求人生真理的过程中，为什么会跑去为一个没落的封建王朝服务呢？这正是当时德国资产阶级软弱性的表现。在浮士德为封建王朝服务这个情节中，概括了歌德自己替魏玛公国这个封建小朝廷服务10年的生活体验。德国资产阶级的软弱性和劣根性决定了歌德和他笔下的浮士德在当时不可能有其他出路，他们没有革命的勇气，只能在与封建势力的妥协中实现点滴的改良。正像歌德对魏玛公国的政治生活深感失望一样，浮士德在为这个没落的封建王朝服务中也找不到生活的意义。于是他转而寻找美，也许，真理就在美中吧。

　　浮士德追求古希腊美人海伦是他探索真理的第四阶段，结果仍然是一场悲剧。海伦是美和古典艺术的象征，浮士德这时认为真理和人生的意义就是对美和艺术的追求。自14世纪文艺复兴以来的资产阶级人文主义者到17世纪的古典主义者，都是古希腊艺术的崇拜者，直到18世纪，德国资产阶级启蒙思想家仍热衷于希腊古典艺术美的再现，以歌德和席勒为代表的德国古典派之所以称为古典派，就因为他们崇拜古希腊艺术，并把经他们理想化了的希腊艺术中的人本主义作为艺术实践的目标；他们企图用艺术美以及体现在这种美中的理性和人道主义对人民群众实行启蒙教育，从而达到改造社会的目的。

　　那么靠什么东西去发现和追求希腊古典的艺术美呢？我们认为，靠的就是文艺复兴时期和启蒙时期的理性和科学。这在诗里就具体表现为浮士德和他的学生瓦格纳所制造的"人造人"何蒙古鲁士。随着时代的进步，瓦格纳也从一个书呆子转变为一个科学家，他思想解放，甚至对于人的生命这种历来被视为"造化的至圣至神"的东西也"敢于用理智来问津"，而何蒙古鲁士正是理性和科学的结晶。浮士德正是在发光的"人造人"亦即理性和科学之光的照耀下神游了几千年前的古代希腊神话世界，并发现和找到了作为美的象征的海伦。

　　歌德在描绘浮士德追求海伦亦即追求真理的过程中，通过象征手法概括了文艺复兴以来进步人类克服中世纪的黑暗和重重阻力，不怕牺牲，排除万难追求真理的大无畏精神。在这个过程中，海妖赛伦们正以迷人的歌声引诱征途中的人们迷失本性，忘却斗争；象征保守力量的司芬克斯对浮士德发出恐吓，还有怪鸟、大蚂蚁和种种黑暗势力的代表。然而浮士德坚定不移，一往无前，终于追求到了古希腊美人海伦并同她结婚生子。浮士德和海伦的结合象征着浪漫主义和古典现实主义的结合，他们的儿子欧福良也正是这二者的结晶。但欧福良很快夭折，海伦也因悲伤而像幻影一样地消逝了。在这个情节中，表现了歌德思想上的矛盾，他一方面赞扬浮士德对古典美的追求（实际上反映了他自己对古典艺术的一贯崇拜的态度），但又不能不指出古典艺术理想已不再可能适应新的时代环境了，想依靠浪漫主义和古典美相结合的艺术教育来实现启蒙理想是不可能的。这就是他让欧福良夭折和海伦消逝的原因。

在欧福良身上，歌德概括了 1824 年在希腊牺牲的英国伟大诗人拜伦的特征，对他进行了深沉的哀悼和热烈的歌颂。而拜伦毁家纾难，为希腊人民的解放事业英勇献身的崇高精神，正是与浮士德那种毫不满足的追求真理的精神一脉相通的。

浮士德追求美也以悲剧告终了。真理究竟在哪里呢？追求真理的浮士德通过艰苦卓绝的探求，经历了无数的斗争与失败、痛苦与欢乐，战胜了种种内在和外在的诱惑与阻力，在不断的否定与肯定的矛盾斗争中向着"崇高的灵的境界飞驰"。这位年届百岁的老人，就像中国神话中追赶太阳的夸父一样，不知疲倦，不舍昼夜地追求下去，他终于在为千百万人谋福利的创造性劳动中找到了真理。

生活的目的是什么？什么才是人生的"真谛"？对浮士德来说，它不是闭塞的书斋和爱情的欢乐，更不是碌碌无为的政治生活，甚至对美和艺术的追求、科学的研究和创造，都不能使他感到满足，因为这一切都不是人生的最高目的。歌德让饱经风霜、孜孜不倦探求了一生的浮士德从神话世界回到大地上，回到实践中，在为千百万人民谋福利的创造性劳动中找到了生活的意义和人生的归宿——这就是浮士德填海造陆，为人类建立"理想国"的活动。

浮士德赖以建立理想国的这块海滩，是他帮助他从前曾为之解决财政危机的那个皇帝镇压了一次革命后得到的赏赐。① 这位皇帝的国家现在搞得更加乌烟瘴气，眼看就要被革命埋葬了。这里"兄弟阋墙……到处都是仇敌……教堂里也在杀人，处处都在打，在关卡的前面商旅受着盘剥……于是乎人民的胆子也就长大，因为要活就要自卫……有为者已经举起了义旗……"在这里，歌德作为一个启蒙主义者，无情地鞭挞了四分五裂的封建鄙陋的德国现实，揭露了尖锐的阶级矛盾。但是他是不赞成革命而主张开明君主制的。他希望通过"仁政"和"理性"来解决社会矛盾，通过创

---

① 另一说认为浮士德是帮助平息了一次内乱。

造性劳动来实现启蒙理想。这就是为什么歌德让浮士德帮助封建王朝镇压革命的原因。在这里，突出地表现了浮士德性格中"恶"的一面。但这"恶"又是推动历史进步的杠杆。

浮士德终于在地上建立起了他的"理想国"，正是在这种创造性劳动中，浮士德找到了理想和生活的意义：它不在天上，不是神秘的玄想，它就在现实生活之中。浮士德总结自己的一生探求经验：人不可能超脱现实，"是愚人才把眼睛仰望着上天，以为有自己的同类高坐云端！人只须坚定，向着周围四看，这世界对于有为者并不默然。他何需向永恒中去飘荡流连！凡是认识到的便要赶快把握，就这样将尘世的光阴消遣"。执著现实而又永不满足，不断前进，这就是浮士德其实也就是歌德的一生探索得到的人生体验。长诗最后用一句话作了概括："要每天每日去开拓生活与自由，然后才能作自由与生活的享受！"这个真理是美的，体现这个真理的"理想国"是美的，因此浮士德感到了满足，喊出："你真美呀，请停留一下！"这样，他就违犯了他和恶魔订立的条约，结束了自己的生命。在这里，歌德表达了深刻的辩证思想：生命在于矛盾，在于运动，一旦矛盾消除，运动停止，生命也就结束了——这就是浮士德追求真理的第五个阶段：事业悲剧。

当靡非斯特正要把浮士德的灵魂劫往百鬼跳梁的地狱时，天使们从天上撒下了燃烧的玫瑰花，烧得他无暇自顾，而浮士德的灵魂被天使引向了天堂，从而完成了向"灵的境界飞驰"——"灵界尊贵之一人，已获救自恶魔手，'凡是自强不息者，到头我辈均能救'"。这是歌德对勇敢地探求真理，为人类建立功勋的伟人的鉴定。

二

靡非斯特是作为与浮士德对立的形象出现的，它主要代表否定精神，是"恶"的化身，他自我解释说："犯罪，毁灭，更简单一个'恶'字，这便是我的本质。"但我们不能同意有的文章简单地把靡非斯特看成一个单纯的反面形象，甚至说他固定代表着现实生活中的某一个阶级，例如封建阶级。应该指出，靡非斯特是用浪漫主义方法创造出来的一个幻想形象，因此，在这个形象中所概括的内容，并不只限于一个阶级。然而这又不是说，他的言论思想行动是没有阶级内容的。就这个形象的塑造来说，他打上了歌德所属的阶级烙印；而在这个形象本身所包含的思想意义中，既有封建的反动的东西，又概括了资产阶级的某些思想特点；他的某些思想还具有客观真理的因素，可以为全人类所吸取。此外，他还是在传说基础上塑造成的一个恶魔的形象，因此就不能不带上幻想的魔鬼的种种特点。总之，由于上面这些理由，我们就不能用简单的方法来分析靡非斯特的形象。

其次，关于靡非斯特的"否定"精神和"恶"的问题，我们认为也需要辩证地加以分析。"恶"这个概念，从哲学上讲，并不能把它看做绝对的坏东西。为什么？首先，对于旧势力来说，一切新的进步的东西都表现为"否定"力量，"每一种新的进步都必然表现为对某一神圣事物的亵渎，表现为对陈旧的、日渐衰亡的、但为习惯所崇奉的秩序的叛逆"，[①] 都被腐朽势力认为是"恶"；其次，从人类创造历史的活动来说，从人的行动来说，也难免有错误和过失，从哲学的意义上讲，这也可以看做"恶"；最后，就从一般意义上的"恶"来说，它也是作为"善"的一个对立面而存在的，坏事在一定条件下可以变为好事，在这个意义上说，"恶"也是"善"发展的条件。这是辩证法。因此，黑格尔并不把"恶"看成绝对的坏事。恩格斯指出："在黑格尔那里，恶是历史发展的动力借以表现出来的形式。"[②] 总之，不论从哪个意义上讲，"恶"都并非绝对的坏事。所以靡非斯特说："我是作恶造善的力之一体"，正是深刻地表现了上面说的那些意思。歌德又借天帝之口指出："人们的精神总是易于驰靡，动辄贪爱着绝对的安静；我因此才造出恶魔，以激发人们的努力为能。"浮士德正是在与靡非斯特的矛盾斗争中发展的。靡非斯特对现存事物持否定态度。他进行否定的理论根据是：

---

① 恩格斯：《费尔巴哈和德国古典哲学的终结》，《马克思恩格斯选集》第 4 卷，人民出版社 1966 年版，第 218 页。

② 同上。

"凡物有成必有毁，所以倒不如始终无成。"这种否定带有虚无主义色彩，但我们需注意他所生活的环境主要是封建的社会形态和阴暗面十分明显的资本主义现实。正因如此，恩格斯曾套用他的上半句话说："凡是现存的，都是应当灭亡的。"[①] 这就在本质上揭示了靡非斯特所否定的东西有很多都是落后的反动的东西。例如他讽刺封建专制主义（唱《跳蚤歌》等），否定教会的神秘论，否定枯燥的理论，揭露资产阶级的殖民政策，等等，这些方面，表现了这个形象的积极面。

再次，靡非斯特也否定人类的理智，看不起人，把人看做"长足的蝗虫"，甚至说理智把人"只弄得比禽兽还要禽兽"——对这种言论也要作具体分析。他这里所说的人的理智不完全是新兴资产阶级的"理性"（何况它也有抽象和虚伪的一面），而是指的中世纪封建专制下的所谓"理智"，特别是指中世纪封建势力的那种宗教神学的知识。因此，他的这种否定实质上是对旧的意识形态的一种否定和蔑视。但另一方面，他也否定浮士德为代表的进步人类的理智，甚至否定一切，流于虚无主义，其原因除了他具有反动的一面外，还因为他并非现实主义艺术的典型性格，而是一个用浪漫主义方法塑造的恶魔形象，因而必然带上恶魔的特点，如果他的言行都像现实主义的典型性格那样具有合乎具体的现实情景的逻辑性，如果他否定的一切都是正确的，那么他就不再是恶魔的形象了。从这后一方面来说，靡非斯特身上还概括了消极力量、落后势力甚至反动阶级的某些特点。

就靡非斯特与浮士德的关系来说，还须指出，他也不只有引诱浮士德走入歧途的否定的一面；同时也有促进和帮助浮士德的一面。他在浮士德的精神中加强了否定因素，推动了浮士德的精神发展和对真理的追求。靡非斯特促使浮士德否定了中世纪的书斋生活，提醒他认识到他所追求的海伦不过是幽灵和幻影……靡非斯特的本意是使浮士德堕落和满足，这可说是一种"恶"的动机；然而歌德向我们表达了这样一个观点：人类要有所进步，就不能只关在书斋，就要活动，但活动就难免错误。一个人动也不

---

① 恩格斯：《费尔巴哈和德国古典哲学的终结》，《马克思恩格斯选集》第4卷，人民出版社1966年版，第198页。

动，什么事都不作，连一只蚂蚁都不敢踩死，这好像很"善"了，其实不然。人类想生活得更好，想要不断进步，就得要活动、斗争，而这种活动与斗争总是与满足某种生活欲望相联系的。从哲学上说，这也可以看做"恶"，但却是进步的必要条件。靡非斯特引诱浮士德作"恶"，但其结果刚好相反。浮士德在和靡非斯特的矛盾关系中，性格得到了丰富和发展，他不再是单纯的肯定精神和"善"的化身，同时加强了他原有的"否定"和"恶"的因素：他对过分的情欲、无聊的政治活动、虚幻美的追求都是由肯定而否定的；但后来他帮助封建皇帝镇压革命，这就是真正的作恶了，而且是我们现在一般理解的作恶。然而主张开明君主制的启蒙主义者歌德却认为他的这种作恶是为了向"善"——这倒是反映了歌德的辩证法的保守性质和唯心主义的局限以及他的资产阶级庸人的一面。但我们也应指出，在另一方面，歌德也看出了历史上的进步事业也不可能是绝对"和平"的，它也会有破坏，也要付出牺牲和代价，"善"与"恶"是不可能绝对分开的。浮士德筑长堤、凿运河、围海造陆，建筑"理想国"的创造性劳动，是用劳动人民的血汗建成的，但这是历史发展的必然，尽管"以人为牺牲不知流血多少"，但为了进步的事业，浮士德主张"要用快乐和威胁、给以金钱、诱惑甚至迫害"来招募工人。这正是资产阶级进步活动家在历史上消极一面的写照。在《浮士德》中用象征手法描写到的一座教堂和住在其中的代表旧时代意识的一对老夫妇，就因不肯搬迁让路，最后被靡非斯特一火焚之，成为历史的牺牲品，而一个临时借宿的旅人也同时做了陪葬！这是残酷的，然而又是无法避免的历史必然和生活偶然，正像我们今天谴责资本主义的原始积累，然而又不能不承认它推动了从封建制到资本主义的历史进步一样。人类历史就是在大风大浪的斗争中发展起来的。马克思在《不列颠在印度的统治》一文中说过下列一段深刻的话："无论古老世界崩溃的情景对我们个人的感情是怎样难受，但是从历史观点来看，我们有权同歌德一起高唱：

> 既然痛苦是快乐的源泉，
> 那又何必因痛苦而伤心？
> 难道不是有无数的生灵，

曾遭到帖木儿的蹂躏?①

　　历史是无情的，也是有情的。"资本来到世间，就是从头到脚，每个毛孔都滴着血和肮脏的东西"，②这段历史"是用血和火的文学载入人类编年史的"，③然而"资产阶级在历史上曾经起过非常革命的作用"。④从历史主义的观点来看，上升时期的新兴资产阶级有"恶"的一面，但总的说来，它对人类的进步作出过贡献。作为上升时期的资产阶级先进人物的一个象征性代表浮士德，他虽然有过错甚至罪孽，但总的说来他起到了进步作用；而帮助浮士德建造"理想国"的靡非斯特，实质上也正是按照浮士德的意志行动的，他所犯下的罪恶也正是资产阶级事业中必然出现的消极面的写照。究竟怎样分析靡非斯特，这也许是歌德留给后世的一个难题，一个司芬克斯之谜：

　　　　你对于善人恶人都是必需，
　　　　对于善人是甲胄，节欲精进；
　　　　对于恶人是伴侣，任意胡行。
　　　　而两者都使宙斯大神高兴!⑤

　　这个谜语的答案其实就是：他"是作恶造善的力之一体"——在他的否定中包含了肯定和发展的精神，他作为"恶"同"善"构成了一对矛盾，从而成为自然和社会发展的根源!
　　歌德像在浮士德身上一样，同样也在靡非斯特身上表现了深刻的辩证观点，同时也在他身上概括了资产阶级乃至封建势力的某些特征，广泛的揭示了社会生活中的某些本质现象。

---

① 《马克思恩格斯选集》第2卷，人民出版社1972年版，第68页。
② 马克思：《资本论》第1卷，人民出版社1972年版，第961页。
③ 同上书，第904页。
④ 马克思、恩格斯：《共产党宣言》第1卷（上），人民出版社1972年版，第253页。
⑤ 见《浮士德》，第126页。

三

　　《浮士德》是西欧资产阶级上升时期历史的艺术总结，它通过浮士德追求真理的过程概括地表现了从文艺复兴时期到 19 世纪初新兴资产阶级的先进知识分子探索人生意义和社会理想的积极进取的精神，辩证法的思想贯穿全书。歌德通过浮士德在矛盾斗争中不断探索，终于达到"精神净朗"、"人性完善"，在造福人群的活动中找到了真理的过程，有力地宣传了新兴资产阶级的启蒙思想，批判了形形色色的唯心主义和鄙陋的德国现实；其主要矛头所指向是德国封建专制制度和作为这种制度的支柱的基督教会；同时歌德还揭露和批判了欧洲（英法）资本主义的金钱势力和他们海盗式的殖民政策。

　　但是，歌德虽然批判封建制度，却并不赞成像英法等国那样以革命方式进行变革，而只想改良它。主人公浮士德也正是一个企图通过自身的道德完善再来从道德上改善社会，建筑人人劳动和安居乐业的理想国的。因此，《浮士德》一书主要抒写了思想斗争，但他的启蒙意义是十分鲜明突出和难能可贵的。

　　浮士德作为一个自我中心主义者，他要求的是自我精神的解放。这正是启蒙思想家所争取的人的自由发展。这种思想不但在当时起进步作用，而且至今仍是我们应该吸取和继承的，但应扬弃其孤军奋战、脱离群众的局限。想在这种思想指导下很快建立理想国，在当时德国是无法实现的。这便是浮士德及其作者的"悲剧"，也可以说是许多启蒙思想家的"悲剧"，① 时代的悲剧。但时间过去两百年以后，包括德国在内的欧美各国却居然把这似乎是空想的东西变成了现实，这其中就有启蒙思想家们的伟大功勋——这是很值得我们深思的！

　　《浮士德》具有高度的艺术性。

　　首先，浪漫主义与现实主义相结合的写作方法和幻想与真实相结合的

---

　　①　除卢梭等极少数人外，启蒙思想家们在政治上多赞成开明君主制或君主立宪制。

风格，是《浮士德》的主要艺术特征，它"酌奇而不失其真，玩华而不坠其实"。① 它用具体描写和象征手法把真实的东西和丰富的幻想紧密结合起来，浓厚的神话色彩与具体的生活真实水乳交融，在生动的艺术形象中表现了深邃的哲理。它一刻也没有忘掉对德国和欧洲的现实生活作艺术概括，又处处超越于具体的生活真实之上，诱导读者从个别的生活形象上升到高深的哲理，指引人们从哲理的高度来透视现实的生活。它用真实的生活和幻想的情景交织出一幅瑰丽的艺术图画，通过对追求人生真理的大智大勇者的描写，谱写出一曲激动人心的理想主义的颂歌！《浮士德》崇高的思想主题使其具有宏伟的艺术结构，汪洋捭阖的情节和几乎包罗万象的生活内容。诗人通过珠玉般的诗句，挥洒自如地揭示了人的精神世界的矛盾发展和现实与幻境的丰富多彩。它再现人生世相，爱情悲剧，不乏人间烟火气息；忽而又风云变幻，光怪陆离，充满奇情异趣；它展览封建德国鄙陋的现实，又处处以宏伟的大自然与它对比。在整部长诗中，诗意的抒情和深邃的哲理交相辉映，悲剧和喜剧的因素杂糅相间，讽刺和夸张交替出现，真善美在与假恶丑的斗争中上升发展。这一切，使《浮士德》就像生活本身一样是"一个永恒的大洋，一个连续的波浪，一个有光辉的生长"！歌德用 60 年的劳动为他的时代织造了一件"生动的衣裳"！

其次，上述特征是与歌德的辩证法思想相适应的。因此，《浮士德》的另一个突出特征是广泛而深刻地运用了矛盾对比的手法。这种手法加强了现实主义和浪漫主义的结合，从而为从多方面表现并深化主人公浮士德的性格提供了最大的可能。在长诗中，天帝与靡非斯特一神一鬼，构成一对矛盾；浮士德自身充满矛盾；而他与靡非斯特一正一反，相辅相成，又对立又统一；浮士德与瓦格纳也构成一对矛盾，一动一静，对照鲜明。此外，浮士德与玛甘泪和海伦的关系，也都各有其对立统一的特殊含义。如果更一般地来看，浮士德与封建王朝，甚至与大自然，也无不是从对立统一中展现出来的。上述诸种矛盾的交错发展，构成了一个色彩斑斓的艺术世界。前面曾经说过，《浮士德》并不是抽象的哲学讲义，而是一部伟大的艺术作品。歌德一贯反对从一般（抽象）到特殊（具体），而坚持从特

---

① 刘勰：《文心雕龙·辨骚》。

殊中来显现一般的创作路线。《浮士德》并不是诗人哲学思想的形象例证（图解），它的深刻的思想是从栩栩如生的典型形象中体现出来的。"矛盾"不是诗人事先的主观虚设，"对比"手法也绝非公式化的套路。总之，《浮士德》的充满辩证法的内容和矛盾对比手法，是现实生活的高度概括的反映，是诗人深刻的洞察力且善于将其化为形象和典型的卓越艺术才华的表现。

最后，宏伟壮丽的大自然作为长诗中人物活动的背景，是《浮士德》的另一艺术特色。海涅曾经指出："歌德是诗中的斯宾诺莎。"作为泛神论者的歌德，把自然和神看成是同一的，自然就是神，神性就是永恒生动的大自然的发展规律，人是自然的一部分。凡是违反自然的就是不健康的。《浮士德》的主题也可以说就是对人与自然（包括社会，即整个现实生活）的关系的探求。中世纪（包括 18 世纪的封建德国）的生活与思想是违反自然的，浮士德在这样的环境中苦闷悲观，只是在现实生活的活动中与大自然的启迪之下才恢复了生机、振奋了精神。例如他经历了爱情悲剧后精神濒于危机时，就是在美丽的自然风光中恢复了精神健康的；而他在政治悲剧后想要从超自然的追求（"幽灵"式的海伦）中寻找生活的意义，结果仍归于失败，希望成了泡影。最后他回到大地（自然），在利用自然、改造自然使其成为"人化自然"的实践活动中理解了人和自然（现实）的关系，找到了人生的意义和生活的真理。

《浮士德》在艺术上也有缺陷。主要表现为某些部分特别是第二部的一些地方过分庞杂和过多使用了脱离现实的象征手法，从而违背了作者自己一贯坚持的从个别到一般的创作原则，这就使长诗及其主人公浮士德的形象在有的地方失之于抽象化概念化，从而犯了他的好友席勒常犯的毛病。

一曲神奇的交响音画

——李贺《箜篌引》中的自由想象

李贺这位以想象奇特著称的诗人在其 27 岁的短暂生命中，为我们留下了为数不少的优秀诗作。现通过对他的《箜篌引》的赏析，以见其艺术风格之一斑：

> 吴丝蜀桐张高秋，空山凝云颓不流，江娥啼竹素女愁，李凭中国弹箜篌。昆山玉碎凤凰叫，芙蓉泣露香兰笑。十二门前融冷光，二十三丝动紫皇。女娲炼石补天处，石破天惊逗秋雨。梦入神山教神妪，老鱼跳波瘦蛟舞。吴质不眠倚桂树，露脚斜飞湿寒兔。

这是唐代诗人李贺听李凭演奏箜篌曲后所写下的感想，是一首表现音乐美的诗。箜篌（又称"坎侯"或"空侯"）是古代的一种弹拨乐器，有竖箜篌、卧箜篌等多种样式。竖箜篌可能是古代埃及和希腊竖琴的前身，东汉时经西域传至中原地区，它一般有 23（一说 22）根弦。李凭弹的就是 23 弦的竖箜篌。所谓"引"，原指古代一种乐曲的形式或体裁，略近于"引子"、"序曲"或"序奏"。李贺的这首诗就采取了乐府诗中"引"的这种体裁，比较自由地抒写了他对音乐的感受。

唐代弹奏箜篌的高手，最著名的就是被称为"李供奉"的宫廷乐师李凭，与李贺同时的一些诗人如杨巨源（曾写《听李凭弹箜篌二首》）、顾况（曾写《李供奉弹箜篌歌》）都曾赞美过他的高超技艺，但只有李贺这首诗写得最为出色，可以说是古典诗歌中以诗喻乐的又一绝唱！

唐诗中有不少描写音乐的杰作，如白居易的《琵琶行》和韩愈的《听颖师弹琴》，就是其中最卓绝的篇章。清人方扶南说："白香山《江上琵琶》，韩退之《颖琴师》，李长吉《李凭箜篌》，皆摹写声音至文。韩足以惊天，李足以泣鬼，白足以移人。"这评价是不错的，唯"摹写"一词有待辨析：用它来评白居易和韩愈的上述两首诗，大体上是可以的，因为他们都是对音乐形象作现实主义的描摹和比拟，例如白居易写琵琶声"大弦嘈嘈如急雨，小弦切切如私语。嘈嘈切切错杂弹，大珠小珠落玉盘；间关莺语花低滑，幽咽泉流冰下难"。再如韩愈把琴声比作"昵昵儿女语，恩怨相尔汝；划然变轩昂，勇士赴敌场……"在表现手法上也与白居易的相类，都是用现实生活中的声音和物象来比拟乐声的。这些诗句的确是描写音乐的千古名句。

但是，用这种手法来表现音乐时，也难免其局限，因为就音乐本身来说，这是一种最富于浪漫主义色彩的艺术，它不是以具体地"摹写"生活为其特长，而是以一定的声音的有规律的运动（节奏、旋律、和声、高低、快慢、强弱）来比拟（而不是"摹写"）人的情感为特征的。因此，用语言（诗或散文）对音乐加以描绘时，对其加以具体的摹写和比拟，是一种通常的办法，然而它毕竟不像浪漫主义那样可以通过更加奇特的想象和幻想式的比拟来抒发更为强烈、微妙而色彩又极为丰富的心情。

而李贺的这首诗主要就是以浪漫主义方法来表现音乐的。历来的注家和评论者，一般都指出了李贺在这首诗中善于活用、暗用神话典故，并着重从音乐效果上表现了一种神奇的想象，这固然不错；但似乎还没有注意到：李贺的这首诗本身就是他自己独创的一篇瑰丽的音乐神话，一幅诱人的写意诗画，一曲色彩斑斓的交响音画！阳刚阴柔的美学范畴，在这里似乎都不足以概括它的特色。这首诗创造了一种神奇美，人们只要一步入这瑰奇的交响音画的境界，就不能不在这从未领略过的神奇美面前发出惊赞！你听，在秋高气爽的时节，国内第一流的箜篌演奏家正在表演他的绝技，从那箜篌弦上流出的乐音，就像令人欣慰的空谷足音，是如此的美妙动人。更奇妙的是，这乐曲的嘹亮音色，仿佛才从长安城中飞向了空山峡谷，又一下子从这山谷中飞上了高高的天空，结果竟使那飞动的秋云也凝而不流，颓然下顾，驻足聆听，这真真是"响遏行云"啊！这里的"响"，主要指音乐的魅力。你听，这奇妙的乐曲忽而又变得低沉、凄婉了，它那如泣如诉的声调，竟使原来舜的两个妃子，即后来成为湘江女神的娥皇、女英也被这悲怆的乐声感动得泣啜不已！或许，这凄楚动人的旋律，本来就是"江娥"在秋夜寒空中的哀怜吧？那静绿的九嶷山，不知又要洒满她们多少深情的泪花？那早已斑斑点点的湘妃竹，因这如泣如诉的音乐，因这不断洒下的斑斑血泪，也将会变得更加绚丽多彩吧？然而，究竟是那哀吟低诉的箜篌引起了江娥的哭声呢，还是这乐曲就像她们的悲泣，就像这两位女神滴落在斑竹上的贞洁晶莹的泪珠？或者竟是李凭在为湘娥的吟哦伴奏……这一切，我们只有展开想象的翅膀，才能和李贺这位以想象奇特著称的诗人一起去遨游这交响音画的神奇境界。面对这美妙神奇的音乐，就连那传说中特别擅长于鼓瑟的"素女"也自叹弗如，连连发出悲愁的叹息。

　　是的，李贺的《箜篌引》一开篇就写出了音乐的神奇美；然而，神奇美却并不是一味的神奇。如果艺术作品的内容与人的生活和人的感情极少联系，那么这种神奇又有谁能理解呢？李贺虽然是一位天马行空的浪漫主义诗人，但他的两脚仍踏在现实的土地上，并且是懂得艺术上虚实显隐的辩证关系的。以这首诗而言，大致可以分为三个结构层次。开头四句是一段，其中虽然交代了事由、时间和地点，但并非纯粹实写，而是有实有虚，并且重点在虚，即通过奇特的幻想写出了乐曲的动天地泣鬼神的惊人景象；接下来四句可以看做这首诗的第二个结构层次（如果以诗的感情节奏来划分，第二个大段应到"石破天惊"句为止），它侧重于实写，但仍是虚实结合。从"昆山玉碎凤凰叫"开始，分别以现实生活中的声音、物象和气氛来比喻那乐曲的美妙，即从听觉上、视觉上、嗅觉上乃至触觉上来描写和比拟那变化多端、丰富多彩而又难以言状的音乐。"玉碎"用以比拟乐声的清脆悦耳；"凤凰叫"则更进一层，于清脆之外更显得清亮、高雅。人们未必都有机会听过玉碎时的音响，更不可能听到凤凰的叫声；然而，人们在大自然中和日常生活中却可能有过类似的经验。这些潜伏在我们大脑深处的听觉表象，由诗句引发而顿时活跃起来，它们似乎就是从李凭所弹奏的箜篌曲中流出的美妙旋律……如果说，这一句主要从声音上来作模拟，即以声喻乐，那么下一句"芙蓉泣露香兰笑"则进一步从物象上和情感上来作比拟。那曲尽其妙的箜篌声，其凄婉动人，有如一朵朵不胜寒风而呜咽悲诉的荷花，那晶莹的露珠，不正是它的声声泪滴吗？忽而，乐曲中又仿佛响起了一阵阵欢愉的笑声，这大概是秋之骄子——那高雅不凡的幽兰吧？你看，它笑得那么欣悦，那么美好，笑得张开了蓓蕾，笑得清香四溢！连花花草草都这样多情，有如嫣然含笑的少女。在这里，香草美人既合而为一，又恍惚交错，有如电影中一个个迭印的画面，又像由万花筒中幻化出的一幅幅奇异景象，一个接着一个地从那乐曲声中接连不断地涌现出来，为这首交响音画增添了如此美丽的色调，把本来只能提供微弱视觉形象的音乐变得这般绚丽多姿！并且，诗人在这里不仅把听觉形象变成了视觉形象，同时又在这听觉和视觉形象中给我们以嗅觉和温度的感触；在那神奇的音乐声中，不仅有一缕幽香溢出，更使气温也纲缊上升，以致清秋寒夜中长安城（城中有十二个城门）的"冷光"也为之消融！"十二门前融冷光"，这句诗很好地概括了乐曲在这时所造成的热烈气氛，使我们觉得周围真仿佛洋溢着一股春天般的暖意！作者在通过语言来再现音乐的奇妙效果时很注意艺术"通感"的运用，使音响、色彩、芬芳与优美的情态融为一体，从而使人们从听觉而及于视觉、嗅觉以至于触觉和动感……并且使多种感觉互相交融，这样就造成了一幅五音缭绕、色彩斑斓、情态生动的交响音画，给人一种"百感交集"的特殊审美效果！

　　常言道，千金易得，知音难觅。刘勰就曾感慨地说过："得其知音，千载其一乎？"但音乐家李凭总算遇到了李贺这样的"知音"，诗人不但有一双能欣赏音乐的耳朵，更有一支把音乐美转化为诗美的神笔，这的确是李凭的幸运。然而，在当时真正能够欣赏李凭绝技的人，恐怕也只有李贺这样的人吧？深受压抑的心情和对理想的执著追求，这可能正是形成李贺这位浪漫主义诗人奇峭风格的一个重要原因。

　　诗的最后六句是全诗的第三个结构段。诗人在前面四句较现实的描写之后，忽然又随着那美妙的乐曲，让自己的想象飞向了更加神奇的境界，那奇妙的音乐这时竟穿过天空中的凝聚的乌云，直上九霄，致使女娲娘娘当年采用五色石补过的那块天壁也为之震撼破裂，终于"石破天惊"，秋雨大作了！这音乐的伟力是何等的强大啊，把音乐的感染力渲染得这样神奇，达到了"异想天开"的地步，真可称得上"笔补造化天无功"了！在这样奇特的想象面前，我们能不发出由衷的惊赞吗？诗写到这里，似乎已经登峰造极，难以为继了，谁知诗人的笔锋陡然一转，又把我们从九天之上引入深山大泽之中，"梦入神山教神妪"——使我们仿佛看到了李凭正在云雾缥缈的海上仙境中向神仙传授他的绝技。那位传说中最善于弹箜篌的年老的女神成夫人也为李凭的绝技所倾倒，竟情不自禁地合着乐曲的节拍跳起舞来，甚至连江河海湖中的鱼龙听了这美妙的音乐也乐不可支，以致那些"老鱼瘦蛟"都不顾自己的年迈体弱，也随着这优美的乐曲在水中翩翩起舞了，这是何等奇特的景象啊！或许，这本来就是从李凭那支单纯的弦乐器中幻化出来的一幅水光波影、龙腾鱼跃的图画吧？或许，这一切也并非纯粹的神话和幻想，现代科学不是已经证实了吗？优美和谐的轻音乐不但有益人的身心，而且真的可以使母鸡多下蛋，西红柿多结果，连那俏皮的海豚，有时也会在音乐声中不停地跳跃嬉戏……然而，正当我们神往于这美丽的遐想，这音乐与人和大自然关系的无穷奥妙，想要在这里流连一下之时，诗人突然又把我们引向了一个更加想象不到的世界。这神妙无穷、无远弗届的音乐，忽然又从深山大泽中一跃而起，直上蓝天，带着我们一起飞向了那皎洁如琼楼玉宇般的月宫神殿，让我们看到了在月中伐桂的吴刚（即"吴质"），居然也被这奇异的音乐弄得如醉如痴了！在"吴质不眠倚桂树"这个罕见的奇句中，诗人那非凡的想象真是越飞越高，越高越险，越险越奇！你看，这神奇的音乐竟使吴刚索性扔下手中的斧头，靠在那棵巨大的桂树上出神地欣赏起来了，这时夜色已经深沉，寒雾从月空降下，那萧瑟的金风又把这寒雾斜吹进树荫之中，淋湿了吴刚的衣襟，整个月宫披上了一层轻纱似的薄雾……然而，这位神仙中的苦役犯在这时早已忘掉了周围世界的一切，忘掉了疲劳，忘掉了睡眠，也忘掉了天界对他的不公正的待遇，完全沉浸到李凭那美妙神奇的乐曲声中去了……

　　这首诗在表现手法上有两个特点。一是活用典故而又自铸伟辞。李贺在这首诗中用典时不仅十分灵活，而且更把它们几乎不见痕迹地熔铸在自己独造的奇峭词句和形象之中。本来，我国古代有很多关于音乐的神话传说，诸如秦青的"抚节悲歌，声振林木，响遏行云"，或师旷鼓琴"大雨随之"，等等，但这些神话传说都显得比较原始而简略，主要是从效果上来夸张音乐的神奇，往往缺少生动具体的形象；李贺则根据众多的神话传说进行了综合加工，匠心独运地创造了一个完整的神奇瑰丽的艺术境界。

这首诗中另一个特点就是虚实结合的手法运用。诗人以这种手法，把我们引入了一个类似亚里士多德所说的"艺术幻觉"之中，其实这也与中国古典美学理论中十分重视的艺术形象妙在"似与不似之间"的道理有相通之处，正是在这种浪漫主义的"离形得似"的艺术境界中，我们获得了一种类似康德所说的想象力与理解力得以和谐合作与自由运动的快感。你看，诗人写李凭弹奏的乐曲，不论是"江娥啼竹素女愁"，也不论是凤凰叫，香兰笑，融冷光，动紫皇，舞鱼龙，逗秋雨，吴质不眠，等等，这些情景、意象，无不具有双重的或多重的含义，并不只是单纯从效果上来表现音乐。清人王琦就因为不太懂得这种"似景似情，似虚似实"，妙在"可解不可解之间"的艺术辩证法的奥妙，把这首诗的几乎每句都当成了"显然明白之辞"，他自然就难以把握这首浪漫主义音乐诗的美学特征了。

论诗中有画与画中有诗

——王维《鸟鸣涧》中的艺术辩证法

> 人闲桂花落，夜静春山空。
> 月出惊山鸟，时鸣春涧中。

这里选谈的《鸟鸣涧》一诗，是王维的《皇甫岳云溪杂题五首》诗中的第一首。皇甫岳是王维的朋友，其事迹无考。他的居处可能就是长安附近名叫"云溪"的一处山庄或别墅。这首小诗写山中春天的月夜景色，是王维的许多脍炙人口的山水诗之一。

自古以来的诗人们，好像都特别喜欢月色，就是爱写日光的李白，也同样很喜欢月光。如果说，日光给万物以鲜艳夺目的色彩，常表现阳刚之美，那么，月光则使大自然抹上一层也许更加宜人的色调，别具一种阴柔之美。这首写月景的小诗，给我们的正是一种幽美的感受。遥想当年，诗人写诗的时候，也许正独自凭栏于皇甫岳的别墅，夜很深了，月亮没有出来，周遭漆黑，万籁无声。忽然，一轮明月破云而出，将幽柔的清光洒满了深山丛林，使诗人骤然从沉思中觉醒，抬眼四望：山涧空旷，幽谷草长；溶溶月色，给大自然披上了一层轻纱，整个山野显得分外静谧和安详。然而，这欣欣向荣的春山，到夜晚就真的入睡了吗？看来没有。观察精细的诗人似乎立刻有所觉察：原来月夜静而不寂，春山空而非虚。你看，在银色的月光里，春桂在那里自开自落，散发出一缕幽香；你听，山涧中的鸟儿，传来了阵阵的鸣叫；而不甘寂寞的青山翠谷，对鸟儿们的呼唤也报以回音……春天的大自然是显得多么生趣盎然！这安详而又生动的静与动的对立统一，更突出了春山月夜的幽静——这正是这首小诗在艺术上的主要特点，也是王维的许多山水诗的一个共同的艺术特色。诗人极善于在静态中写出动态，又在动态中来表现静态。《鸟鸣涧》头两句写静态。第一句"人闲桂花落"，静中有动，而"花落"的动态则反衬出阒无人声的闲寂；第二句似较一般，然而点出"春"字则甚为必要，不论是花香、月明、鸟叫，都与春天有关。例如夏天草木茂盛之时，恐怕月光也就照不进鸟巢，因而它们也不会惊叫了；如果是秋天，景物将另具特色，或清朗，或萧瑟。而这首诗写的景物却显得空灵、柔和、闲静，它的特征只能属春夜。后两句，明写动态，实写幽静，在对比中突出了头两句所描写的静态。第三句写月光照进鸟巢，使鸟儿们栖而复醒，惊诧莫名：是东方欲晓，白昼已经临近了吗？这一夜何以又如此短促？天又何以并不大亮呢？于是，它们在惊讶、迷惘之余，相互询问彼此而发出了一阵阵的鸣叫……忽而，月亮钻进当顶的一片乌云，附近的鸟儿沉默了，它们又安心睡下，不再回答远处同伴的呼唤；随着时间的推移，月光也渐次照射着远近不同的方位，于是在这空山的四围，远远近近，鸟儿们便发出断断续续的叫声。"时鸣春涧"，这里用"时"字描状鸣声，不但极精细地写出了景物的特征，包含了丰富的感受，并且更从听觉上造成了动静的对比，从而生动地烘托出倍加幽静的情境。

生动和动态，幽静和静态这两对概念，含义并不完全相同，但它们之间是有联系的。一般说来，表现事物的生动情态，总与处于某一特定状态的动作有关；而描写清幽的环境和寂寞的心情，也总与某种静寂状貌相连。不同的艺术门类在表现不同的对象和特征方面是各有所长的。德国文艺理论家莱辛曾指出，诗长于写动作而短于绘静物，画则相反。他的这个论点总结出了一种带规律性的法则。然而，艺术上的高手正在于他能善于扬长避短，而且能够制短化长。王维的许多山水诗就体现了这种高超的艺术功力。

人们常用"诗中有画，画中有诗"来评论诗人兼画家王维的作品。这两句出自苏轼的名言，的确抓住了王维的艺术特色，可算是不易之论。然而，人们有时又把两句话分得太死板，论诗只谈"诗中有画"，至于"画中有诗"，好像只能用来评论王维的画，但其实是不宜把这两句话截然分开的。好的诗不仅要"诗中有画"，而这诗中的"画"同时也应该是诗。

王维的不少诗篇，正是达到了这样的境界。

所谓"诗中有画"，说到底，无非指高度的形象性，即用语言描绘出一幅仿佛看得见、摸得着的生活图画。这其实是文学艺术的共同特点和要求。但在诗特别是短小的抒情诗中，要做到这一点却很不容易。一则因为作为"时间艺术"的诗，要表现静态的画面而不致呆板已非易事，再则要善于捕捉事物的最有典型性的特征，并用最精练的语言巧妙地加以表现则尤其困难。总之，要做到把诗写得逼真如画，非高手莫属。例如孟浩然的"野旷天低树，江清月近人"，司空曙的"雨中黄叶树，灯下白头人"，这些传诵的名句同时都是极鲜明的画面，可算是"诗中有画"的佳作；然而这"画"偏于景物（尽管是很有特征的）的陈列和对比，还算不上最高的境界。如果能赋予静态的画面以动态，使生气贯注其间，这诗中的"画"才是一幅活画；而在这"画"中又包含了诗的意蕴，兼诗情画意之美，得情景交融之妙，这才算是最上乘的诗。王维的许多田园山水诗却正达到了这样的境界。看来，这与他诗画兼长的高度艺术修养是分不开的。我国古典艺术，特别是画与诗，从来强调"传神"，要求"以形写神"，与西方艺术自亚里士多德以来就强调对客观事物的模拟相比较，中国古典艺术是更侧重于思想感情的表现。强调绘画"传神"，"以形写神"，正是要求它克服长于写形而短于表情的弱点；要求诗也要"传神"，则是要进一步发挥它的优点，把生动的情态表现在具体的景物之中，做到"意境两浑"。中国艺术很早就要求艺术家把形与神、静与动在对立的统一中加以把握，而又以"传神"为主。王维的许多山水诗正是继承和发扬了这个传统。

再看《鸟鸣涧》一诗，诗人用极精练的笔法，为我们画出了一幅极幽静的春山月夜的图景。作为"诗中有画"这一方面来说，也许，还可以举出王维的另外一些与《鸟鸣涧》类似的山水诗，像"江流天地外，山色有无中"，壮阔空濛，使人心旷神怡；又如"明月松间照，清泉石上流。竹喧归浣女，莲动下渔舟"，清幽而又有情趣，就像一个个电影蒙太奇！然而，作为一幅淡雅的水墨画，《鸟鸣涧》也自有其特色，你看，山月当头，春野空旷，亭亭桂树，徐徐落花，月惊山鸟，音回空谷——不就是一幅意境幽远的图画吗？

然而，它的好处还并不只是"诗中有画"，而且这"画"中更有诗。

在这里，诗与画处于一种否定之否定的关系中：语言文字变成了图画，也就是说，音节和符号转化为形象，做到了"诗中有画"——这是第一个否定；而与此同时，这似乎静止的图画和形象，又被包含在其中的生动情态自我否定，上升到"画中有诗"——这是第二个否定，即否定之否定。所谓"情景交融"者，其实就是情与景之间的一种否定之否定，对立的统一，这种情与景的互相渗透，使《鸟鸣涧》一诗中的形象画面，更加诗意盎然，不但成为一首如画的诗，更成为一幅充满诗情的画，诗情画意，交相辉映。这其中的秘密，无非就是把情与景、动与静在对立统一中加以把握。诗中的幽静的美感，是通过景物在特定情境中的动态表现出来的。在这里，写动是为了写静，在动与静的对比中，使似乎静止的画面显出了生气，使它成为一幅"有声的画"，于是，这幅"画"就在更高的形态上回归为诗，从而达到了抒情诗的极高境界，使我们仿佛身临其境，甚至几乎听到了静的"声音"。而当我们看到了那纷纷散落的桂花，闻到了它的幽香，听到了空谷中的鸟鸣，霎时的寂寞感觉也即刻转化为一种富于生活情趣的幽静的美感，使人赏心悦目！

王维的诗，清新自然，不堆砌典故，无雕琢痕迹。以《鸟鸣涧》而言，并无什么特别的佳句可摘，所用词语也显得普普通通。作者写寂静，所用的"人闲"、"夜静"、"山空"这 6 个字，十分平常，然而诗人紧接着通过"花落"（桂树有秋桂与春桂等品种，此诗写的是春天开花的春桂）、"月出"、"鸟鸣"这三个富有特征的动态描写，在动与静的对立统一中，使这很平常的事物一下子变得很不平常，在我们面前显现出一个浑然天成的艺术境界。

王维善于把画面、音响、动作乃至花草的气息，极巧妙地在诗中融合起来，使他的不少山水诗既非呆板的图像，亦非无声的死寂，而是立体画和交响诗的结晶。这也说明，作为一个诗人，被称为"诗佛"的王维是并未完全忘怀人生的，正因此，他才能从空山月夜之类的自然景物中表现出一种健康色彩，反映在其中的生活情景显得美好可爱。历代许多诗论文评都指出过王维诗中的佛教禅宗思想，认为这种思想在他的山水诗特别像《鸟鸣涧》以及《辛夷坞》等诗中，表现得很突出。明人胡应麟在《诗薮》中就把这两首诗认定为"入禅"之作，"读之身世两忘，万念皆寂"。有人还把《鸟鸣涧》与《大般涅槃经》中的一些话加以对比，认为这首诗所表现的完全是佛教"静"到"寂灭"的思想境界。他们体味到王维诗中的"禅意"，这是有见地的，但似乎还不大重视中国的禅学已大不同于印度佛教那样否弃人生，相反倒是一种充满了对生命的清纯之爱的独特的人生宇宙宗教感。

王维在晚年深受佛教影响，但艺术作品并不是艺术家世界观的简单复现；并且佛教禅宗思想中，还包含着丰富的辩证法（尽管是唯心的），当艺术家从中吸取某些辩证思想，更深刻地表现了生活与感情时，便与佛教体系中的唯心主义不完全是一回事了。禅意不但使王维的诗具有了那一瞬间的生命充实感，并且使这瞬时的生活情景又显得那样空灵，体现为一种意味深长的自由感兴。《鸟鸣涧》通过动与静的艺术辩证法所表现出来的优美意境，是诗人对这个特殊环境的典型感受的生动表现，它虽描写的是大自然，实质上是对人间生活的赞美；而诗中的禅意，更把这种充满生气的宁静之美永恒地留在了人间！虽然这首诗并没有什么突出的思想内容，也不像"孰知不向边庭苦，纵死犹闻侠骨香"这类诗句那样英气勃勃，激发斗志；然而它却以优美的情致，同样给人以美的享受。读读这些诗，有助于培养人们的健康淡雅的审美趣味，消除一些过于浮躁或急功近利的心情，因而还是有积极意义的。

谈 意 象 美

——关于"弦外之音"与"象外之旨"

"弦外之音"、"象外之旨"指的都是言外之意或象（艺术形象或空间物象）外之意。它们作为文艺评论上的一个术语，主要指艺术作品（尤其是诗）的意义含蓄而不浅陋，更指它所蕴涵的韵味、理趣和意象的多重性与超越性。

一 什么是"弦外之音、象外之旨"

"弦外之音"之说出自南朝（宋）范晔《狱中与诸甥侄书》中谈音乐的一段话，而"象"本指天道，至唐末司空图才用"象外之象"、"味外之旨"和"韵外之致"来论诗。司空图的这"三外"说，其实也就是我们现在说的"弦外之音"和"象外之旨"。

司空图论诗，力主"韵味"说。他认为一首诗要有隽永的诗味，就不能只有表象的简单含义，而是还要有"韵外致"、"味外旨"和"象外象"，即在诗的表层形象之外还要有一种或多种旨趣或韵味，构成一个意蕴丰富而耐人寻味的复合意象，这样的诗才是一首能引起人们审美愉悦的好诗。为了说清问题，先须对司空图的"三外"说作些字面上的分析。"三外"中的"韵外之致"和"味外之旨"的"韵"和"味"指的就是诗句及其本味（表面意思），而"致"和"旨"都是指诗的深层涵义。这两种说法的意思完全相同；至于"象外之象"，则第一个"象"指的是艺术形象（不是生活景象）及其表面意义，而第二个象即"象外象"，就作品本身而言，指蕴涵在表象内的深层意象；就欣赏而言，则是透过表象而领悟到的意象以及由此而生发的无穷的联想和想象，它甚至可能比作品本身所蕴涵的意象还要丰富多变，无穷无尽，这就是"诗无达诂"的根源。西谚谓："有一千个读者，就有一千个哈姆雷特。"典型人物形象尚且如此富于"象外之旨"，诗歌意象更不待言！由此看来，司空图于"韵外"、"味外"（这"两外"意义相同）之外再提出"象外之象"，似乎并非简单重复或仅仅换了一个字而已，而是更强调了文艺作品（诗）的形象性特征。可见，"三外"中的"韵外"与"味外"侧重于以意胜，而"象外"则较侧重以象（境、景）胜。"韵外之致"与"味外之旨"相当于"弦外之音"，而"象外之象"也就近于"象外之旨"。作为诗，前者（韵外、味外、弦外）不一定有很具体的形象性，而多以情胜，但仍可具有极高的艺术魅力。例如陈子昂的"前不见古人，后不见来者。念天地之悠悠，独怆然而涕下"，并没有很具体的形象，但因在其中表现了"心事浩茫连广宇"的无穷时空感，透露出"壮志难酬"和"生年不满百，常怀千岁忧"的深沉复杂的心情，它的韵外之致就十分丰富；有的诗（如"玄言诗"和某些象征主义的诗）虽有言外意，但既无形象又情理分离，读之晦涩玄奥，不着边际，这就不能算真有"弦外之音"的诗。至于有"象外之象"的诗，则多偏胜于形象鲜明，它象中有情，情景相生，同以意胜的诗一样，都可以达到很高的境界。例如李商隐的"桐花万里丹山路，雏凤清于老凤声"，既创造了一个极美的画面，又自然而巧妙地传达出他对一代新人所寄予的希望。至于以他的《锦瑟》为代表的"无题"诗，更通过既鲜明又朦胧的意象，曲折地表现了一种深层错综的情思和旨趣，可算是弦外音、象外旨的典型之作了。我们举他的《嫦娥》这首较单纯的诗为例："云母屏风烛影深，长河渐落晓星沉。嫦娥应悔偷灵药，碧海青天夜夜心。"表面看来是神话题材，是在诉说月中嫦娥的孤寂清冷，实则弦外有音，即包含了诗人的顾影自怜。传说嫦娥曾偷食仙药而飞升月宫，作者借此比喻和象征自己也曾想"蟾宫折桂"，后因不幸被牵入牛李党争，不但无法施展政治抱负，而且落魄终身，因此清冷与后悔之情，溢于言外。再如韩翃的《寒食》诗："春城无处不飞花，寒食东风御柳斜；日暮汉宫传蜡炬，清烟散入五侯家。"形象很美，似乎是写首都长安春景的诗，但如果我们知道了写诗的时代背景（中唐），懂得了"五侯"（东汉时专权的五个大太监）的指代义和"清烟"的象征义（皇帝的恩泽），那么这首诗讽喻皇权衰落与宦官专权的"象外之旨"，就不言自明了。综上所述，可见我国古典诗词常在表象之外另含深意，又常用典故、隐喻、象征和欲言又止等手法使诗意含蓄，形象多义，寄托深远。这里须说明一下，所谓"弦外之音"与"象外之旨"，其意义与"含蓄"这一概念并不完全等同。笔者以为其中的关键，就在于前者往往是一个具有深层结构的复合意象，即达到了意境高度的审美意象，不是简单地通过诗句的表象来包含一个意念。当然，真正好的、"含蓄"的诗也并非像寓言或谜语那样简单，并且也常常具有很高的意境。总之，有弦外音、象外旨的诗必然含蓄，而光有含蓄的诗则未必都有很高境界。

上述诗学原理，实际上早由司马迁等人从对《诗经》的比兴和屈原作品中"美人香草"的寄托意义中作了初步总结，到刘勰又作了进一步的发挥，他在《文心雕龙·隐秀》篇中说："文心英蕤，有秀有隐。隐之者，文外之重旨也，秀也者，篇中之独拔者也。隐以复意为工，秀以卓绝为巧。"这里说的"隐"，指的就是隐藏着一种弦外之音和象外之旨。刘勰进一步分析说："夫隐之为体，义生文外，秘响旁通，伏采潜发，譬爻象之变互体，川渎之韫珠玉也。"上述所谓"文外之重旨"的"复意"，在审美上的特征就显现为"义生文外，秘响旁通，伏采潜发"。弦外音、象外旨就是由诗中的这种深层含义作用于欣赏者的理解和想象力的结果。僧皎然在《诗式》中也指出："两重意以上，皆文外之旨。"这里的"文外之旨"和刘勰的"义生文外"其实也就是"弦外之音"、"味外之旨"和"象外之象"的意思。但刘勰和皎然在赞赏这种以含蓄、"复意"为特征的诗以外，同时对另一种含有警语秀句而"旨冥句中"的诗也给予了较高的评价；而司空图则不然，他独标前者，强调的是"象外象"和"味外旨"，并且对贾岛等人只有"警句"而无"全篇"的诗作颇不赞赏。这里有无什么道理可说呢？这表明作为诗评家的司空图已更加自觉地从审美特征上把一首诗当作一个有机整体加以把握，他的"韵味"说之所以强调"象外象"、"味外旨"，表明他更深刻地领悟到：好诗并不一定要提供很多认识性功能或道德教训，而在于满足人的感情和心灵自由的程度，也就是要表现一种

"生气远出"的不尽之意。因此，诗不能只是依赖个别的警语秀句。好诗中虽常有警句，但个别警句却不一定能使"篇体光华"，就这方面而言，司空图与刘勰是一致的。司空图在文艺理论上的贡献当然远不能同刘勰相比，但在对诗歌审美特征的总体把握上，却似乎发展到了一个较高的层次。所谓弦外音或味外味、象外象，不仅限于"复意"的平面组合，也不止于表象和深层含义的简单纵向结构，即不是咸味和酸味的简单相加，而是如嚼盐渍橄榄，如品糖醋鱼羹，在"咸酸之外"别有美味也。诗的韵味何尝不也是这样？例如"雨中黄叶树，灯下白头人"，由几种不同的事物结合成一个完整的新意象，构成一组对比"蒙太奇"，然而，它已经不是简单的两数相加之和，而是两数相乘之积了！它的新数值（意味）已超出了原意的一倍到几倍，甚至可以成为"无穷大"（远）。这样看来，所谓弦外音，象外象，从创作来说，仿佛是一种"艺术化学"学，它有点神奇，但并不神秘；从欣赏来说，也就不能只停留在对诗句的字面理解上，而是要从联系上和整体上加以把握。在这方面，一定程度的文化修养和想象力的活跃是很重要的，不然，有时就难以体味诗的"弦外之音"和"象外之旨"了！

二　怎样欣赏诗中的"弦外之音，象外之旨"

构成诗的复合意象的关键是要处理好虚实之间的关系。这不论对创作或欣赏都是重要的。司空图在《与李生论诗书》中曾说："近而不浮，远而不尽，然后可以言韵外之致。"他还认为，绝句是诗艺功力的标志，只有在这短小的诗句中表现了"全美"即无穷的韵味时，才会真正达到和领悟诗的"味外之旨"的神妙处，在《与极浦书》中又说："戴容州云：'诗家之景，如蓝田日暖，良玉生烟，可望而不可置于眉睫之前也。'象外之象，景外之景，岂容易可谈哉？"这里所提出的问题，实际上就是一个"距离"问题，即艺术形象和诗歌意象中的虚实、显隐、远近、深浅的关系问题。它主要指两方面的关系或"距离"，一是指生活（包括自然）景象与艺术形象的关系，二是艺术形象（包括诗的意象）虚实显隐间的关系。艺术，就其基本内容的来源说，是生活的反映和情感的表现，但就其形象的艺术魅力说，则与艺术家的主观情思和表现技巧大有关系。艺术美（诗美）高于生活美的特点之一，就在于能以少胜多，以一当十，使欣赏者于微尘中见大千，刹那间见终古，有限中见无限，从而给人们的想象力的自由活动留下了无穷的余地。人的想象力，往后看表现为一种回味（回忆）；往前看表现为一种幻想。好诗之所以能引起人们的回忆、回味，是因为诗中的情景和意蕴与欣赏者的人生阅历和生活感受有了某些契合之点，感到这诗先得我心，便产生一种知音之感，发生共鸣，这也是一种弦外之音，读后可产生一种类似"余音绕梁，三日不绝"的美感！人们之所以也喜欢幻想，是希望从日常生活的烦琐与纷争中得到某种暂时的解脱，在艺术美的幻境中享受心灵的自由（而带悲剧色彩的诗则更激励人们憎恨邪恶，追求正义），这也就是艺术（诗）对人性、对人的感情的规范和陶冶作用。因此，一首有弦外音、象外旨、韵外味的好诗，并不是生活表象的罗列，而是既源于生活又高于生活，用司空图的话说，就是"近而不浮，远而不尽"，即既要"俯拾"生活"万象"，又要对生活的"矿石"作"超心冶炼"。从审美心理角度看，对艺术作品的欣赏总要联系生活经验但又要与实际生活保持一种恰当的距离，一种"不即不离"的关系，进入一种"似是而非"又"似非而是"的艺术幻觉之中。这样才能理解诗的语言和形象抒情表意的实际含义，同时又不为某种固定的概念所束缚，才能产生审美的愉悦，在眼前浮现出一种"如蓝田日暖，良玉生烟，可望而不可置于眉睫之前"的"诗家之景"。要欣赏艺术作品，不论抒情诗或人物画，都不能没有这一点"距离"。即使是现实主义作品，其中的形象也有"虚构"和幻想成分；作为欣赏者，既不能"对号入座"，也不能"隔岸观火"。所以，不仅作品本身是一种虚实结合的东西，读者也应保持虚实结合的态度。苏轼说："论画以形似，见与儿童邻。赋诗必此诗，定非知诗人。"创作如此，欣赏亦然。有人曾以完全"实际"的眼光指责杜牧的诗句"千里莺啼绿映红"，要把"千"字改为"十"字，就是不懂得正是有了这种艺术夸张，才造成一种效应放大的空间感，使特征更加突出，从而调动欣赏者想象力的自由翱翔。当然，夸张要看情况，要有分寸，苏轼的话也不能被理解为对"形似"与"实写"的否定。

　　世界上不存在绝对的东西，话也不能说过了头。我们提倡个人在欣赏活动中保持一定"距离"的非实用态度，并不是从根本上排斥审美活动的社会功利性。从根本上说，美感也不能同社会功利性绝缘。审美活动的个人非功利性是与社会集团的功利性对立统一的；而所谓"弦外之音"、"象外之旨"实际上也是弦内音与弦外音、象内旨与象外旨的对立统一，是有无相生的结合。并且，弦外音、味外旨、象外象也不是一切诗歌必具的唯一美学标志。李白杜甫虽然也有不少"意在言外"之作，但更突出的是他们的那些叙事感怀、直抒胸臆的杰作，它们的审美效应与其说在"弦外音"，倒不如说在"象内旨"。杜甫的"三吏"与"三别"，李白的那些歌颂高山大河的壮丽诗篇就是明证。这些诗作也可以说有"象外象"，因为优秀的艺术作品都必然表现"形象大于思维"这一带有规律性的特点，因而艺术形象常有多义性，其意义并不总是用概念可以穷尽的。但我们也不能把这种具有不确定性的"画外音"强调到过分的地步，更不宜在每一首诗中都去寻求"弦外音，象外旨"的微言大义。诗中常有象征、寓意或"谐隐"的旨趣，需要一定的知识储备和细心玩味的情致，但欣赏诗歌并不是猜谜。烦琐考证与穿凿附会之所以不足取，除了方法上错误之外，还由于把审美对象（诗）当成了一种纯粹的智力活动，但"诗歌不能凭仗了哲学和智力来认识，所以感情已经冰结了的思想家，即对于诗人有谬误的判断和隔膜的揶揄"（鲁迅：《诗歌之敌》），这当然不是完全否认逻辑思维在欣赏和创作活动中的基础作用，而是强调以情感和想象为特点的形象思维特性。没有这点超思考和非功利的形象直感（直觉）能力，不但听不出"弦外音"，恐怕连"象内旨"都难以全面把握，从而也就很难使欣赏活动真正进入审美的领域了。